高 等 学 校 教 材

工 程 力 学

第二版

王守新 主编

化学工业出版社

·北京·

本书分为静力学和材料力学两部分，共十三章。内容包括静力平衡方程、材料力学的基本概念、材料力学的基本变形、应力状态、强度理论、组合变形、能量法、压杆稳定、动荷问题及疲劳。本书以强调掌握力学基本概念和解决工程问题的基本方法为特点。

本书可作为高等学校工科各专业的工程力学 64 学时课程教材，亦可供工程技术人员参考。

图书在版编目（CIP）数据

工程力学/王守新主编． —2 版． —北京：化学工业出版社，2011.8（2025.1重印）
高等学校教材
ISBN 978-7-122-11968-1

Ⅰ．工… Ⅱ．王… Ⅲ．工程力学-高等学校-教材
Ⅳ．TB12

中国版本图书馆 CIP 数据核字（2011）第 151188 号

责任编辑：程树珍　　　　　　　　　　装帧设计：杨　北
责任校对：徐贞珍

出版发行：化学工业出版社（北京市东城区青年湖南街 13 号　邮政编码 100011）
印　　装：北京科印技术咨询服务有限公司数码印刷分部
787mm×1092mm　1/16　印张 14½　字数 350 千字　　2025 年 1 月北京第 2 版第 4 次印刷

购书咨询：010-64518888　　　　　　　售后服务：010-64518899
网　　址：http://www.cip.com.cn
凡购买本书，如有缺损质量问题，本社销售中心负责调换。

定　　价：45.00 元　　　　　　　　　　　　　　　版权所有　违者必究

第二版前言

本书主要用作高等学校理工科本科工程力学课程教材。自本书第一版出版以来，教育部高等学校力学教学指导委员会力学基础课程教学指导分委员会对理论力学课程和材料力学课程教学基本要求作出多次讨论和修订，各高校基础力学课程教学也相继出现了新的教学需求，据此我们对教材进行了适当修订。

第二版保留了第一版的基本特色，知识点选择适当，叙述力求规范、简明、严谨、系统，例题和习题题量适中，难易适度，层次分明，为了满足部分不限于只达到教学基本要求的教学需求，本版增补了一定数量的拓展性的练习题，题号后注有星号。

本书涉及的力学的量和单位的名称、符号等均符合国家标准的规定。

参加本书修订工作的有马红艳和王守新。修订工作是大连理工大学教材出版基金资助项目之一，得到大连理工大学教务处和运载工程与力学学部积极支持，在此表示衷心感谢。

限于编者水平，本书疏漏与欠妥之处难所避免，欢迎使用本书的师生及读者批评指正。

编者

2011 年 6 月

第一版前言

本书是基础力学课程系列教材之一，是根据高等工业学校《理论力学课程教学基本要求（70～80学时）》和《材料力学课程教学基本要求（80～90学时）》编写的，内容包括静力学和材料力学，可供70学时左右的工程力学课程选用。本书的编写注重内容的系统性和概念的完整性，全书86个例题和242个习题基本上可满足各专业的教学需要。

参加本书编写工作的有：王守新（第三、四、八、十一、十三章），关东媛（引言、第一、二、十章），李锋（第六、七、十二章），王梅年（第五、九章、附录）。全书由王守新主编。

大连理工大学郑芳怀教授对本书的编写提供了宝贵的建议。北京化工大学赵军同志对本书也提出了宝贵意见，我们在此表示由衷感谢。

限于水平，本书缺点和错误在所难免，恳请读者批评指正。

编者

1998年2月于大连理工大学

目 录

引　言

　　工程结构和机械是由若干构件组成的。在机械力（简称力）的作用下，只有每一个构件都正常工作，才能保证结构和机械整体正常工作。因此工程力学的研究对象是一个个的构件，主要是杆件。

　　作用在物体上的一组力称为一个力系。物体在力系的作用下相对惯性参考系（通常为地球）静止或匀速直线运动，称为处于平衡状态，力系称为平衡力系。工程力学主要研究平衡的工程结构和机械。

　　力系作用到物体上会引起两种效应：一种是引起物体机械运动状态改变，称为外效应，平衡是外效应中的特殊情况；另一种是引起物体变形，称为内效应。

　　工程力学包含两部分内容：静力学和材料力学。

　　静力学研究力的外效应中的平衡规律，其主要内容有力系的简化和平衡方程。力系的简化是用简单力系等效代替复杂力系，这需要把研究对象视为刚体，即不变形的物体。当物体变形很小或变形对所研究问题无实质性影响时，可将其抽象为刚体。本书第一章为静力学的主要内容。

　　材料力学研究力的内效应，这时应把研究对象看成变形体。其主要内容为研究杆件正常工作所需满足的力学条件，这些条件包括强度、刚度和稳定性等条件。

　　强度是指构件抵抗破坏的能力。构件在力的作用下可能断裂或发生显著不可恢复的变形，这二者都属于破坏，构件应具有足够的强度以防止发生破坏。

　　刚度是指构件抵抗变形的能力，这里变形包括构件尺寸改变和形状改变。有些构件对变形有一定要求，如机床主轴变形过大会降低加工精度，车辆弹簧变形过小起不到缓冲作用。这类构件除了应满足强度要求外，还应具有适当的刚度，以把变形控制在设计范围之内。

　　稳定性是指构件维持原有平衡形式的能力，或平衡形式的抗干扰能力。轴向受压直杆压力过大时，任何微小干扰都会破坏它的平衡形态，这是不允许的。这类构件应具有足够的稳定性以防止干扰带来的损害。

　　材料力学的任务是研究杆件的强度条件、刚度条件和稳定性条件，为经济合理地设计杆件提供基本理论和方法。

　　材料力学中，实验方法占有重要地位。理论的建立和验证，材料性能的研究，以及理论尚未解决的问题等，都要通过实验方法解决。因此，研究材料力学问题，理论研究和实验分析二者不可缺一。

第一章　静力平衡方程

第一节　力　力矩　力偶

一、力的形式

作用在物体上的力按作用方式可分成两类：体积力和表面力。连续分布在物体内部各点的力是体积力，如重力、磁力等。作用在物体边界面上的力是表面力，如齿轮啮合力、水闸受到的水压力等。

当力的作用面面积很小时，可以简化为作用在一点上的一个力，称为集中力，用一条有向线段表示，如图 1-1(a)，单位为牛顿（N）或千牛顿（kN）。力的作用范围比较大时称为分布力。体积力和表面力都可以简化为分布力。均质长杆的自重可以简化为作用在轴线上的分布力，称为线分布力，其大小用分布力集度 $q(x)$（单位长度上的力）表示，如图 1-1(b)，单位为千牛/米（kN/m）。$q(x)$ 是常数时称为均布力，或均布载荷，如图 1-1(c)。图 1-1(d) 是水闸受到静水压力作用时线分布力的简化图。容器受内压力作用，内压力可简化为面分布力，用 p 表示，如图 1-1(e)，单位为牛顿/米^2（N/m^2）。

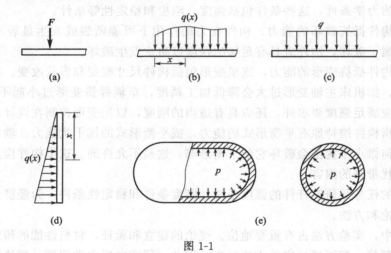

图 1-1

力是矢量，其运算符合矢量代数运算法则。本书中力的符号如 F、q 等只表示力的大小，力的方向和力的作用点则在图上表示。

二、力矩

作用在自由体上的一个力一般会引起物体移动和转动，如图 1-2。作用在有固定支点的物体上的力会引起物体绕支点转动，如图 1-3。平面问题中，力 F 对物体产生的绕某点 O 的转动效应的大小，与力 F 的大小成正比，与 O 点到力 F 作用线的垂直距离 d 成正比（图 1-2，图 1-3）。因此可用乘积 Fd 来度量力 F 使物体绕 O 点的转动效应，称为力 F 对 O 点之

矩，简称力矩，记为 $M_O(F)$，即

$$M_O(F)=\pm Fd \qquad (1.1-1)$$

O 点称为力矩中心，简称矩心；d 称为力臂，力 F 使物体绕矩心 O 逆时针转动时力矩为正，顺时针为负。力矩的单位是牛顿米（N·m）或千牛顿米（kN·m）。

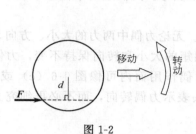

图 1-2

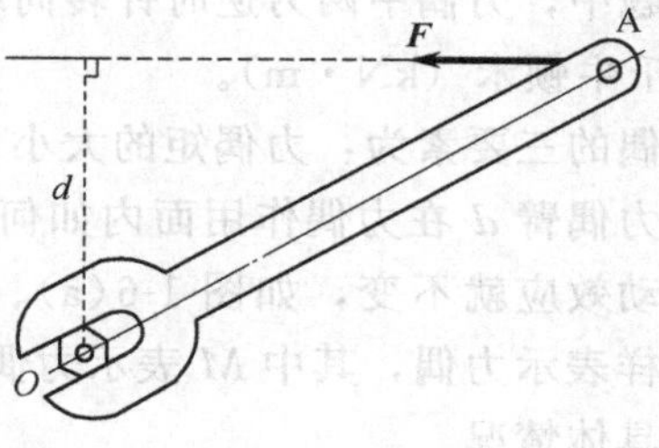

图 1-3

力的作用线通过矩心时，力矩为零。

空间问题中物体是绕着某个轴转动的，称为定轴转动。推门时作用在门上的力 F 可按平行四边形法则分解为两个力：平行于转动轴 z 的分力 F_z 和垂直于 z 轴的分力 F'，如图 1-4(a)。其中 F_z 对门没有转动效应，因此，力 F 引起的门的转动效应，取决于其分力 F'。将力 F' 对 O 点之矩定义为力 F 对 z 轴之矩以度量力 F 产生的绕 z 轴的转动效应，记为 $M_z(F)$，即

$$M_z(F)=M_O(F')=\pm F'd \qquad (1.1-2)$$

O 为通过力 F 的作用点垂直于 z 轴的平面与 z 轴的交点，d 为力 F' 对 O 点的力臂。正负号可用右手螺旋法则判定：右手四指沿分力 F' 的指向握住 z 轴，拇指与 z 轴正向一致时力矩取正号，反之为负，见图 1-4(b)。

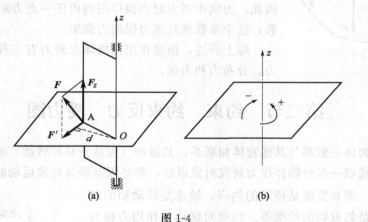

(a)   (b)

图 1-4

力 F 的作用线与 z 轴共面（平行或相交）时，力对 z 轴的矩为零。

三、力偶

作用在同一物体上等值、反向、不共线的两个力称为力偶（图 1-5），记为 (F,F')。两个力所在平面称为力偶作用面，两力作用线的距离 d 称为力偶臂。双手操纵方向盘，拧水龙头等，都可以近似看作力偶作用。

力偶对刚体只产生转动效应，没有移动效应，这与一个力单独作用时是不同的。因此，力偶不能与一个力等效，也就不能与一个力平衡。

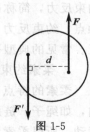

图 1-5

力偶的转动效应分别与力偶中力 F 的大小、力偶臂 d 的大小成正比,与力偶的作用面也有关。因此可用乘积 Fd 来度量力偶的转动效应,称为力偶矩,记作 $M(F,F')$ 或简记为 M,即

$$M = M(F,F') = \pm Fd \qquad (1.1\text{-}3)$$

平面问题中,力偶中两力逆时针转向取正号,顺时针取负号。力偶矩的单位是牛顿米(N·m)或千牛顿米(kN·m)。

力偶的三要素为:力偶矩的大小、转向和作用面。无论力偶中两力的大小、方向、作用点以及力偶臂 d 在力偶作用面内如何变动,只要力偶矩的大小和转向保持不变,力偶对刚体的转动效应就不变,如图 1-6(a)、(b)。因此在力偶作用面内可像图 1-6(c)或图 1-6(d)那样表示力偶,其中 M 表示力偶矩的大小,箭头表示力偶转向,而不必再细究力和力偶臂的具体情况。

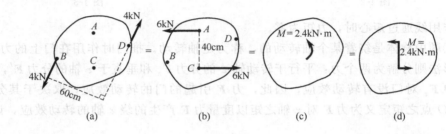

图 1-6

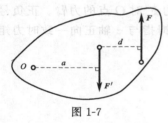

图 1-7

力偶对其作用面内任一点 O 的力矩,为力偶中两力对该点力矩的代数和。从图 1-7 可求出此代数和为

$$M_O(F) + M_O(F') = F(a+d) - F'a = Fd = M(F,F')$$

因此,力偶中两力对力偶作用面内任一点力矩的代数和是个常数,这个常数就是该力偶的力偶矩。

综上所述,描述作用在物体上的力有三种基本形式:集中力、分布力和力偶。

第二节 约束 约束反力 受力图

工程中的物体一般都与其他物体相联系,其运动(包括平移和转动)也自然受到其他物体的限制。当选定一部分物体作为研究对象以后,那些限制研究对象运动的物体就称为该研究对象的约束。例如支座是桥梁的约束,轴承是转动轴的约束,起重钢索是起重物的约束等。约束对物体的作用力称为约束反力,简称反力。约束反力的作用点是物体与约束的接触点,约束反力的方向则与它所能阻碍的物体运动方向相反。常见的典型平面约束有以下几种。

1. 柔索约束

柔索的特点是只能承受拉力,不能承受压力或抵抗弯曲,如绳子、链条等。柔索只能限制物体沿柔索伸长方向的运动,所以柔索约束反力为沿着其中心线而背离物体的拉

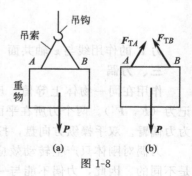

图 1-8

力，如图 1-8 所示吊索对重物的反力 F_{TA} 和 F_{TB}。

2. 光滑接触面约束

当忽略摩擦时，两物体之间的接触面就可视为光滑的。光滑接触面约束只能限制物体沿接触面公法线方向的运动，所以约束反力应通过接触点并沿着该点的公法线指向研究对象，如图 1-9 中的反力 F_N，F_{NA}，F_{NB}，F_{NC} 等。

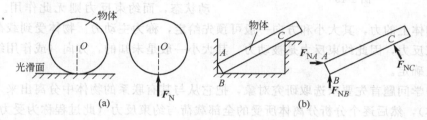

图 1-9

3. 光滑铰链约束、固定铰支座、可动铰支座

圆柱形铰链简称圆柱铰，或中间铰，它是用销钉 C 将 A、B 两个构件连接在一起而成，见图 1-10(a)。当忽略摩擦时，销钉只限制两构件的相对移动，而不限制相对转动。具有这样性质的约束称为光滑铰链约束。图 1-10(b) 为其简图。

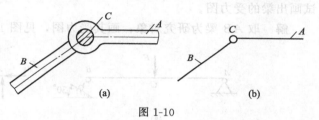

图 1-10

用圆柱铰把构件与底座连接起来，就构成铰支座。如果将铰支座固定在支承面上，则称为固定铰支座。这种支座的约束特点是构件只能绕销钉中心线转动而不能移动。销钉给予构件的约束反力 F 应沿二者接触面在接触点的公法线方向且通过销钉的中心，见图 1-11(a)，由于接触点的位置尚不能确定，故反力 F 的方向不确定。一般可用 F 的两个正交的分量 F_x 和 F_y 来表示。图 1-11 (b) 是固定铰支座及其反力的简图。

如果铰支座通过滚柱放置在支承面上，则称为可动铰支座，其约束特点是只能限制构件产生垂直于支承面的移动。所以约束反力 F 应垂直于支承面并通过销钉中心，如图 1-12 是可动铰支座及其反力的简图。

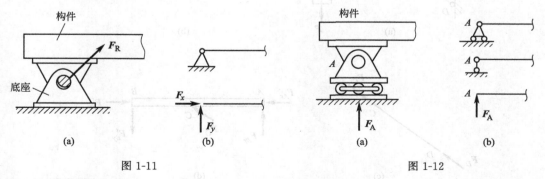

图 1-11   图 1-12

4. 固定端

约束把物体牢牢地固定，使其不能产生任何相对运动，这种约束称为固定端。固定端既限制物体任意方向的移动，又限制转动，因此约束反力有三个分量：限制移动的反力 F_{Ax}，

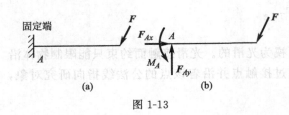

F_{Ay} 与限制转动的反力偶 M_A（图 1-13）。

图 1-13

支座的约束反力简称为支反力。物体除受约束反力作用外，还受到像重力、推力、动力等力的作用，这些力可统称载荷。和约束反力不同的是，载荷能主动改变物体的运动状态，而约束反力则无此作用。荷载是主动作用在物体上的力，其大小和方向一般可预先给定，称为主动力。物体受到载荷作用后才会产生约束反力，因此约束反力是被动力，其大小一般是未知的，方向（或作用线）可根据约束的特点确定。

解决力学问题首先要求选取研究对象，把它从与其有联系的物体中分离出来（此过程称为取分离体），然后逐个分析分离体所受的全部载荷与约束反力（此过程称为受力分析），最后把这些载荷与约束反力画在分离体上，所得图形称受力图。画受力图是解决工程力学问题的一个重要步骤，对此应有足够的重视。

【例 1-1】 梁 AB 两端为铰支座，在 C 处受荷载 F 作用如图 1-14(a)。不计梁的自重，试画出梁的受力图。

解 取 AB 梁为研究对象，画其受力图，见图 1-14(b)。

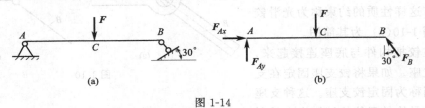

图 1-14

【例 1-2】 试画出图 1-15(a) 所示装置中下列物体的受力图：（1）滑轮 B；（2）斜杆 CD；（3）横梁 AB（均不考虑自重）。

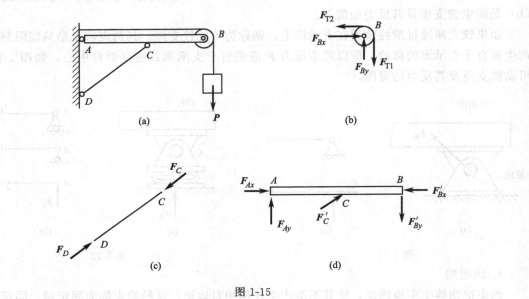

图 1-15

解 （1）画滑轮 B 的受力图。

滑轮上带有一小段绳子，见图 1-15(b)。滑轮所受的力有绳的拉力 F_{T1} 和 F_{T2} 以及滑轮轮轴（相当于圆柱铰）的约束反力 F_{Bx} 和 F_{By}。

（2）画斜杆 CD 的受力图。

见图 1-15(c)。CD 杆仅在 C、D 两点受力而平衡，所以它两端的约束反力作用线必然通过 C、D 两点的连线，这样的杆称为二力杆。

（3）画横梁 AB 的受力图。

见图 1-15(d)。AB 梁的 B 端受到滑轮对它的作用力 F'_{Bx} 和 F'_{By}（分别与滑轮受的力 F_{Bx} 和 F_{By} 互为作用力与反作用力），C 处受到斜杆 CD 的约束反力 F'_C（与 CD 杆受的力 F_C 互为作用力与反作用力）。

第三节　力 的 投 影

一、力的投影概念

从力向量 F 的始末端 A、B 分别向 x 轴作垂线得垂足 a、b，线段 ab 称为力 F 在 x 轴上的投影，用 F_x 表示（图 1-16），x 轴称为投影轴。若力 F 的指向与 x 轴正向的夹角为 α，则

$$F_x = F\cos\alpha$$

力在轴上的投影是代数量，其正负号可直观判断：从 a 到 b 与 x 轴正向一致时投影为正，如图 1-16(a)，相反为负，如图 1-16(b)。

力在相互平行的轴上的投影是相同的，因此计算力在某轴上的投影时，可将此轴平移到通过该力作用点的位置，如图 1-16 中将 x 轴平移到 x' 轴，这样可使计算得到简化。

如果将投影轴 x 换成一个平面（称为投影面），则线段 ab 称为力 F 在平面上的投影，记为 F'，且 $F' = F\cos\alpha$，α 为力 F 与平面间的夹角（见图 1-17）。

力在平面上的投影是个向量。

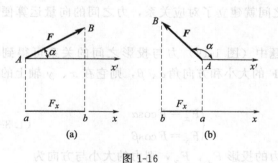

图 1-16

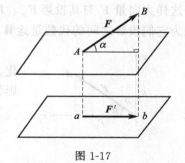

图 1-17

二、力在直角坐标轴上的投影

将空间坐标轴平移到力 F 的起点 A［图 1-18(a)］，设力 F 与 x、y、z 轴正向的夹角分别为 α、β、γ（称为方向角），则力 F 在 x、y、z 轴上的投影分别为

$$\begin{cases} F_x = F\cos\alpha \\ F_y = F\cos\beta \\ F_z = F\cos\gamma \end{cases} \tag{1.3-1}$$

$\cos\alpha$、$\cos\beta$、$\cos\gamma$ 称为力 F 的方向余弦，它们满足关系

$$\cos^2\alpha + \cos^2\beta + \cos^2\gamma = 1 \tag{1.3-2}$$

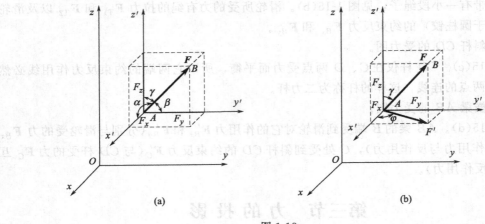

图 1-18

计算力在空间坐标轴上的投影也可用二次投影法。先将力 F 向 $Ax'y'$ 平面投影得 $F' = F\sin\gamma$ [图 1-18(b)]，再将 F' 向 x'、y' 轴上投影，于是

$$\begin{cases} F_x = F\sin\gamma\cos\varphi \\ F_y = F\sin\gamma\sin\varphi \\ F_z = F\cos\gamma \end{cases} \tag{1.3-3}$$

如果已知力 F 在坐标轴上的投影 F_x、F_y、F_z，则力 F 的大小和方向可由下式确定

$$\begin{cases} F = \sqrt{F_x^2 + F_y^2 + F_z^2} \\ \cos\alpha = F_x \big/ \sqrt{F_x^2 + F_y^2 + F_z^2} \\ \cos\beta = F_y \big/ \sqrt{F_x^2 + F_y^2 + F_z^2} \\ \cos\gamma = F_z \big/ \sqrt{F_x^2 + F_y^2 + F_z^2} \end{cases} \tag{1.3-4}$$

这样力向量 F 与其投影 F_x、F_y、F_z 之间就建立了对应关系，力之间的向量运算便可简化为它们投影之间的代数量运算。

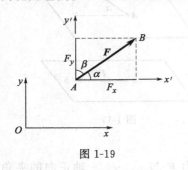

图 1-19

平面问题中（图 1-19）力与投影之间的关系可得到简化。已知力 F 的大小和方向角 α、β，则它在 x、y 轴上的投影为

$$\begin{cases} F_x = F\cos\alpha \\ F_y = F\cos\beta \end{cases} \tag{1.3-5}$$

若已知力的投影 F_x，F_y，则力的大小与方向为

$$\begin{cases} F = \sqrt{F_x^2 + F_y^2} \\ \tan\alpha = \dfrac{F_y}{F_x} \end{cases} \tag{1.3-6}$$

如果将力 F 沿直角坐标轴 x、y、z 分解，分力 F_x、F_y、F_z，的值分别与力 F 在 x、y、z 轴上的投影 F_x、F_y、F_z 值相等。

三、合力投影定理

如果一个力的作用效应与一个力系的作用效应完全相同，这个力就称为该力系的合力，该力系中的各个力称为这个合力的分力。由向量代数可知，合力在某轴上的投影等于各分力在同一轴上投影的代数和。这个关系称为合力投影定理。

第四节 力线平移定理

设力 F 作用在刚体上 A 点，见图 1-20(a)。在刚体上任一点 O 加上等值、反向、共线的两个力 F' 和 F''，并使 F' 和 F'' 的大小与力 F 相等，作用线与力 F 平行，见图 1-20(b)，这时力系对刚体的作用效应不会改变。显然，力 F 与 F'' 组成一个力偶（F，F''），称为附加力偶，其力偶臂为 d。于是原来作用在 A 点的力 F，可以由一个作用在 O 点的与力 F 相等的力 F' 和一个附加力偶（F'，F''）代替，如图 1-20(c)。

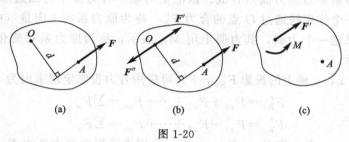

图 1-20

由于附加力偶矩为

$$M = \pm Fd$$

原力 F 对 O 点的矩也为

$$M_O(F) = \pm Fd$$

所以附加力偶的力偶矩等于原力对新作用点的矩，即

$$M = M_O(F)$$

这就得到力线平移定理：

作用在刚体上的力 F 可以平行移动到刚体上任一点，但同时必须附加一个力偶，其力偶矩等于原力 F 对新作用点的矩。

根据力线平移定理，刚体上一点 O 作用一个力 F' 和一个力偶时［例如图 1-20(c)］，可以合成为一个合力 F，如图 1-20(a)，合力的大小和方向与该力 F' 相同，合力对 O 点之矩等于该力偶的力偶矩。

第五节 力系的合成

研究一个力系对刚体的作用效应，可以先对力系进行简化，得到一个与原力系作用完全等效的简单力系（这个过程称为力系的合成），然后再对此简单力系进行研究，从而确定原力系对刚体的作用效应。

一、平面力系的合成

各力作用线位于同一平面内的力系称为平面力系。设刚体上作用平面力系 F_1，F_2，…，F_n，如图 1-21(a)。在该力系作用平面内任选一点 O（称为简化中心），将各力平移到 O 点，根据力线平移定理，得到一个作用线汇交于 O 点的汇交力系 F_1'，F_2'，…，F_n' 和一个附加力偶系如图 1-21(b)，其力偶矩分别为原力系中各力对 O 点之矩，即 $M_1 = M_O(F_1)$，$M_2 = M_O(F_2)$，…，$M_n = M_O(F_n)$。此汇交力系和附加力偶系与原力系等效。

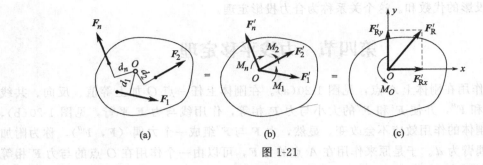

图 1-21

分别将汇交力系和附加力偶系合成。该汇交力系中各力按平行四边形法则依次两两合成，最后可合成一个作用线通过 O 点的合力 $\boldsymbol{F}_R'$，称为原力系的主向量（或主矢）；该附加力偶系的合成结果是一个力偶，其力偶矩用 M_O 表示，称为原力系对简化中心 O 的主矩，如图 1-21(c) 所示。

主向量 $\boldsymbol{F}_R'$ 在 x，y 轴上的投影 F_{Rx}'，F_{Ry}' 可应用合力投影定理求出为

$$\left.\begin{aligned}F_{Rx}'=F_{x1}+F_{x2}+\cdots+F_{xn}=\sum F_x\\F_{Ry}'=F_{y1}+F_{y2}+\cdots+F_{yn}=\sum F_y\end{aligned}\right\} \tag{1.5-1}$$

式中 F_{x1}，F_{x2}，$\cdots$，F_{xn} 和 F_{y1}，$F_{y2}\cdots$，F_{yn} 分别表示原力系中各力 $\boldsymbol{F}_1$，$\boldsymbol{F}_2$，$\cdots$，$\boldsymbol{F}_n$ 在 x 轴和 y 轴上的投影。根据力与投影的关系可得主向量 $\boldsymbol{F}_R'$ 的大小及其与 x 轴正向的夹角 α 为

$$\left.\begin{aligned}F_R'=\sqrt{(\sum F_x)^2+(\sum F_y)^2}\\\alpha=\arctan\frac{\sum F_y}{\sum F_x}\end{aligned}\right\} \tag{1.5-2}$$

主矩 M_O 等于各附加力偶矩的代数和，即原力系中各力对 O 点之矩的代数和，即：

$$M_O=M_1+M_2+\cdots+M_n=M_O(\boldsymbol{F}_1)+M_O(\boldsymbol{F}_2)+\cdots+M_O(\boldsymbol{F}_n)$$

简记为：

$$M_O=\sum M_O(\boldsymbol{F}) \tag{1.5-3}$$

二、力系合成结果的讨论

力系向任选的简化中心 O 点简化后，一般可得到一个力和一个力偶，即主向量 $\boldsymbol{F}_R'$ 和主矩 M_O。根据 $\boldsymbol{F}_R'$ 和 M_O 的情况，合成结果有以下可能。

(1) $\boldsymbol{F}_R'\neq\boldsymbol{0}$，$M_O=0$。这时原力系简化为一个合力 $\boldsymbol{F}_R=\boldsymbol{F}_R'$。当简化中心刚好选取在原力系合力作用线上时出现这种情况。

(2) $\boldsymbol{F}_R'=\boldsymbol{0}$，$M_O\neq0$。这表明原力系合成为一个力偶。原力系对物体上产生在力偶作用面内的转动效应。

(3) $\boldsymbol{F}_R\neq\boldsymbol{0}$，$M_O\neq0$ 如图 1-22(a) 所示。这时可以应用力线平移定理将 $\boldsymbol{F}_R'$ 和 M_O 合成一

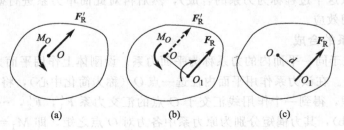

图 1-22

个合力 F_R，其方向与 F'_R 平行，大小与 F'_R 相等，对 O 点之矩等于主矩 M_O，见图 1-22(b)。

(4) $F'_R=0$，$M_O=0$。原力系是平衡力系。这种情况将在下一节进一步讨论。

三、合力矩定理

从上述力系合成结果的第 3 种情况可以看出，力系的合力 F_R 对简化中心 O 点之矩为

$$M_O(F_R)=F_R d=M_O$$

将式 (1.5-3) 代入上式，有

$$M_O(F_R)=\sum M_O(F) \tag{1.5-4}$$

此式表明：力系的合力对某一点之矩等于力系中各分力对同一点之矩的代数和。这就是合力矩定理。

【例 1-3】 图 1-23 所示齿轮节圆直径 $D=160\text{mm}$，受到啮合力 $F=1000\text{N}$，压力角 $\alpha=20°$，求啮合力 F 对轮心 O 点之矩。

解 将 F 分解为切向力 $F_t=F\cos\alpha$ 和径向力 $F_r=F\sin\alpha$，根据合力矩定理，得

$$M_O(F)=M_O(F_t)+M_O(F_r)$$

$$=-F\cos\alpha\cdot\frac{D}{2}+0$$

$$=-1000\cos20°\times\frac{0.16}{2}+0$$

$$=-75.2\ (\text{N}\cdot\text{m})$$

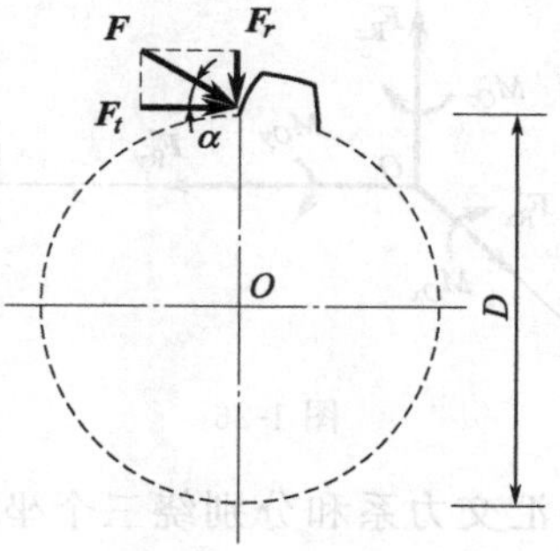

图 1-23

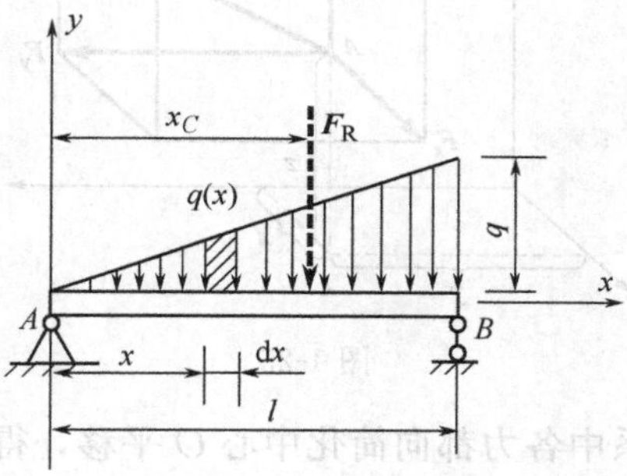

图 1-24

【例 1-4】 图 1-24 所示水平梁 AB 受线性分布载荷的作用，载荷集度最大值为 q（N/m），梁长为 l。试求分布载荷合力的大小及其作用线位置。

解 取坐标系如图 1-24 所示，设合力 F_R 距 A 端为 x_C。由于分布载荷均为铅垂向下的，故合力 F_R 必为铅垂力。在坐标 x 处取微段梁 $\text{d}x$，该微段上的载荷集度为 $q(x)=qx/l$，微段上的合力为 $q(x)\text{d}x$，故全梁上分布载荷的合力为

$$F_R=\int_0^l q(x)\text{d}x=\int_0^l\frac{qx}{l}\text{d}x=\frac{ql}{2}$$

微段上载荷对 A 点之矩为 $-xq(x)\text{d}x$，应用合力矩定理，有

$$M_A(F_R)=-\int_0^l xq(x)\text{d}x$$

$$-F_R\cdot x_C=-\int_0^l xq(x)\text{d}x=-\int_0^l\frac{qx^2}{l}\text{d}x=-\frac{ql^2}{3}$$

$$x_C=\frac{ql^2}{3F_R}=\frac{2}{3}l$$

此例结果表明，线分布载荷的合力等于载荷图的面积，合力作用线通过载荷图形心。这个结论有普遍意义。

四、空间力系的合成

当力系中各力作用线不共面时，称为空间力系。采用与平面力系合成类似的方法，将各力向任选的简化中心 O 平移并合成后，也得到主向量 F_R' 和主矩 M_O。为了便于计算，先以简化中心 O 为原点建立直角坐标系 $Oxyz$，并分别计算各力在三个坐标轴上的投影 F_{xi}，F_{yi} 和 F_{zi}（$i=1,2,\cdots,n$）以及各力对三个坐标轴的矩 $M_x(F_i)$，$M_y(F_i)$ 和 $M_z(F_i)$（$i=1,2,\cdots,n$）。在计算力对轴的矩时，常应用合力矩定理，即力对某轴之矩等于各分力对同一轴之矩的代数和。例如图 1-25 所示，力 F 沿三个坐标轴的分量为 F_x、F_y、F_z，数值分别与力 F 在三个轴上的投影 F_x，F_y，F_z 相等，力 F 的作用点 A 的坐标为（x，y，z）。力 F 对三个坐标轴的矩为

$$
\left.
\begin{aligned}
M_x(F) &= -F_y z + F_z y \\
M_y(F) &= -F_z x + F_x z \\
M_z(F) &= -F_x y + F_y x
\end{aligned}
\right\}
\tag{1.5-5}
$$

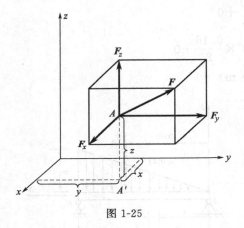

图 1-25

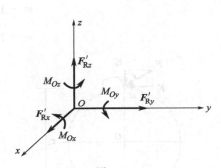

图 1-26

将力系中各力都向简化中心 O 平移，得到汇交于 O 点的汇交力系和分别绕三个坐标轴旋转的力偶系，见图 1-26。应用合力投影定理和合力矩定理，可得到

$$
\left.
\begin{aligned}
F_{Rx}' &= F_{x1} + F_{x2} + \cdots + F_{xn} = \sum F_x \\
F_{Ry}' &= F_{y1} + F_{y2} + \cdots + F_{yn} = \sum F_y \\
F_{Rz}' &= F_{z1} + F_{z2} + \cdots + F_{zn} = \sum F_z
\end{aligned}
\right\}
\tag{1.5-6a}
$$

$$
\left.
\begin{aligned}
M_{Ox} &= M_x(F_1) + M_x(F_2) + \cdots + M_x(F_n) = \sum M_x \\
M_{Oy} &= M_y(F_1) + M_y(F_2) + \cdots + M_y(F_n) = \sum M_y \\
M_{Oz} &= M_z(F_1) + M_z(F_2) + \cdots + M_z(F_n) = \sum M_z
\end{aligned}
\right\}
\tag{1.5-6b}
$$

由 F_{Rx}'、F_{Ry}' 和 F_{Rz}'，可合成一个作用线通过 O 点的合力 F_R'，如图 1-27(a) 所示，F_R' 称为原力系的主向量，其大小和方向分别由下式确定：

$$
\left.
\begin{aligned}
F_R' &= \sqrt{F_{Rx}'^2 + F_{Ry}'^2 + F_{Rz}'^2} = \sqrt{(\sum F_x)^2 + (\sum F_y)^2 + (\sum F_z)^2} \\
\cos\alpha &= \sum F_x \Big/ \sqrt{(\sum F_x)^2 + (\sum F_y)^2 + (\sum F_z)^2} \\
\cos\beta &= \sum F_y \Big/ \sqrt{(\sum F_x)^2 + (\sum F_y)^2 + (\sum F_z)^2} \\
\cos\gamma &= \sum F_z \Big/ \sqrt{(\sum F_x)^2 + (\sum F_y)^2 + (\sum F_z)^2}
\end{aligned}
\right\}
\tag{1.5-7a}
$$

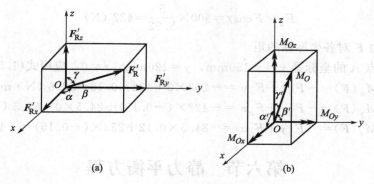

图 1-27

由于力偶作用面有方向性，引入空间力偶矩矢 M_x、M_y、M_z，其力偶矩大小分别等于 M_{Ox}、M_{Oy}、M_{Oz}，其方向线与力偶作用面垂直并按右手螺旋法则确定其指向，于是按矢量合成的方法可将 M_{Ox}、M_{Oy} 和 M_{Oz} 合成一个合力偶 M_O 如图 1-27(b) 所示。M_O 称为原力系对于简化中心的主矩，其大小和方向分别为

$$
\left.
\begin{aligned}
M_O &= \sqrt{(\Sigma M_x)^2 + (\Sigma M_y)^2 + (\Sigma M_z)^2} \\
\cos\alpha' &= \Sigma M_x \big/ \sqrt{(\Sigma M_x)^2 + (\Sigma M_y)^2 + (\Sigma M_z)^2} \\
\cos\beta' &= \Sigma M_y \big/ \sqrt{(\Sigma M_x)^2 + (\Sigma M_y)^2 + (\Sigma M_z)^2} \\
\cos\gamma' &= \Sigma M_z \big/ \sqrt{(\Sigma M_x)^2 + (\Sigma M_y)^2 + (\Sigma M_z)^2}
\end{aligned}
\right\}
\tag{1.5-7b}
$$

【例 1-5】 图 1-28(a) 所示托架固连在轴上，载荷 $F = 500\text{N}$，方向如图 1-28。求力 F 对直角坐标系 $Oxyz$ 各轴之矩。

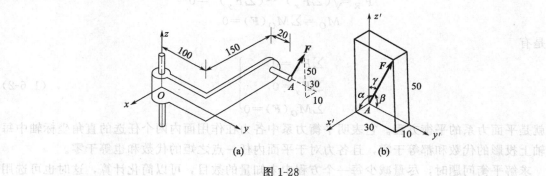

图 1-28

解 （1）求方向余弦。由图 1-28(b) 得

$$
\cos\alpha = \frac{10}{\sqrt{10^2 + 30^2 + 50^2}} = \frac{1}{5.92}
$$

$$
\cos\beta = \frac{3}{5.92}, \quad \cos\gamma = \frac{5}{5.92}
$$

（2）计算力 F 在各坐标轴上的投影

$$
F_x = F\cos\alpha = 500 \times \frac{1}{5.92} = 84.5 \text{ (N)}
$$

$$
F_y = F\cos\beta = 500 \times \frac{3}{5.92} = 253 \text{ (N)}
$$

$$F_z = F\cos\gamma = 500 \times \frac{5}{5.92} = 422 \ (\text{N})$$

（3）计算力 F 对各坐标轴的矩

力 F 作用点 A 的坐标是 $x = -150\text{mm}$，$y = 120\text{mm}$，$z = 0$，应用式(1.5-5)，得

$$M_x(F) = -F_y z + F_z y = -253 \times 0 + 422 \times 0.12 = 50.6 \ (\text{N·m})$$
$$M_y(F) = -F_z x + F_x z = -422 \times (-0.15) + 84.5 \times 0 = 63.3 \ (\text{N·m})$$
$$M_z(F) = -F_x y + F_y x = -84.5 \times 0.12 + 253 \times (-0.15) = -48.1 \ (\text{N·m})$$

第六节　静力平衡方程

一、物体的平衡条件

在上一节中已经知道，作用在物体上的力系向任选的简化中心 O 点简化，可合成为主向量 F_R' 和主矩 M_O。若 $F_R' = 0$，且 $M_O = 0$，就既不产生移动效应，也不产生绕 O 点转动的效应，物体保持平衡，故该力系是平衡力系。如果物体保持平衡，作用于该物体上的力系必然是平衡力系，则其合成结果也一定满足 $F_R' = 0$ 和 $M_O = 0$。所以物体平衡的充分必要条件是：作用于该物体上的力系的主向量和对任一点的主矩都等于零。即

$$\left.\begin{array}{r} F_R' = 0 \\ M_O = 0 \end{array}\right\} \tag{1.6-1}$$

二、静力平衡方程

对于平面力系，其主向量 F_R' 和主矩 M_O 可由式(1.5-2) 和式(1.5-3) 写成解析式，故力系的平衡条件为

$$F_R' = \sqrt{(\textstyle\sum F_x)^2 + (\textstyle\sum F_y)^2} = 0$$
$$M_O = \textstyle\sum M_O(F) = 0$$

于是有

$$\left.\begin{array}{r} \textstyle\sum F_x = 0 \\ \textstyle\sum F_y = 0 \\ \textstyle\sum M_O(F) = 0 \end{array}\right\} \tag{1.6-2}$$

这就是平面力系的平衡方程。它表明平衡力系中各力在作用面内两个任选的直角坐标轴中每一轴上投影的代数和都等于零，且各力对于平面内任一点之矩的代数和也等于零。

求解平衡问题时，尽量减少每一个方程中未知量的数目，可以简化计算，这时也可选用二矩式或三矩式平衡方程：

二矩式 $\qquad \left\{\begin{array}{l} \textstyle\sum F_x = 0 \\ \textstyle\sum M_A(F) = 0 \\ \textstyle\sum M_B(F) = 0 \end{array}\right. \tag{1.6-3a}$

其中矩心 A、B 连线不与 x 轴垂直。

三矩式 $\qquad \left\{\begin{array}{l} \textstyle\sum M_A(F) = 0 \\ \textstyle\sum M_B(F) = 0 \\ \textstyle\sum M_C(F) = 0 \end{array}\right. \tag{1.6-3b}$

其中矩心 A、B、C 三点不位于同一条直线上。

对于空间问题，由式(1.5-6)和式(1.5-7)代入物体的平衡条件 $F'_R=0$ 和 $M_O=0$，就得到空间力系的平衡方程

$$\sum F_x=0,\sum F_y=0,\sum F_z=0$$
$$\sum M_x(\boldsymbol{F})=0,\sum M_y(\boldsymbol{F})=0,\sum M_z(\boldsymbol{F})=0 \Big\}$$

(1.6-4)

它表明各力在任选的空间直角坐标系中每个轴上的投影之代数和都等于零，且各力对每个轴的力矩的代数和也分别等于零。

三、物体的平衡

求解物体的平衡问题时，根据问题的具体情况，选用式(1.6-2)、式(1.6-3)或式(1.6-4)中较方便的一组平衡方程。但不论用哪一组，对于平面力系作用下单个物体的平衡问题，只能列出三个独立的平衡方程，可求解三个未知量；对于空间力系作用下单个物体的平衡问题，只能列出六个独立的平衡方程，可求解六个未知量。对于一些特殊情况（汇交力系、平行力系等），独立的平衡方程以及能够求解的未知量数目还将相应减少。

【例 1-6】 图 1-29(a) 所示的简易起重机横梁 AB 的 A 端以铰链固定，B 端以拉杆 BC 支承。载荷 $W=10kN$，AB 梁重 $P=4kN$，BC 杆自重可忽略不计。试求载荷 W 位于图示位置时 BC 杆的拉力和铰链 A 的约束反力。

解　取 AB 梁为研究对象，作受力图并取坐标轴如图 1-29(b) 所示。列平衡方程

$$\sum F_x=0, F_{Ax}-F_T\cos30°=0 \tag{1}$$
$$\sum F_y=0, F_{Ay}+F_T\sin30°-P-W=0 \tag{2}$$
$$\sum M_A(\boldsymbol{F})=0, F_T\sin30°\cdot4a-P\cdot2a-W\cdot3a=0 \tag{3}$$

由式(3) 解出

$$F_T=19 \text{ kN}$$

将 F_T 值代入式(1)、式(2)，得

$$F_{Ax}=16.45 \text{ kN} (\rightarrow)$$
$$F_{Ay}=4.5 \text{ kN} (\uparrow)$$

计算结果为正，说明假设的各力指向与实际指向一致。

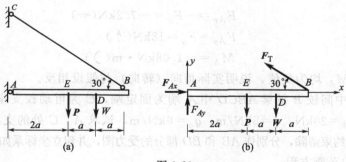

图 1-29

【例 1-7】 水平外伸梁受集度为 q 的均布载荷，集中力 F 和力偶 M_e 作用，见图 1-30 (a)。已知 $F=qa$，$M_e=3qa^2$，求支反力。

解　作 AB 梁的受力图并取坐标轴如图 1-30(b) 所示。由于没有水平载荷作用，所以不会产生水平方向的反力，平衡方程 $\sum F_x=0$ 自然满足。由平衡方程

$$\sum M_A=0, F_B\cdot2a+3qa^2-qa\cdot\frac{3a}{2}-qa\cdot3a=0$$

$$\sum M_B = 0, -F_A \cdot 2a + 3qa^2 + qa \cdot \frac{a}{2} - qa \cdot a = 0$$

得

$$F_A = \frac{5}{4}qa(\uparrow) \qquad F_B = \frac{3}{4}qa(\uparrow)$$

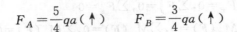

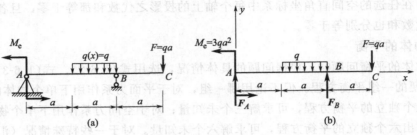

图 1-30

【例 1-8】 车刀的 A 端紧固在刀架上，B 端受到切削力作用，见图 1-31(a)。已知 $F_y = 18\text{kN}$，$F_x = 7.2\text{kN}$，$l = 60\text{mm}$，求固定端 A 的支反力。

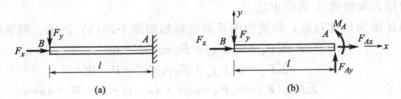

图 1-31

解 作车刀的受力图并取坐标轴如图 1-31(b)。建立平衡方程

$$\sum F_x = 0, F_{Ax} + F_x = 0$$
$$\sum F_y = 0, F_{Ay} - F_y = 0$$
$$\sum M_A = 0, M_A + F_y \cdot l = 0$$

解出

$$F_{Ax} = -F_x = -7.2\text{kN}(\leftarrow)$$
$$F_{Ay} = F_y = 18\text{kN}(\uparrow)$$
$$M_A = -1.08\text{kN} \cdot \text{m}(\curvearrowright)$$

计算结果 F_{Ax} 和 M_A 均为负值，说明实际指向（转向）与假设相反。

【例 1-9】 带中间铰 B 的梁 $ABCD$ 中 A 端为固定端，C 为可动铰支座，见图 1-32(a)。若 $F_1 = 10\text{kN}$，$F_2 = 20\text{kN}$，$q = 5\text{kN/m}$，$q_0 = 6\text{kN/m}$，试求 A、C 处的支反力。

解 将中间铰约束解除，分别作 AB 和 BD 部分的受力图，并建立坐标系如图 1-32(b) 所示。

由 BD 部分的平衡方程

$$\sum M_B = 0, F_C \times 1 - F_1 \times 0.5 - \frac{q_0 \times 1}{2} \times \frac{4}{3} = 0$$

$$\sum M_C = 0, -F_{By} \times 1 + F_1 \times 0.5 - \frac{q_0 \times 1}{2} \times \frac{1}{3} = 0$$

得

$$F_C = 9\text{kN} \ (\uparrow)$$

$$F_{By} = 4kN \ (\uparrow)$$

再由 AB 部分的平衡方程

$$\sum F_y = 0, \quad F_{Ay} - F - q \times 1 - F'_{By} = 0$$

$$\sum M_A = 0, \quad M_A - F \times 0.5 - q \times 1 \times 1.5 - F'_{By} \times 2 = 0$$

得

$$F_{Ay} = 29kN \ (\uparrow)$$

$$M_A = 25.5kN \cdot m \ (\circlearrowleft)$$

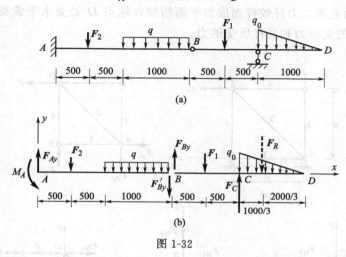

图 1-32

【例 1-10】 三铰拱由 AC 和 BC 两部分用铰链 C 连接而成。两部分的重心分别在 C_1 和 C_2 处，其重量分别为 $P_1 = P_2 = 40kN$，承受侧向风力 $F = 20kN$，其作用线位于 $h = 4m$ 处，如图 1-33(a)。已知 $l = 4m$，$a = 1.5m$，$H = 6m$，求 A，B，C 三铰链的约束反力。

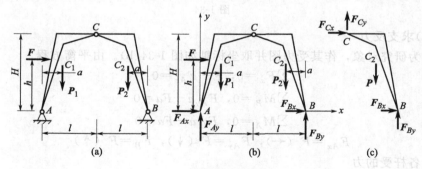

图 1-33

解 先以整体为研究对象，作受力图见图 1-33(b)。列平衡方程

$$\sum M_A = 0, F_{By} \cdot 2l - Fh - P_1 a - P_2(2l - a) = 0 \qquad (1)$$

$$\sum M_B = 0, -F_{Ay} \cdot 2l - Fh + P_1(2l - a) + P_2 a = 0 \qquad (2)$$

$$\sum F_x = 0, F_{Ax} + F_{Bx} + F = 0 \qquad (3)$$

由式(1)、式(2)得

$$F_{By} = 50 \ kN(\uparrow), \qquad F_{Ay} = 30 \ kN(\uparrow)$$

再以 BC 部分为研究对象，作其受力图，见图 1-33(c)。列平衡方程

$$\sum M_C = 0, F_{Bx} \cdot H + F_{By} \cdot l - P_2(l - a) = 0 \qquad (4)$$

$$\sum F_x = 0, F_{Cx} + F_{Bx} = 0 \qquad (5)$$
$$\sum F_y = 0, F_{Cy} + F_{By} - P_2 = 0 \qquad (6)$$

将已知数据及已求出的 F_{By} 之值代入式(4)~式(6)，

得
$$F_{Bx} = -16.67 \text{ kN} \ (\leftarrow) \qquad F_{Cx} = 16.67 \text{ kN}$$
$$F_{Cy} = -10 \text{ kN}$$

再将 F_{Bx} 之值代入式(3)，得

$$F_{Ax} = -3.33 \text{ kN} \ (\leftarrow)$$

【例 1-11】 由五根二力杆铰接而成的平面桁架在结点 D 处受水平载荷作用，见图 1-34 (a)。试求 A，B 的支反力和各杆所受的力。

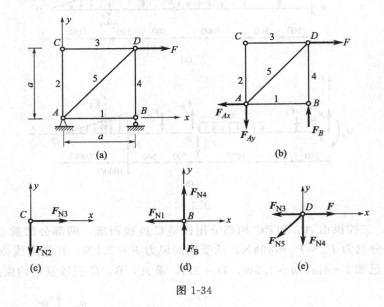

图 1-34

解 (1)求支反力

以整体为研究对象，作其受力图并取坐标轴如图 1-34(b)。由平衡方程

$$\sum F_x = 0, \quad F - F_{Ax} = 0$$
$$\sum M_B = 0, \quad F_{Ay}a - Fa = 0$$
$$\sum M_A = 0, \quad F_B a - Fa = 0$$

得
$$F_{Ax} = F \ (\leftarrow), \quad F_{Ay} = F \ (\downarrow), \quad F_B = F \ (\uparrow)$$

(2) 求各杆受的力

桁架是由若干二力杆铰接而成的，各杆受力均在杆长度方向上，用 F_N 表示。各铰接点（称为结点）所受的力与其相连接的杆所受的力互为作用与反作用力，故可以逐个地取结点作为研究对象，求出结点力也就求出了各杆受力。作结点的受力图时，一般假设未知力为拉力（力的方向背离结点），并以结点为原点建立坐标系。每个结点受的力构成汇交力系，取其汇交点为简化中心，平衡方程中力矩方程自动满足，只需列出投影方程。平面桁架总是先从未知力不超过两个的结点开始，依次计算；空间桁架从未知力不超过三个的结点开始。

结点 C：作受力图，见图 1-34(c)，列平衡方程：

$$\sum F_x = 0, \qquad F_{N3} = 0$$
$$\sum F_y = 0, \qquad -F_{N2} = 0$$

得
$$F_{N2}=0,\quad F_{N3}=0$$

结点 B：作受力图，如图 1-34(d)，列平衡方程
$$\sum F_x=0\qquad -F_{N1}=0$$
$$\sum F_y=0\qquad F_{N4}+F_B=0$$

得
$$F_{N1}=0,\qquad F_{N4}=-F\ (压力)$$

结点 D：作受力图，如图 1-34(e)，列平衡方程
$$\sum F_x=0,\qquad -F_{N3}-F_{N5}\cos45°+F=0$$

得
$$F_{N5}=\sqrt{2}F\ (拉力)$$

【例 1-12】 重量为 P 的重物，由三杆 AO、BO 和 CO 支撑。杆 BO 和 CO 位于同一水平面内，CO 与 AO 位于同一竖直平面内，见图 1-35(a)。已知 $OC=a$，$AC=b$，$OB=c$，且 $\triangle OAC$ 和 $\triangle OBC$ 在点 C 处为直角。试求三杆所受之力。

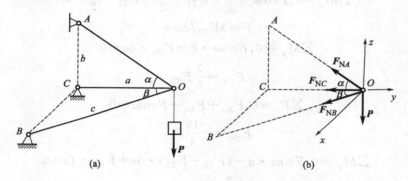

图 1-35

解 取结点 O 为研究对象，作受力图，见图 1-35(b)。载荷 P 与三杆受力 F_{NA}、F_{NB}、F_{NC} 组成一空间汇交力系，汇交于点 O，选坐标轴如图 1-35(b) 所示。

平衡方程
$$\sum F_x=0,\quad F_{NB}\sin\beta=0 \tag{1}$$
$$\sum F_y=0,\quad -F_{NA}\cos\alpha-F_{NB}\cos\beta-F_{NC}=0 \tag{2}$$
$$\sum F_z=0,\quad F_{NA}\sin\alpha-P=0 \tag{3}$$

式中
$$\sin\alpha=\frac{b}{\sqrt{a^2+b^2}},\quad \cos\alpha=\frac{a}{\sqrt{a^2+b^2}}$$

联立求解式（1）～式（3），得
$$F_{NA}=\frac{\sqrt{a^2+b^2}}{b}P\ (拉力),\ F_{NB}=0,\ F_{NC}=-\frac{a}{b}P\ (压力)$$

【例 1-13】 图 1-36(a) 所示的传动轴齿轮 A 节圆直径为 d，齿轮啮合力与水平线夹角为 α，皮带轮 C 的直径为 $3d$，皮带拉力 $F_{T1}=2F_{T2}$。试求轴承 B、D 的支反力和齿轮啮合力 F。

解 以整个传动轴为研究对象并建立坐标系。由于轴承约束只限制轴在平行于 yz 平面的方向移动，因此支反力必平行于 yz 平面。设支反力分别为 F_{By}、F_{Bz}、F_{Dy}、F_{Dz}，作受力图，见 1-36(b)。

由于全部力在 x 轴上的投影都是零，所以平衡方程 $\sum F_x=0$ 自动满足。

为了计算简便，可适当安排平衡方程的顺序使每个平衡方程只含有一个未知量，避免联

立求解。

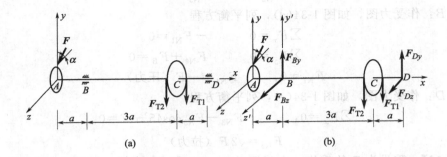

图 1-36

$$\sum M_x = 0, F\cos\alpha \cdot \frac{d}{2} + F_{T2} \cdot \frac{3d}{2} - F_{T1} \cdot \frac{3d}{2} = 0$$

得
$$F = 3F_{T2}/\cos\alpha$$

$$\sum M_{y'} = 0, F\cos\alpha \cdot a - F_{Dz} \cdot 4a = 0$$

得
$$F_{Dz} = \frac{3}{4}F_{T2}$$

$$\sum F_z = 0, F_{Bz} + F_{Dz} + F\cos\alpha = 0$$

得
$$F_{Bz} = -\frac{15}{4}F_{T2}$$

$$\sum M_{z'} = 0, F\sin\alpha \cdot a - (F_{T1} + F_{T2}) \cdot 3a + F_{Dy} \cdot 4a = 0$$

得
$$F_{Dy} = \frac{3}{4}F_{T2}(3 - \tan\alpha)$$

$$\sum F_y = 0, F_{By} + F_{Dy} - F\sin\alpha - F_{T1} - F_{T2} = 0$$

得
$$F_{By} = \frac{3}{4}F_{T2}(1 + 5\tan\alpha)$$

所得结果中，正号表示支反力方向与假设方向一致，负号则表示相反。

【例 1-14】 镗刀杆的刀头在镗削工件时受到切向力 F_z，径向力 F_y 和轴向力 F_x 的作用，见图 1-37(a)。已知 $F_z = 5\mathrm{kN}$，$F_y = 1.5\mathrm{kN}$，$F_x = 0.75\mathrm{kN}$。试求镗刀杆根部 A 支反力的各个分量。

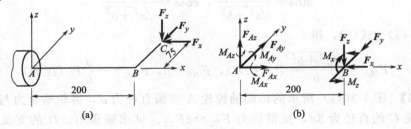

图 1-37

解 取镗刀杆 ABC 作研究对象。刀杆根部是固定端，空间问题支反力用六个分量表示，即作用在 A 点的三个正交分力 F_{Ax}、F_{Ay} 和作用在三个坐标平面内，力偶矩为 M_{Ax}、M_{Ay}、M_{Az} 的反力偶。作镗刀杆的受力图，见图 1-37(b)。为了运算简便，将作用在刀尖 C 的载荷 F_x、F_y、F_z 都向 B 点平移，相应的附加力偶为 $M_z = F_x \times 0.075 = 56.25$ N·m，$M_x = F_z \times 0.075 = 375$N·m。

列平衡方程，求解未知量：

$$\sum F_x = 0, \quad F_{Ax} - F_x = 0$$

得
$$F_{Ax} = F_x = 0.75\text{kN}$$
$$\sum F_y = 0, \quad F_{Ay} - F_y = 0$$

得
$$F_{Ay} = F_y = 1.5\text{kN}$$
$$\sum F_z = 0, \quad F_{Az} - F_z = 0$$

得
$$F_z = F_z = 5\text{kN}$$
$$\sum M_z = 0, \quad M_{Az} + M_z - F_y \times 0.2 = 0$$
$$M_{Az} = -M_z + 0.2F_y = 243.8\text{N} \cdot \text{m}$$
$$\sum M_x = 0, \quad M_{Ax} - M_x = 0$$

得
$$M_{Ax} = M_x = 375\text{N} \cdot \text{m}$$
$$\sum M_y = 0, \quad M_{Ay} + F_z \times 0.2 = 0$$

得
$$M_{Ay} = -0.2F_z = -1000\text{N} \cdot \text{m}$$

负号表示 M_{Ay} 反力偶转向与假设相反。

习　　题

下列习题中，凡未标出自重的物体，自重不计。接触处均假设是光滑的。

1.1　画出下列各物体的受力图。

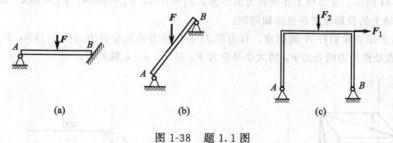

图 1-38　题 1.1 图

1.2　分别画出下列各物系中每个物体的受力图。

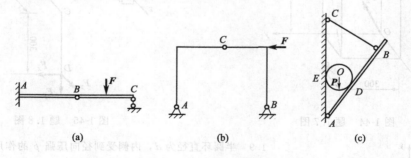

图 1-39　题 1.2 图

1.3　画出图示起重架中滑轮 A，杆 AB 和杆 AC 的受力图。

1.4　图 1-41 为输气管支架示意图。B、C、D 三处为铰接。试分别画出各杆的受力图。

1.5　图 1-42 所示梁上作用均布载荷 q，试求其合力大小及作用线位置。

1.6　在半径 $r=50\text{cm}$，中心角 $2\alpha=60°$ 的扇形薄板 OAB 的圆弧边缘受到均布力作用，其方向平行于边缘，集度为 $q=8\text{N/cm}$，如图 1-43 所示。试求此分布力系的合力大小和作用线位置。

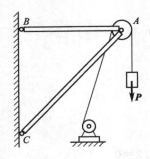

图 1-40 题 1.3 图

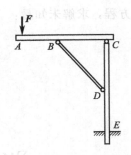

图 1-41 题 1.4 图

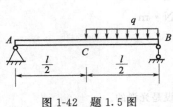

图 1-42 题 1.5 图

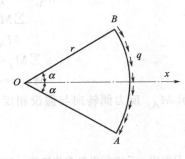

图 1-43 题 1.6 图

1.7 如图 1-44 所示，立方体上作用各力大小为：$F_1=50\text{N}$，$F_2=100\text{N}$，$F_3=70\text{N}$，试分别计算这三个力在 x、y、z 轴上的投影及对各坐标轴的矩。

1.8 图 1-45 所示直角折杆 A 端固定，自由端 D 处作用力的三个分力为 $F_x=1\text{kN}$，$F_y=2\text{kN}$，$F_z=1\text{kN}$。试计算 D 点处作用力的合力 F_R 的大小及合力 F_R 对 x、y、z 轴的矩。

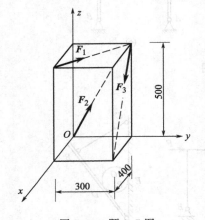

图 1-44 题 1.7 图

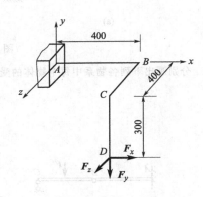

图 1-45 题 1.8 图

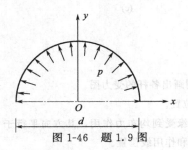

图 1-46 题 1.9 图

1.9 半圆环直径为 d，内侧受到径向压强 p 的作用，见图 1-46。试计算内压的合力大小及作用线位置。

1.10 如图 1-47 所示，用多轴立钻同时加工一个工件的四个孔。每个钻头的主切削力在水平面内组成一个力偶，力偶矩 $M_e=15\text{N}\cdot\text{m}$。试求固定螺钉 A，B 受到的力。

1.11 矩形板四边受到平行于各边的均布力作用保持平衡。试证明四边的分布力集度相等，即 $q_1=q_2=q_3=q_4=q$。

1.12 试求图 1-49 各梁的支反力。

1.13　试求图 1-50 所示斜梁的支反力。

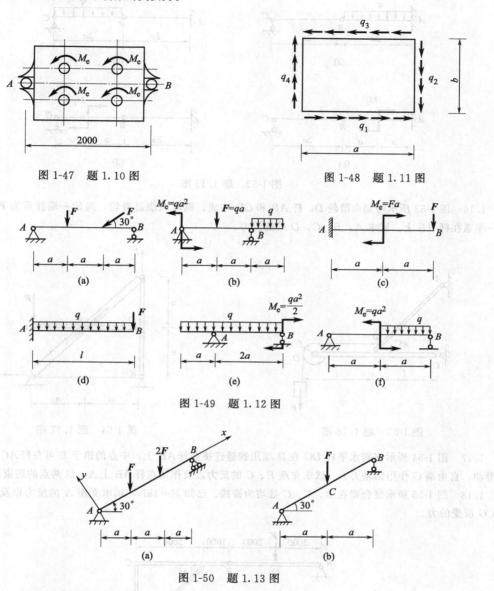

图 1-47　题 1.10 图

图 1-48　题 1.11 图

图 1-49　题 1.12 图

图 1-50　题 1.13 图

1.14　试求图 1-51 中各刚架的支反力。

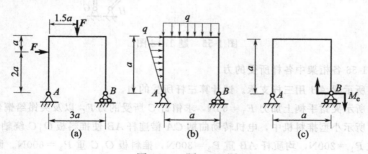

图 1-51　题 1.14 图

1.15　试求图 1-52 中各梁在 A、B、C 处的约束反力，已知 q，M_e，a。

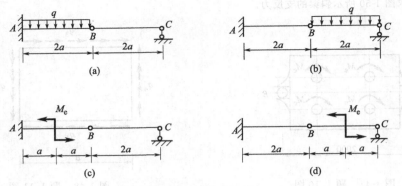

图 1-52　题 1.15 图

1.16　图 1-53 所示构架由滑轮 D，杆 AB 和 CD 构成。钢丝绳绕过滑轮，绳的一端挂重为 P 的重物，另一端系在杆 AB 上。试求 A，B，C，D 处的反力。

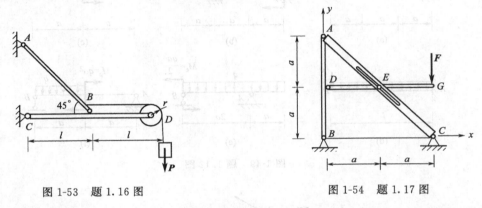

图 1-53　题 1.16 图　　　　　　　　图 1-54　题 1.17 图

1.17　图 1-54 所示支架水平杆 DG 在 D 端用铰链连接在杆 AB 上，中点的销子 E 可在杆 AC 的槽内自由滑动，自由端 G 作用铅垂力 F。试求支座 B、C 的反力以及作用在杆 AB 上 A、D 两点的约束反力。

1.18　图 1-55 所示复合梁在 B、E、C 处均为铰接。已知 $F=1\text{kN}$，试求支座 A 的反力以及杆 EH 和杆 CG 所受的力。

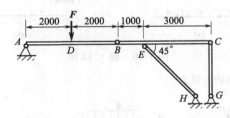

图 1-55　题 1.18 图

1.19　试求图 1-56 各桁架中各杆所受的力。

1.20　图 1-57 所示梁 AB 用三杆支承。试计算三杆所受的力。

1.21　图 1-58 所示夹钳手柄上加力 $F_1=55\text{N}$，求销钉 C 所受的力 F_C 以及夹钳给铜丝的夹持力 F。

1.22　图 1-59 所示小型推料机中，电机转动曲柄 OA 借连杆 AB 使推料板 O_1C 绕轴 O_1 转动。已知装有销钉 A 的圆盘重 $P_1=200\text{N}$，均质杆 AB 重 $P_2=300\text{N}$，推料板 O_1C 重 $P_3=600\text{N}$。设料作用于推料板 O_1C 上 B 点的力 $F=1000\text{N}$，且与板垂直，$OA=20\text{cm}$，$AB=200\text{cm}$，$O_1B=40\text{cm}$，$\alpha=45°$。若在图示位置处于平衡，试求作用于曲柄 OA 上的力偶矩 M_e 的大小。

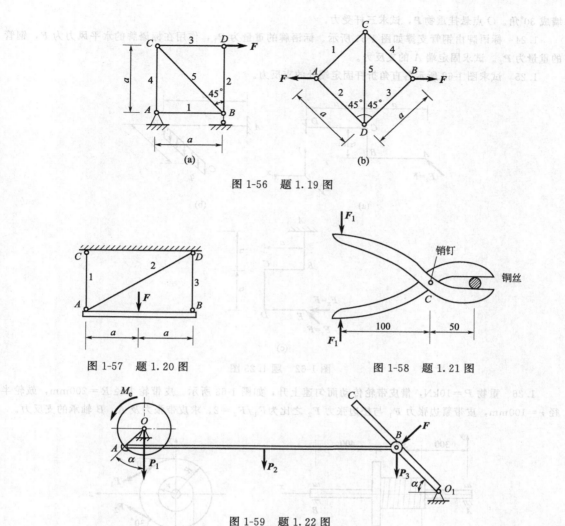

图 1-56　题 1.19 图

图 1-57　题 1.20 图

图 1-58　题 1.21 图

图 1-59　题 1.22 图

1.23　三杆 AO，BO 和 CO 在 O 点用球铰连接，且在 A、B、C 三处用球铰固定在墙上，见图 1-60。杆 AO 和 BO 位于水平面内，$\triangle AOB$ 为等边三角形，D 为 AB 中点。杆 CO 位于垂直于 $\triangle AOB$ 的平面内，与

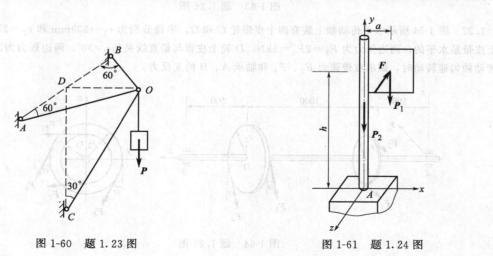

图 1-60　题 1.23 图

图 1-61　题 1.24 图

墙成 30°角。O 点悬挂重物 P，试求三杆受力。

1.24 标语牌由钢管支撑如图 1-61 所示。标语牌的重量为 P_1，作用在标语牌的水平风力为 F，钢管的重量为 P_2。试求固定端 A 的支反力。

1.25 试求图 1-62 所示各直角折杆固定端处的支反力。

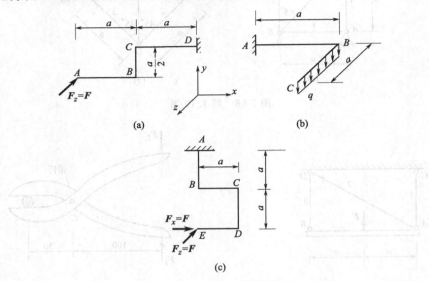

图 1-62 题 1.25 图

1.26 重物 $P=10\text{kN}$，借皮带轮传动而匀速上升，如图 1-63 所示。皮带轮半径 $R=200\text{mm}$，鼓轮半径 $r=100\text{mm}$，皮带紧边张力 F_1 与松边张力 F_2 之比为 $F_1/F_2=2$。求皮带张力及 A、B 轴承的支反力。

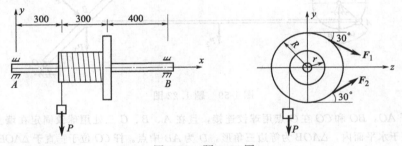

图 1-63 题 1.26 图

1.27 图 1-64 所示水平传动轴上装有两个皮带轮 C 和 D，半径分别为 $r_1=200\text{mm}$ 和 $r_2=250\text{mm}$，C 轮上皮带是水平的，两边张力为 $F_1=2F_2=5\text{kN}$，D 轮上皮带与铅直线夹角 $\alpha=30°$，两边张力为 $F_3=2F_4$。当传动轴匀速转动时，试求皮带张力 F_3、F_4 和轴承 A、B 的支反力。

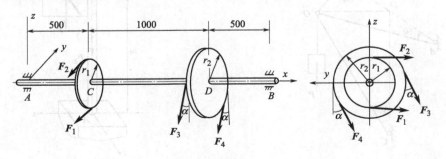

图 1-64 题 1.27 图

第二章 材料力学基本概念

第一节 材料力学的基本假设

1. 连续性假设 认为物体在其整个体积内毫无间隙地充满了固体物质,固体在其占有的几何空间内是密实的和连续的。这样,固体的力学变量就可以表示为坐标的连续函数,便于应用数学分析的方法。

2. 均匀性假设 认为固体材料内任一部分的力学性能都完全相同。由于固体材料的力学性质反映的是其所有组成部分的性质的统计平均量,所以可以认为是均匀的。

3. 各向同性假设 认为固体材料沿各个方向上的力学性能完全相同。工程上常用的金属材料,其各个单晶并非各向同性的,但是构件中包含着许许多多无序排列的晶粒,综合起来并不显示出方向性的差异,而是呈现出各向同性的性质。在材料力学中主要研究各向同性的材料。

4. 小变形假设 构件因外力作用而产生的变形量远远小于其原始尺寸时,就属于微小变形的情况。材料力学所研究的问题大部分只限于这种情况。这样,在研究平衡问题时,就可忽略构件的变形,按其原始尺寸进行分析,使计算得以简化。必须指出,对构件作强度、刚度和稳定性研究以及对大变形平衡问题分析时,就不能忽略构件的变形。

实验表明,物体在外力作用下会产生变形。当外力卸除后,物体能全部或部分恢复原来的形态。随外力卸除而消失的变形称为弹性变形,不能消失的变形称为塑性变形或残余变形。多数构件在正常工作时只产生弹性变形。

第二节 杆件的基本变形形式

工程中的构件按几何形式可分为杆、板、壳、块体等。材料力学以杆件为主要研究对象。杆件是指长度方向的尺寸远大于其他两个方向(宽度与高度)尺寸的构件。杆件的主要几何因素是横截面和轴线,横截面是垂直于杆长度方向的截面,轴线是各横截面形心的连

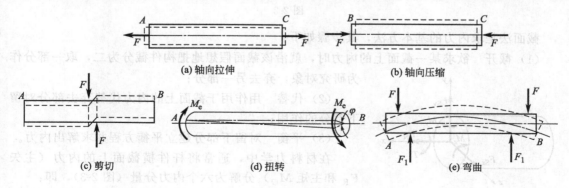

(a) 轴向拉伸　　　　　　　　　　(b) 轴向压缩

(c) 剪切　　　　　　(d) 扭转　　　　　　(e) 弯曲

图 2-1

线。轴线是直线的杆称为直杆，各横截面均相同的直杆称为等截面直杆，简称等直杆。

杆件在外力作用下可产生以下几种基本变形形式（图 2-1）：

(1) 轴向拉伸如图 2-1(a) 或轴向压缩，如图 2-1(b)；

(2) 剪切，如图 2-1(c)；

(3) 扭转，如图 2-1(d)；

(4) 弯曲，如图 2-1(e)。

第三节 内力 截面法

一、内力

物体受外力作用产生变形时，内部各部分因相对位置改变而引起的相互作用称为内力。不受外力作用时，物体内部各质点也存在着相互作用力，在外力作用下则会引起原有相互作用力的改变。材料力学中的内力，就是指这种因外力引起的物体内部各部分相互作用力的改变量。

二、截面法

内力是物体内部相互作用的力，只有将物体假想地截开才可能把内力显露出来并进行分析。以图 2-2(a) 中的在平衡力系作用下的物体为例，沿 C 截面假想地将物体截为 A、B 两部分，如图 2-2(b) 所示。A 部分的截面上由于 B 部分对它的作用而存在着内力，按照连续性假设，内力在该截面上是连续分布的。这种分布内力可以向截面形心 O 简化为主矢 F_R 和主矩 M_O。今后把分布内力的合力称为截面上的内力。同理，B 部分的截面上也存在着因 A 部分对它的作用而产生的内力 F'_R 和 M'_O。根据作用与反作用定律，同一截面两边的内力必大小相等方向相反，即任一截面处的内力总是成对的。整个物体处于平衡状态时，若将 A、B 两部分中任意一部分留下观察，它也必然保持平衡。因此对留下部分建立平衡方程就可以确定该截面上的内力。这种用假想截面把构件截开后求内力的方法称为截面法。

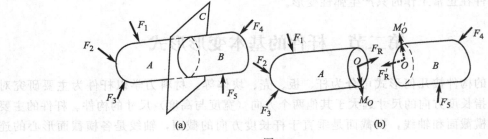

图 2-2

截面法是求内力的基本方法，其步骤如下：

(1) 截开 欲求某一截面上的内力时，就沿该截面假想地把构件截分为二，取一部分作为研究对象，弃去另一部分；

(2) 代替 用作用于截面上的内力代替弃去部分对留下部分的作用；

(3) 平衡 对留下部分建立平衡方程并求解出内力。

在材料力学中，通常将杆件横截面上的内力（主矢 F_R 和主矩 M_O）分解为六个内力分量（图 2-3），即：

轴力 F_N 力作用线通过横截面形心并与横截面正交；

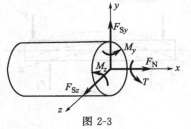

图 2-3

剪力 F_{Sy}，F_{Sz} 力作用线位于横截面内，分别与 y、z 轴平行；

扭矩 T 力偶作用面与横截面平行；

弯矩 M_y，M_z 力偶作用面垂直于横截面，下标 y、z 为矩矢量的方向。

第四节 应 力

内力是连续分布的，用截面法确定的内力是这种分布内力的合力。为了描述内力的分布情况，需要引入应力的概念。

在截面上某一点 D 处取一微小面积 ΔA 如图 2-4（a）所示，其法向内力设为 ΔF_N，切向内力设为 ΔF_S，定义该点处的正应力 σ 为

$$\sigma = \lim_{\Delta A \to 0} \frac{\Delta F_N}{\Delta A} = \frac{dF_N}{dA} \tag{2.4-1}$$

切应力 τ 为

$$\tau = \lim_{\Delta A \to 0} \frac{\Delta F_S}{\Delta A} = \frac{dF_S}{dA} \tag{2.4-2}$$

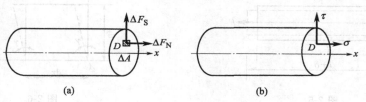

图 2-4

一般规定：正应力 σ 以离开截面为正，反之为负；平面问题中切应力 τ 若对作用面以里的实体产生顺时针矩，τ 为正，反之为负。

一点处的应力与所作用的截面方位有关，同一点沿不同方位的截面上应力是不同的。过一点处所有不同方位的截面上的应力集合称为该点的应力状态。

应力的单位是帕斯卡（Pascal），简称帕（Pa）。$1Pa = 1N/m^2$，工程中常用应力单位为兆帕（MPa），$1MPa = 10^6 Pa$。

第五节 位移 变形 应变

一、位移与变形

物体受外力作用或环境温度发生变化时，物体内各点的坐标会发生改变，这种坐标位置的改变量称为位移。位移分为线位移和角位移，线位移是指物体上一点位置的改变；角位移是指物体上一条线段或一个面转动的角度。由于物体内各点的位移，使物体的尺寸和形状都发生了改变，这种尺寸和形状的改变统称为变形。通常，物体内各部分的变形是不均匀的，为了衡量各点处的变形程度，需要引入应变的概念。

二、线应变与切应变

1. 线应变

以图 2-5 中的拉杆为例，在两端的轴向拉力作用下，杆的长度发生变化，原长为 l，伸长量为 δ，定义该杆沿长度方向的平均线应变为

$$\varepsilon_m = \frac{\delta}{l} \tag{2.5-1}$$

如果杆内各点的变形是均匀的，ε_m 可认为是杆内各点处的沿杆长方向的线应变 ε。对于杆内各点处变形不均匀的情况，可在某点处沿杆长方向取一微段 Δx，若该微段的长度改变量为 $\Delta \delta$，则定义该点处沿杆长方向的线应变为

$$\varepsilon = \lim_{\Delta x \to 0} \frac{\Delta \delta}{\Delta x} = \frac{d\delta}{dx} \tag{2.5-2}$$

线应变 ε 是无量纲量，它可以度量物体内各点处沿某一方向长度的相对改变。一般规定：伸长时 ε 为正，缩短时为负。在小变形情况下，ε 是一个微小的量。

2. 切应变

在物体内一点 A 附近沿 x、y 轴方向各取微线段 dx 和 dy（图 2-6）。物体变形后，原来相互垂直的两条边的夹角发生变化。通过 A 点的两根互相垂直的微线段的直角改变量 γ 称为 A 点的切应变或角应变，用弧度来度量。小变形时 γ 也是一个微小的量。

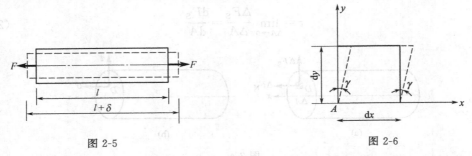

图 2-5   图 2-6

线应变 ε 和切应变 γ 是度量构件内一点处变形程度的两个基本量，它们分别与正应力 σ 和切应力 τ 相联系。

习　题

2.1　混凝土圆柱在两端面受压力而破坏，此时高度方向的平均线应变为 -1200×10^{-6}，若圆柱高为 400mm，试求破坏前圆柱缩短了多少？

2.2　减振机构如图 2-7 所示，若已知刚臂向下位移了 0.01mm，试求橡皮的平均切应变。

2.3　从某构件中的三点 A、B、C 取出的微块如图 2-8。受力前后的微块分别用实线和虚线表示，试求各点处的切应变。

2.4*　图 2-9 中 $ABCD$ 为均质薄板，已知 AB 边的平均线应变为 ε_x，AD 边的平均线应变为 ε_y，试问 AC 方向的平均线应变是否等于 $\varepsilon = \sqrt{\varepsilon_x^2 + \varepsilon_y^2}$？为什么？

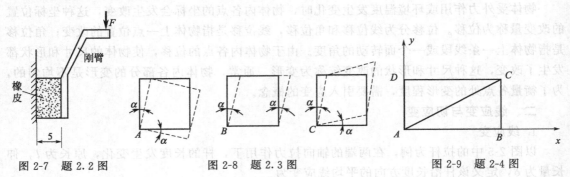

图 2-7　题 2.2 图　　　　图 2-8　题 2.3 图　　　　图 2-9　题 2.4 图

第三章 轴向拉伸和压缩

第一节 概　　述

　　作用在杆件上的外力，如果其作用线与杆的轴线重合，称为轴向载荷。杆件只受到轴向载荷作用时，发生纵向伸长或缩短变形。杆件的这种变形形式称为轴向拉伸或轴向压缩，杆件则分别称为拉杆或压杆。

　　工程中很多构件在忽略自重等次要因素后可看作拉（压）杆。图 3-1(a) 所示吊车中 AB 杆即可视为拉杆，图 3-1(b) 为其计算简图。图 3-2(a) 所示的千斤顶的顶杆可视为压杆，图 3-2(b) 为其计算简图。

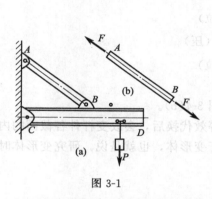

图 3-1

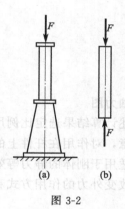

图 3-2

本章主要研究等直杆的轴向拉伸和压缩问题。

第二节　轴力　轴力图

　　计算拉（压）杆的内力可用截面法。例如，欲求图 3-3(a) 所示杆横截面 m-m 上的内力，可假想用一平面沿 m-m 将杆截成两段，研究其中一段［如图 3-3(b) 所示左段］的平衡，可知该横截面上内力只存在轴力 F_N，其数值可由平衡方程求出，即

$$\sum F_x = 0, \quad F_N - F_1 + F_2 = 0$$

$$F_N = F_1 - F_2$$

上式表明：

　　(1) 拉（压）杆任一横截面上的轴力，数值上等于该截面任一侧所有外力的代数和，离开该截面的取正号，指向该截面的取负号；

　　(2) 此式结果若大于零，表明该截面轴

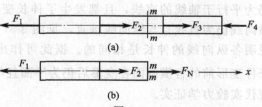

图 3-3

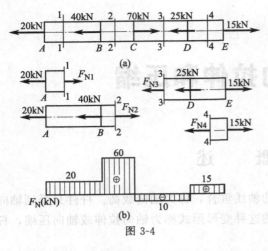

图 3-4

【例 3-1】 试作图 3-4(a) 所示杆件的轴力图。

解 (1) 各段轴力计算

用截面法可得

$$F_{N1} = 20kN（拉）$$

$$F_{N2} = 60kN（拉）$$

$$F_{N3} = -10kN（压）$$

$$F_{N4} = 15kN（拉）$$

(2) 画轴力图

根据上述计算结果选定比例尺画出轴力图，见图 3-4(b)。

应当注意，对作用在杆件上的外力系进行静力等效代换后，会改变杆件各截面的内力分布。因此，适用于刚体的静力等效原理一般不能用于变形体，也就是说，研究变形体时通常不可以随意改变外力的作用方式和作用位置。

力 F_N 的实际方向与图 3-3(b) 中假设的相同，小于零则表示相反；通常规定离开横截面的轴力为正，称为拉力，指向横截面的轴力为负，称为压力。拉力引起杆件纵向伸长变形，压力引起杆件纵向缩短变形。

当拉（压）杆上作用多个轴向载荷时，不同横截面上的轴力值是不同的。这时可用一条几何图线表示不同横截面上轴力的变化规律，这条图线称为轴力图。轴力图中横坐标代表杆件横截面的位置，纵坐标表示各横截面上轴力的代数值。例 3-1 说明了轴力图的作法。

第三节　拉（压）杆横截面上的应力

建立强度条件需要计算每一点处的应力。由于轴力 F_N 垂直于横截面，所以拉（压）杆的横截面上存在正应力 σ。

计算横截面各点正应力需要研究变形几何关系。为此加载前可在杆件表面画上若干条纵向线和横向线，见图 3-5(a)，在杆的两端分别加上均匀分布的合力为 F 的轴向拉力后，可以观察到各纵向线仍为平行于轴线的直线，且都发生了伸长变形；各横向线仍为直线且与纵向线垂直，见图 3-5(b)。这说明各纵向线的伸长是相同的。据此可作出假设：

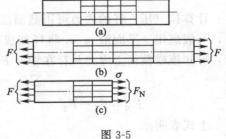

图 3-5

杆件变形前的各横截面在变形后仍为平面且与杆的轴线垂直。这个假设称为平面假设，已为现代实验力学证实。

由平面假设可以推断，杆件任意两个横截面之间的所有纵向线段的伸长均相同，即横截面上各点纵向线应变 ε 相等。

杆件的变形与受力之间的关系习惯上称为物理关系。对于均匀材料,各点的物理关系是相同的,当各点纵向线应变相等时,横截面上各点的正应力也相等,即横截面上各点正应力 σ 是均匀分布的。

根据静力学关系(图 3-6)有

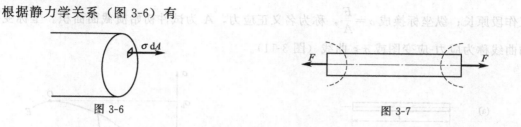

图 3-6   图 3-7

$$F_N = \int_A \sigma dA = \sigma A$$

因此拉杆横截面上任一点的正应力为

$$\sigma = \frac{F_N}{A} \tag{3.3-1}$$

式中,A 为杆件横截面面积;σ 称为工作应力,其正负号与轴力 F_N 相同,即拉应力为正,压应力为负。上式对压杆也适用。

如果作用在杆端的轴向载荷不是均匀分布的,如图 3-7 所示集中力作用的情况,圣维南原理指出,"力作用于杆端方式的不同,不会使与杆端距离相当远处各点的应力受到影响",也就是说,图中只有杆端虚线范围内(大约是杆的横向尺寸)横截面上的正应力不是均匀分布的,而其余横截面上的正应力仍然均匀分布,式(3.3-1)仍然适用。

第四节 材料在轴向拉伸(压缩)时的力学性能

工程材料在外力作用下表现出强度和变形等方面的一些特性称为材料的力学性能,或机械性能。研究材料的力学性能是建立强度条件和变形计算不可缺少的方面。

测定材料在轴向拉伸和压缩时的力学性能是在万能试验机上进行的,称为拉伸试验和压缩试验。被试材料一般要制成标准试件,图 3-8 和图 3-9 分别为拉伸试验和压缩试验标准试件,l 表示试件工作段长度。试验在常温(室温)下进行,加载方式为静载荷,即载荷值由零开始,缓慢增加,直至所需数值。试验结果由试验机自动记录下来。

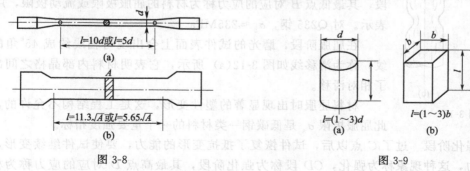

图 3-8   图 3-9

一、材料在轴向拉伸时的力学性能

1. 低碳钢

低碳钢是含碳量在 0.3％以下的碳素钢。拉伸试验可记录下试件抗力 F（即内力）与工作段 l 的伸长量 Δl 之间的关系曲线，称为拉伸图，见图 3-10(c)。试件尺寸的不同，会引起拉伸图数据不同。为了消除这种尺寸效应，可将横坐标换成 $\varepsilon = \dfrac{\Delta l}{l}$，称为名义线应变，$l$ 为工作段原长；纵坐标换成 $\sigma = \dfrac{F}{A}$，称为名义正应力，A 为试件初始横截面面积。坐标变换后的曲线称为应力-应变图或 σ-ε 曲线（图 3-11）。

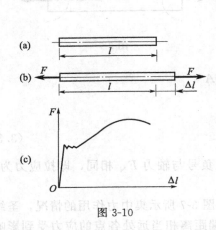

图 3-10

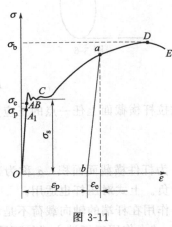

图 3-11

低碳钢拉伸过程可分成以下四个阶段。

（1）弹性阶段　试件在 OA 段的变形完全是弹性变形，称为弹性阶段，其最高点 A 对应的应力称为材料的弹性极限，用 σ_e 表示。

直线段 OA_1 称为比例阶段，其最高点 A_1 对应的应力称为材料的比例极限，用 σ_p 表示。σ_p 和 σ_e 数值上很接近。在比例阶段材料服从下面的关系

$$\sigma = E\varepsilon \tag{3.4-1}$$

这个关系称为胡克定律，其中 E 称为弹性模量，是材料的一个弹性常数，反映材料抵抗弹性变形的能力，常用单位为 GPa，$1\text{GPa} = 10^9\,\text{Pa}$。

（2）屈服阶段　试件的应力超过弹性极限后，σ-ε 曲线接近为一条水平直线，正应力 σ 变化很小而线应变 ε 急剧增长，说明材料此时失去了抵抗变形的能力，这种现象称为屈服或流动，这一阶段称为屈服阶段或流动阶段，其最低点 B 对应的应力称为材料的屈服极限或流动极限，用 σ_s 表示。对 Q235 钢，$\sigma_s \approx 235\text{MPa}$。

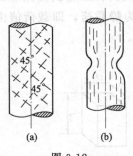

图 3-12

在屈服阶段，磨光的试件表面上会出现与轴线约成 45°角的条纹，称为滑移线如图 3-12(a) 所示，它表明材料内部晶格之间出现了相对滑移。

材料屈服时出现显著的塑性变形，这是工程结构不允许的，因此屈服极限 σ_s 是低碳钢一类材料的一个重要强度指标。

（3）强化阶段　过了 C 点以后，试件恢复了抵抗变形的能力，要使试件继续变形，必须增大应力，这种现象称为强化，CD 段称为强化阶段，其最高点 D 对应的应力称为材料的强度极限，用 σ_b 表示。对 Q235 钢，$\sigma_b = 375 \sim 460\text{MPa}$。

若在强化阶段某点 a 逐渐卸载，σ 与 ε 将沿着与比例阶段 OA_1 几乎平行的直线 ab 下降。

这种卸载时 σ 与 ε 遵循线性关系的规律称为卸载定律。

完全卸载后试件的残余应变 ε_p 称为塑性应变，随着卸载而消失的应变 ε_e 称为弹性应变。因此，a 点的应变包含了弹性应变 ε_e 和塑性应变 ε_p 两部分，即

$$\varepsilon = \varepsilon_e + \varepsilon_p \tag{3.4-2}$$

卸载后如果重新加载，σ 与 ε 将大致沿直线 ba 上升，到达 a 点后基本遵循原来的 σ-ε 关系。与没有卸过载的试件相比，经强化阶段卸载后的材料，其比例极限有所提高，塑性有所降低。这种现象称为冷作硬化。冷作硬化有其有利的一面，也有不利的一面。起重钢索经过冷作硬化可提高其弹性极限，钢筋经过冷拔降低塑性可提高钢筋混凝土的性能，而经过初加工的机械零件因冷作硬化会给后续加工造成困难。

（4）局部变形阶段 过 D 点后，试件某一局部范围急剧变细，这种现象称为颈缩，如图 3-12(b)。DE 段称为局部变形阶段或颈缩阶段。由于颈缩部分横截面面积迅速减小，试件对变形的抗力也就随着不断减小，名义应力降低，σ-ε 图呈下降曲线，到 E 点时试件在横截面最小处拉断。

断后伸长率（或称延伸率）是衡量材料塑性的一个重要指标，它由下式定义：

$$\delta = \frac{l_1 - l}{l} \times 100\% \tag{3.4-3}$$

式中，l_1 为试件拉断时工作段长度；l 为工作段原长。通常 δ 表示 $l=10d$ 试件的断后伸长率，δ_5 表示 $l=5d$ 试件的断后伸长率。低碳钢的 δ_5 约为 $20\% \sim 30\%$。

工程材料按 δ 值分成两类：$\delta > 5\%$ 的称为塑性材料，如碳钢、铜、铝合金等；$\delta < 5\%$ 的称为脆性材料，如灰口铸铁、陶瓷等。

断面收缩率 ψ 是衡量材料塑性的另一个指标，其定义为

$$\psi = \frac{A - A_1}{A} \times 100\% \tag{3.4-4}$$

式中，A_1 表示断口处横截面面积，A 为原始横截面面积。对 Q235 钢，$\psi \approx 60\%$。

2. 其他塑性材料

图 3-13 给出了四种塑性材料拉伸试验的 σ-ε 曲线。16Mn 钢具有明显的四个阶段，铝合金和退火球墨铸铁只显示出三个阶段而没有屈服阶段，锰钢只有弹性阶段和强化阶段，没有屈服阶段和局部变形阶段。

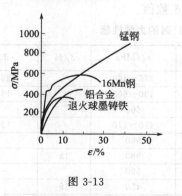

图 3-13

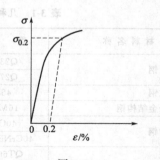

图 3-14

对于没有明显屈服阶段的塑性材料，通常规定把塑性应变为 0.2% 所对应的应力作为屈服极限，称为名义屈服极限，用 $\sigma_{0.2}$ 表示（图 3-14）。

3. 铸铁

灰口铸铁是比较典型的脆性材料,其断后伸长率不到 0.5%,图 3-15 是它在轴向拉伸时的 σ-ε 曲线,该图没有明显的直线部分,没有屈服和颈缩现象,拉断时试件尺寸几乎没有变化。强度极限 σ_b 是其唯一的强度指标,数值一般为 110~160MPa,远低于低碳钢。

低应力下铸铁可近似看作服从胡克定律(图 3-15 中虚线),其弹性模量称为割线弹性模量。

二、材料在轴向压缩时的力学性能

1. 低碳钢

低碳钢轴向压缩时 σ-ε 曲线如图 3-16 中实线所示,虚线是拉伸时的 σ-ε 曲线。试验表明,低碳钢轴向压缩时的弹性极限、屈服极限、弹性模量与轴向拉伸时的基本相同。当压应力超过屈服极限后,试件呈鼓形,横截面面积越来越大,测不出压缩强度极限。因此,低碳钢的力学性能一般由拉伸试验即可确定,通常不必做压缩试验。

多数塑性材料也存在上述情况。少数塑性材料,如铬钼硅合金钢,轴向压缩与拉伸时的屈服极限不相同,这种情况需做压缩试验。

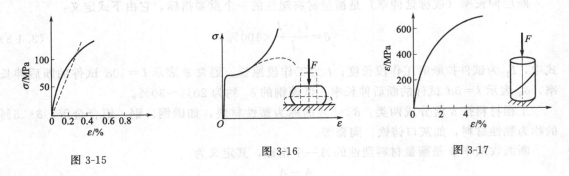

图 3-15   图 3-16   图 3-17

2. 铸铁

铸铁轴向压缩时的 σ-ε 曲线如图 3-17 所示。压缩强度极限一般可达 600MPa 以上,远高于拉伸强度极限。铸铁压缩破坏前的变形也比拉伸时的大得多。此外,铸铁压缩与拉伸的弹性模量也不相同。铸铁构件多用作受压构件,因此其压缩试验比拉伸试验更重要。

材料的力学性能受环境温度、变形速度、加载方式的影响较大,应用时须注意具体条件。

表 3-1 列出了几种材料在常温静载下的 σ_s、σ_b 和 δ 数值。

表 3-1   几种材料轴向拉伸(压缩)时的力学性能

材料名称	牌 号	σ_s/MPa	σ_b/MPa	δ/%	δ_5/%
普通碳素钢	Q235	215~235	375~460		25~27
	Q275	255~275	490~608		19~21
优质结构钢	45	355	600		16
普通低合金结构钢	16Mn	275~345	470~510		19~21
合金结构钢	40Cr	785	980		9
	40CrNiMoA	830($\sigma_{0.2}$)	980	12	
球墨铸铁	QT60-2	410($\sigma_{0.2}$)	590	2	
铝合金	LY12	370($\sigma_{0.2}$)	450	15	
灰铸铁	HT15-33		98.0~275(拉)		
			635(压)		
混凝土	300#		2.1(拉)21(压)		

第五节 许用应力 强度条件

对拉杆和压杆，塑性材料以屈服为破坏标志，脆性材料以断裂为破坏标志，因此应选择不同的强度指标作为材料的极限应力 σ^0，即

$$\sigma^0 = \begin{cases} \sigma_s \text{ 或 } \sigma_{0.2} & \text{对塑性材料} \\ \sigma_b & \text{对脆性材料} \end{cases}$$

考虑到材料缺陷、载荷估计误差、计算误差、制造工艺水平以及磨损等因素，设计时必须有一定的强度储备。因此应将材料的极限应力除以一定的安全因数 n 后作为材料允许达到的应力，即

$$[\sigma] = \frac{\sigma^0}{n}$$

式中，$[\sigma]$ 称为材料轴向拉伸（压缩）时的许用应力，可由设计手册中查得。一般机械设计中 n 的选取范围大致为

$$n = \begin{cases} 1.2 \sim 2.5 & \text{对塑性材料} \\ 2 \sim 3.5 & \text{对脆性材料} \end{cases}$$

多数塑性材料轴向拉伸和轴向压缩时的 σ_s 相同，因此许用应力 $[\sigma]$ 可以不区别是拉伸的还是压缩的。对脆性材料，轴向拉伸和轴向压缩时的 σ_b 不相同，因此许用应力也不相同，应当加以区别，通常许用拉应力记为 $[\sigma_t]$，许用压应力记为 $[\sigma_c]$。

拉（压）杆中最大工作应力 σ_{max} 不应超过材料的许用应力 $[\sigma]$，因此等直拉（压）杆的强度条件为

$$\sigma_{max} = \frac{F_{Nmax}}{A} \leqslant [\sigma] \tag{3.5-1}$$

式中，F_{Nmax} 为全杆内最大轴力。

上式可用于拉（压）杆的强度校核、截面设计和许可载荷的计算。

【例 3-2】 图 3-18（a）所示二杆桁架中，钢杆 AB 许用应力为 $[\sigma]_1 = 160MPa$，横截面面积 $A_1 = 6cm^2$；木杆 AC 许用压应力为 $[\sigma_c]_2 = 7MPa$，横截面面积为 $A_2 = 100cm^2$。如果载荷 $F = 40kN$，试校核结构强度。

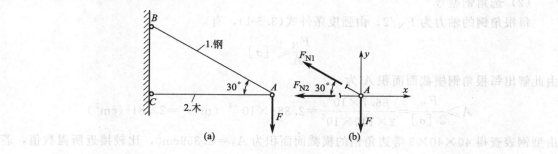

图 3-18

解 （1）各杆内力计算

两杆均为二力杆，因此内力均为轴力。选结点 A 为研究对象如图 3-18（b）所示，轴力均假设为拉力，由平衡方程

$$\sum F_y = 0, \quad F_{N1}\sin30° - F = 0$$

$$F_{N1} = \frac{F}{\sin30°} = \frac{40}{0.5} = 80 \text{ (kN) （拉）}$$

$$\sum F_x = 0, \quad -F_{N1}\cos30° - F_{N2} = 0$$

$$F_{N2} = -F_{N1}\cos30° = -80 \times 0.866 = -69.3 \text{ (kN) （压）}$$

（2）强度校核

AB 杆：$\sigma_1 = \dfrac{F_{N1}}{A_1} = \dfrac{80 \times 10^3}{6 \times 10^{-4}} = 133 \times 10^6 \text{Pa} = 133 \text{ (MPa)} < [\sigma]_1$

AC 杆：$\sigma_2 = \dfrac{F_{N2}}{A_2} = \dfrac{69.3 \times 10^3}{100 \times 10^{-4}} = 6.93 \times 10^6 \text{ (Pa)} = 6.93 \text{ (MPa)} < [\sigma_c]_2$

两杆均满足强度条件。

【例 3-3】 图 3-19（a）所示吊车中滑轮可在横梁 CD 上移动，最大起重量为 $F = 20\text{kN}$。斜杆 AB 拟由两根相同的等边角钢组成，许用应力 $[\sigma] = 140\text{MPa}$，试选择角钢型号。

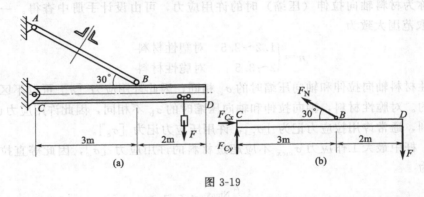

图 3-19

解 当吊车位于 D 时斜杆 AB 轴力最大，选 CD 杆为研究对象作受力图见图 3-19(b)

（1）内力计算

由平衡方程

$$\sum M_C = 0, \quad 3F_N\sin30° - 5F = 0$$

$$F_N = \frac{5F}{3\sin30°} = \frac{5 \times 20}{3 \times 0.5} = 66.7 \text{ (kN) （拉）}$$

（2）选角钢型号

每根角钢的轴力为 $F_N/2$，由强度条件式(3.5-1)，有

$$\frac{F_N}{2A} \leqslant [\sigma]$$

由此解出每根角钢横截面面积 A 为

$$A \geqslant \frac{F_N}{2[\sigma]} = \frac{66.7 \times 10^3}{2 \times 140 \times 10^6} = 2.381 \times 10^{-4} \text{ (m}^2) = 2.381 \text{ (cm}^2)$$

由型钢表查得 $40 \times 40 \times 3$ 等边角钢的横截面面积为 $A_1 = 2.359\text{cm}^2$，比较接近所需数值，若选用则有

$$\sigma = \frac{F_N}{2A_1} = \frac{66.7 \times 10^3}{2 \times 2.359 \times 10^{-4}} = 141 \times 10^6 \text{ (Pa)} = 141 \text{ (MPa)}$$

超过 $[\sigma]$ 不到 1%。工程上通常认为最大工作应力超过许用应力在 5% 以内，仍可看做满足

强度条件。因此，可选用两根 40×40×3 角钢。

【例 3-4】　图 3-20(a) 所示结构中，1、2 两杆均为钢杆，许用应力 $[\sigma]=115\text{MPa}$，横截面面积分别为 $A_1=200\text{mm}^2$，$A_2=150\text{mm}^2$，结点 C 处悬挂重物 F，试求其许可值 $[F]$。

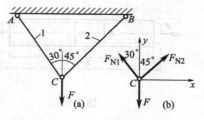

图 3-20

解　(1) 内力计算

以结点 C 为研究对象，见图 3-20(b)，其平衡方程为

$$\sum F_x=0，\quad -F_{N1}\sin30°+F_{N2}\sin45°=0$$

$$\sum F_y=0，\quad F_{N1}\cos30°+F_{N2}\cos45°-F=0$$

解得

$$F_{N1}=0.732F（拉），\quad F_{N2}=0.518F（拉）$$

(2) 求许可荷载 $[F]$

由 1 杆的强度条件

$$\frac{F_{N1}}{A_1}=\frac{0.732F}{A_1}\leqslant[\sigma]$$

得

$$F\leqslant\frac{A_1[\sigma]}{0.732}=\frac{200\times10^{-6}\times115\times10^{6}}{0.732}=31.4\times10^{3}（\text{N}）=31.4（\text{kN}）$$

由 2 杆的强度条件

$$\frac{F_{N2}}{A_2}=\frac{0.518F}{A_2}\leqslant[\sigma]$$

得

$$F\leqslant\frac{A_2[\sigma]}{0.518}=\frac{150\times10^{-6}\times115\times10^{6}}{0.518}=33.3\times10^{3}（\text{N}）=33.3（\text{kN}）$$

比较后取

$$[F]=31.4\text{ kN}$$

第六节　拉（压）杆的变形　胡克定律

拉（压）杆的变形计算包括轴向变形计算和横向变形计算。轴向伸长时横向尺寸缩短，轴向缩短时横向尺寸则增大。

设等直杆原长为 l，横向尺寸为 b，横截面面积为 A；在两端拉力 F 作用下，长度变为 l_1，横向尺寸变为 b_1（图 3-21）。杆的轴向伸长为

$$\Delta l=l_1-l$$

试验结果表明，当应力不超过材料的比例极限时，Δl 满足下面的关系

$$\Delta l=\frac{F_N l}{EA} \tag{3.6-1}$$

此式为胡克定律的另一种表达形式，式中 EA 称为杆的抗拉（压）刚度。上式也适用于杆的轴向压缩变形计算。Δl 的正负号与轴力 F_N 相同，正值表示轴向伸长，负值表示缩短。

当杆沿轴线方向的变形不均匀时，比如轴力沿轴线方向连续变化，或横截面面积 A 沿

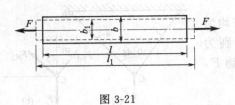
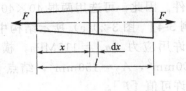

图 3-21　　　　　　　　　　　　图 3-22

轴线方向连续变化（图 3-22），这时可将杆件沿轴线分成若干个微段，把每个微段 dx 的变形看成是均匀的，利用式(3.6-1)积分便可求得杆件的总变形，即

$$\Delta l = \int_l \frac{F_N(x)\,dx}{EA(x)}$$

对于拉（压）杆的横向变形的计算，试验表明：当材料服从胡克定律时，有

$$\varepsilon' = -\nu\varepsilon \tag{3.6-2}$$

式中　$\varepsilon' = \dfrac{b_1 - b}{b}$ 为横向线应变，比值

$$\nu = \left| \frac{\varepsilon'}{\varepsilon} \right|$$

称为泊松比或横向变形因数，是一个无量纲量。同材料的弹性模量 E 一样，泊松比 ν 也是材料的一个重要弹性常数。表 3-2 中列出了几种材料的 E、ν 值。

表 3-2　几种常用材料的弹性常数值

材　料　名　称	E/GPa	G/GPa	ν
碳　钢	196～216	78.5～79.4	0.24～0.28
合金钢	186～206	78.5～79.4	0.25～0.30
灰铸铁	78.5～157	44.1	0.23～0.27
铜及其合金	72.6～128	34.4～48.0	0.31～0.42
铝合金	70	26.5	0.33
混凝土	15.2～36	—	0.16～0.18
橡　胶	0.008～0.67	—	0.47

【例 3-5】 求图 3-23(a) 所示阶梯状圆截面钢杆的轴向变形，钢的弹性模量为 $E=200\mathrm{GPa}$。

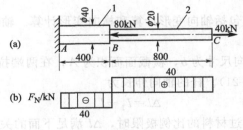

图 3-23

解　(1) 内力计算
作杆的轴力图如图 3-23(b) 所示。

$$F_{N1} = -40\ \mathrm{kN}\ （压）$$
$$F_{N2} = 40\ \mathrm{kN}\ （拉）$$

（2）各段变形计算

1、2 两段的轴力 F_{N1}、F_{N2}，横截面面积 A_1、A_2，长度 l_1、l_2 均不相同，变形计算应分别进行。

AB 段　　$\Delta l_1 = \dfrac{F_{N1}l_1}{EA_1} = \dfrac{-40\times 10^3 \times 400\times 10^{-3}}{200\times 10^9 \times \dfrac{\pi}{4}\times 40^2 \times 10^{-6}} = -0.637\times 10^{-4}\,(\text{m})$

$$= -0.064\,(\text{mm})$$

BC 段　　$\Delta l_2 = \dfrac{F_{N2}l_2}{EA_2} = \dfrac{40\times 10^3 \times 800\times 10^{-3}}{200\times 10^9 \times \dfrac{\pi}{4}\times 20^2 \times 10^{-6}} = 5.093\times 10^{-4}\,(\text{m})$

$$= 0.509\,(\text{mm})$$

（3）总变形计算

$$\Delta l = \Delta l_1 + \Delta l_2 = -0.064 + 0.509 = 0.445\,(\text{mm})$$

计算结果表明，AB 段缩短 0.064mm，BC 段伸长 0.509mm，全杆伸长 0.445mm。

【例 3-6】 图 3-24(a) 所示结构中 1、2 两杆完全相同，结点 A 作用有铅垂荷载 F，设两杆长度 l，横截面面积 A，弹性模量 E 及杆与铅垂线夹角 α 均为已知，求结点 A 位移 w_A。

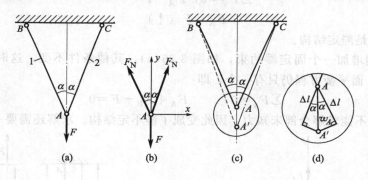

图 3-24

解　由于结构与载荷都是对称的，所以变形后结点 A 仍位于对称面内，可设向下位移至 A' 点，见图 3-24(c)，这相当于两杆均假设为伸长。

（1）内力计算

设两杆轴力 F_N 为拉力，这与伸长的假设相对应，同时由对称性可知两杆轴力相同。研究图 3-24(b) 结点 A 的平衡。

$$\sum F_y = 0,\quad 2F_N\cos\alpha - F = 0$$

解得

$$F_N = \frac{F}{2\cos\alpha} \tag{1}$$

（2）各杆变形计算

仍由对称性，两杆的伸长变形亦相同，记为 Δl。由胡克定律得

$$\Delta l = \frac{F_N l}{EA} = \frac{F_N l}{2EA\cos\alpha} \tag{2}$$

（3）结点 A 的位移计算

结点 A 的位移是由两杆的伸长变形引起的，由于小变形，因而可以从两杆伸长后的杆

端分别作各杆的垂线，两垂线的交点就是 A' 点 [图 3-24(d)]，不难看出

$$w_A = \frac{\Delta l}{\cos\alpha} \tag{3}$$

将式(2)代入后得结点 A 的位移为

$$w_A = \frac{\Delta l}{\cos\alpha} = \frac{Fl}{2EA\cos^2\alpha} \quad (\downarrow)$$

结果为正，说明 A 点位移方向与假设相同，即向下。

第七节　拉（压）静不定问题

一、拉（压）静不定问题及其解法

结构的约束反力和内力如果仅利用静力平衡方程便能全部求解，这类问题称为静定问题，结构称为静定结构。否则称为静不定问题，结构称为静不定结构。

图 3-25(a) 所示结构，未知力只有一个 F_A，共线力系平衡方程也是一个，利用平衡方程便可求解出 F_A，即

$$\sum F_y = 0, \quad F_A - F = 0$$
$$F_A = F \quad (\uparrow)$$

所以此结构是静定结构。

如果在 B 端增加一个固定端约束，如图 3-26(a)，其他条件不变，这时未知力变成两个：F_A 和 F_B，而平衡方程仍只有一个，即

$$\sum F_y = 0, \qquad F_A + F_B - F = 0 \tag{1}$$

仅用这一个方程不能求解全部未知力，因此变成了静不定结构。求解还需要一个补充方程。

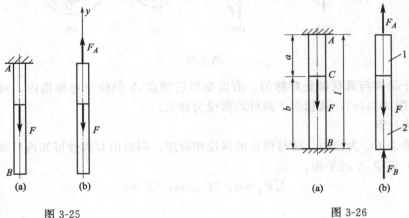

图 3-25　　　　　　　　　　　　　　　图 3-26

观察图 3-26(a) 可以发现，构件变形以后其总长度未变，即各段变形的代数和为零：

$$\Delta l = \Delta l_1 + \Delta l_2 = 0 \tag{2}$$

式中，Δl_1、Δl_2 分别代表 AC、CB 段的变形；Δl 代表 AB 杆总变形。上式反映了杆件变形方面的关系，称为变形几何方程。

当材料服从胡克定律时，有

$$\Delta l_1 = \frac{F_{N1} l_1}{EA} = \frac{F_A a}{EA}, \quad \Delta l_2 = \frac{F_{N2} l_2}{EA} = -\frac{F_B b}{EA} \tag{3}$$

这就是物理方程。应注意拉力与伸长变形对应。

将式（3）代入式（2）即可得补充方程

$$\frac{F_A a}{EA} - \frac{F_B b}{EA} = 0 \tag{4}$$

联立求解式（1）、式（4）得

$$F_A = \frac{b}{l} F \ (\uparrow), \quad F_B = \frac{a}{l} F \ (\uparrow)$$

结果为正，说明未知力的方向假设正确，即都向上。

一般来讲，静不定结构可看作是在静定结构上增加了若干约束或构件之后构成的，这些约束或构件统称多余约束，对应未知力称多余未知力。有 n 个多余未知力的结构称为 n 次静不定结构，n 为静不定次数。显然，静不定次数等于全部未知力数目与全部可列独立平衡方程数目之差。

求解 n 次静不定结构需要建立 n 个补充方程，一般要综合静力方程、几何方程和物理方程三个方面求解。

【例 3-7】 图 3-27(a) 中三杆铰接于 A 点，其中 1，2 两杆的长度、横截面面积、材料弹性模量完全相同，即 $l_1 = l_2 = l$，$A_1 = A_2 = A$，$E_1 = E_2 = E$，3 杆的横截面面积为 A_3，弹性模量为 E_3。求在铅垂载荷 F 作用下各杆的轴力。

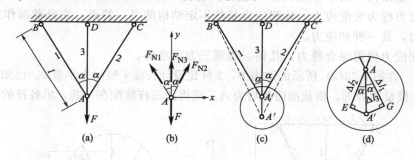

图 3-27

解　各杆轴力与载荷 F 组成平面汇交力系图 3-27(b)，F_{N1}、F_{N2}、F_{N3} 为三个未知力，独立平衡方程式只有两个，因此是一次静不定结构。

（1）平衡方程

由对称性设结点 A 位移到 A' 点，见图 3-27(c)，三杆均受拉力 [图 3-27(b)]。

$$\sum F_x = 0, \quad F_{N1} = F_{N2} \tag{1}$$
$$\sum F_y = 0, \quad F_{N1}\cos\alpha + F_{N2}\cos\alpha + F_{N3} - F = 0 \tag{2}$$

（2）变形几何方程

设想将三根杆从 A 点拆开，各自伸长 Δl_1、Δl_2、Δl_3 后，以 B、C、D 点为圆心，分别以 $\overline{BG}$、$\overline{CE}$、$\overline{DA'}$ 为半径作圆弧，使三根杆重新交于 A' 点。由于变形微小，上述圆弧可近似用切线代替 [图 3-27(d)]，于是变形几何方程为

$$\Delta l_1 = \Delta l_2 = \Delta l_3 \cos\alpha \tag{3}$$

（3）物理关系

由胡克定律式(3.6-1)

$$\Delta l_1 = \frac{F_{N1} l}{EA}, \quad \Delta l_2 = \frac{F_{N2} l}{EA}, \quad \Delta l_3 = \frac{F_{N3} l \cos\alpha}{E_3 A_3} \tag{4}$$

将式（4）代入式（3），得补充方程为

$$F_{N1}=F_{N2}=F_{N3}\frac{EA}{E_3A_3}\cos^2\alpha \tag{5}$$

（4）求解未知力

联立解式（1）、式（2）、式（5）三式可得

$$F_{N1}=F_{N2}=\frac{F}{2\cos\alpha+\dfrac{E_3A_3}{EA\cos^2\alpha}}$$

$$F_{N3}=\frac{F}{1+2\dfrac{EA}{E_3A_3}\cos^3\alpha}$$

结果为正，表明假设正确，三杆轴力均为拉力。

上述结果表明，静不定结构的内力分配与各杆的刚度比有关，刚度大的构件内力也大些，这是静不定结构的特点之一。

二、装配应力

杆件制成后，尺寸难免有微小误差。对静定结构，这种误差不会在装配过程中引起内力。而对静不定结构，由于多余约束的存在，装配时必须造成某种变形，从而引起杆件内力，相应的应力称为装配应力。装配应力是静不定结构的另一特点，它是载荷作用之前构件内已有的应力，是一种初应力。

计算装配应力仍需综合静力、几何、物理三方面求解。

【例 3-8】 在图 3-28(a) 所示的结构中，3 杆比设计长度 l 短一个小量 δ。已知三根杆的材料相同，弹性模量均为 E，横截面面积均为 A。现将此三杆装配在一起，求各杆的装配应力。

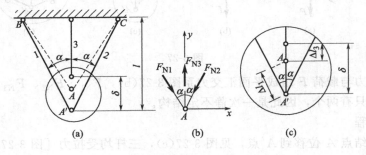

图 3-28

解 设装配后三杆交于 A 点如图 3-28(a)，3 杆伸长，1、2 两杆缩短。对应地设 3 杆受拉力，1、2 杆受压力，三杆轴力组成平面汇交力系见图 3-28(b)，平衡方程只有两个，未知力为三个，因此是一次静不定问题。

（1）平衡方程

$$\sum F_x=0,\ F_{N1}=F_{N2} \tag{1}$$
$$\sum F_y=0,\ F_{N3}-F_{N1}\cos\alpha-F_{N2}\cos\alpha=0 \tag{2}$$

（2）变形几何方程

由图 3-28(c) 可得

$$\Delta l_3+\frac{\Delta l_1}{\cos\alpha}=\delta \tag{3}$$

（3）物理关系

当材料服从胡克定律时

$$\Delta l_1 = \frac{F_{N1}l_1}{EA} = \frac{F_{N1}l}{EA\cos\alpha}, \quad \Delta l_3 = \frac{F_{N3}l}{EA} \tag{4}$$

（4）补充方程

将式（4）代入式（3）得

$$\frac{F_{N3}l}{EA} + \frac{F_{N1}l}{EA\cos^2\alpha} = \delta \tag{5}$$

（5）求解未知力

联立解式（1）、式（2）、式（5）得

$$F_{N1} = F_{N2} = \frac{\delta EA\cos^2\alpha}{l\,(1+2\cos^3\alpha)} \text{（压）}, \quad F_{N3} = \frac{2\delta EA\cos^3\alpha}{l\,(1+2\cos^3\alpha)} \text{（拉）}$$

结果为正，说明假设正确，即1、2杆为压力，3杆为拉力。

（6）求装配应力

$$\sigma_1 = \sigma_2 = \frac{F_{N1}}{A} = \frac{\delta E\cos^2\alpha}{l\,(1+2\cos^3\alpha)} \text{（压）}, \quad \sigma_3 = \frac{F_{N3}}{A} = \frac{2\delta E\cos^3\alpha}{l\,(1+2\cos^3\alpha)} \text{（拉）}$$

如果 $\frac{\delta}{l} = 0.001$，$E = 200\text{GPa}$，$\alpha = 30°$，那么由上式可以计算出 $\sigma_1 = \sigma_2 = 65.2\text{MPa}$（压），$\sigma_3 = 113.0\text{MPa}$（拉），可见微小的制造误差能够引起很大的装配应力。若载荷引起的应力与装配应力叠加后使得结构的应力数值增加，装配应力对结构是不利的。工程中有时也利用装配应力造成有利的结果，例如火车轮箍与轮心之间的紧配合靠的就是装配应力。

三、温度应力

环境温度变化会引起杆件伸长或缩短。对静定结构，各杆可以自由变形，因此温度改变不会在杆件中引起应力（图3-29）。对静不定结构，因多余约束限制了杆件的变形（图3-30），所以温度改变会在杆内引起应力，这种因温度变化而引起的应力称为温度应力，对应的内力称温度内力。温度应力是静不定结构的又一特点。

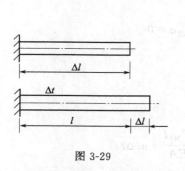

图 3-29

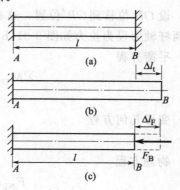

图 3-30

【**例 3-9**】 图 3-30（a）所示两端固定等直杆，长度为 l，横截面面积为 A，材料的弹性模量为 E，线膨胀系数为 α，求温度均匀改变 Δt 后杆内应力。

解 （1）变形几何方程

引起杆件变形的因素有两个，一是温度变化，另一个是温度内力，它们引起的变形分别

记为 Δl_t，Δl_F ［图 3-30(b)、(c)］。杆的两端固定，因此杆长始终不变，即

$$\Delta l = \Delta l_t + \Delta l_F = 0 \tag{1}$$

（2）物理方程

$$\Delta l_t = \alpha l \Delta t, \quad \Delta l_F = \frac{F_N l}{EA} \tag{2}$$

式中，F_N 为温度内力，设为正。

（3）求温度应力

将式（2）代入式（1）得

$$\Delta l = \Delta l_t + \Delta l_F = \alpha l \Delta t + \frac{F_N l}{EA} = 0$$

解得温度应力为

$$\sigma = \frac{F_N}{A} = -\alpha E \Delta t \quad （压）$$

负号表示温度内力与 Δt 相反，如温度升高时温度内力为压力。

若此杆是钢杆，$\alpha = 1.2 \times 10^{-5}$ 1/℃，$E = 210\text{GPa}$，当温度升高 $\Delta t = 40℃$，可求得杆内温度应力为 $\sigma = 100.8\text{MPa}$，可见环境温度变化较大的静不定结构，其温度应力是不容忽视的。

【**例 3-10**】 图 3-31(a) 中 OB 为一刚杆，1、2 两杆长度均为 l，抗拉刚度均为 EA，线膨胀系数为 α，试求当环境温度均匀升高 Δt 时 1、2 两杆的内力。

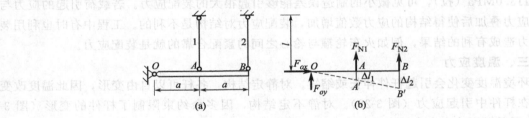

图 3-31

解 设 OB 位移到 OB' 位置，这相当于假设两杆都伸长，伸长量分别用 Δl_1、Δl_2 表示，对应的两杆轴力设为拉力如图 3-31(b) 所示。

（1）平衡方程

$$\sum M_O = 0, \quad F_{N1}a + 2F_{N2}a = 0$$
$$F_{N1} + 2F_{N2} = 0 \tag{1}$$

（2）变形几何方程

$$\Delta l_2 = 2\Delta l_1 \tag{2}$$

（3）物理方程

$$\Delta l_1 = \frac{F_{N1} l}{EA} + \alpha l \Delta t, \quad \Delta l_2 = \frac{F_{N2} l}{EA} + \alpha l \Delta t \tag{3}$$

（4）补充方程

将式（3）代入式（2），化简后得

$$F_{N2} - 2F_{N1} = EA\alpha \Delta t \tag{4}$$

（5）求各杆内力

联立求解式(1)、式(4) 得

$$F_{N1} = -\frac{2}{5}EA\alpha\Delta t\ (压), \quad F_{N2} = \frac{1}{5}EA\alpha\Delta t\ (拉)$$

F_{N1} 为负值，说明 1 杆内力与假设相反，应为压力。

第八节 应 力 集 中

工程构件上往往有圆孔、螺纹等，这些部位由于横截面尺寸发生突然变化，受轴向载荷作用后平面假设不再成立，因而横截面上的应力不再是均匀分布。以图 3-32 所示中间开小孔的受拉板为例，在距离小孔较远的 I - I 截面，正应力是均匀分布的，记为 σ。在小孔中心所在的 II - II 截面上，正应力分布则不均匀，孔边处正应力最大，达 3σ。这种因构件截面尺寸突然变化而引起的局部应力急剧增大的现象，称为应力集中。

应力集中是一个局部现象。实验表明，截面尺寸改变得越急剧，应力集中的程度就越严重。应力集中的程度用理论应力集中因数 α 表示：

$$\alpha = \frac{\sigma_{max}}{\sigma}$$

式中，σ_{max} 为最大局部应力；σ 为同一截面的名义应力，即不考虑应力集中时的计算应力。α 值与材料无关，其数值可在有关工程手册上查到。

不同材料对应力集中的敏感程度是不同的，因此工程设计时有不同的考虑。

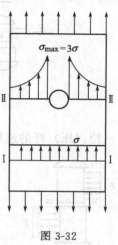

图 3-32

塑性材料在静载荷作用下对应力集中不很敏感。例如图 3-33(a) 所示的开有小孔的低碳钢拉杆，当孔边最大正应力 σ_{max} 达到材料的屈服极限 σ_s 后便停止增长，载荷继续增加只引起该截面附近点的应力增长，直到达到 σ_s 为止，这样塑性区不断扩大 [图 3-33(b)]，直至整个截面全部屈服 [图 3-33(c)]。由此可见，材料的屈服能够缓和应力集中的作用。因此，对于具有屈服阶段的塑性材料在静载荷的作用下，可不考虑应力集中的影响。

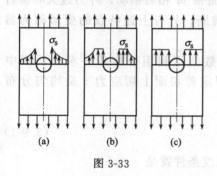

图 3-33

对于组织均匀的脆性材料，由于材料没有屈服阶段，所以当载荷不断增加时，最大拉伸局部应力 σ_{max} 会不停顿地达到材料的强度极限 σ_b 并在该处首先断裂，从而迅速导致整个截面破坏。应力集中大大地降低了构件的承载能力。因此，对这类脆性材料制成的构件，必须十分注意应力集中的影响。

对于组织粗糙的脆性材料，如铸铁，其内部本来就存在着大量的片状石墨、杂质和缺陷等，这些都是产生应力集中的主要因素。孔、槽等引起的应力集中并不比它们更严重，因此对构件的承载能力没有明显的影响。这类材料在静载荷作用下可以不必考虑应力集中的影响。

第九节 拉（压）杆连接部位的强度计算

拉（压）杆与其他构件之间常采用铆钉、轴销等连接件相连接（图 3-34）。拉（压）杆连接部位的强度计算包含连接件的强度计算，也包含拉（压）杆靠近连接件区域的强度计算。

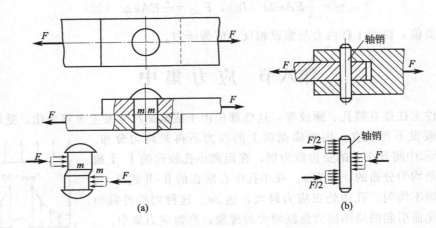

图 3-34

拉（压）杆的连接部位与杆的其他部位不同，其受力和变形往往比较复杂，因此这个部位的强度计算通常采用实用算法。只要连接件的受力和变形与拉（压）杆的类似，都可以采用这些实用算法。

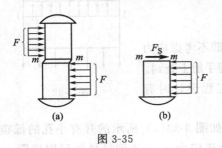

图 3-35

一、剪切的实用计算

以图 3-35（a）所示铆钉为例，相邻两外力方向相反，作用线相距很近，且垂直于铆钉轴线。在外力作用下铆钉沿着横截面 m-m 相对错动，外力过大时铆钉可能沿着 m-m 面剪断。具有上述特点的变形称为剪切，m-m 面称为剪切面。

剪切面上的内力只有剪力 F_S，见图 3-35（b），其数值可利用平衡条件求出，图中 $F_S = F$。剪力 F_S 是由切应力合成的，实用算法就是假定剪切面上切应力 τ 是均匀分布的，即

$$\tau = \frac{F_S}{A} \tag{3.9-1}$$

式中，A 为剪切面面积，τ 称名义切应力。这样，剪切强度条件就是

$$\frac{F_S}{A} \leqslant [\tau] \tag{3.9-2}$$

许用切应力 $[\tau]$ 可由直接剪切破坏试验得到的材料极限切应力 τ_b 除以安全因数 n 求得，一般钢制铆钉的许用切应力 $[\tau]$ 与许用应力 $[\sigma]$ 之间有以下关系

$$[\tau] = (0.6 \sim 0.8)[\sigma]$$

二、挤压的实用计算

连接件与被连接构件在接触面上相互挤压，当挤压力 F_{bs} 过大时，挤压面及附近区域会出现显著塑性变形而发生挤压破坏，图 3-36（a）和图 3-36（c）分别为杆件和铆钉挤压破坏示意图。挤压面上的应力分布比较复杂 [图 3-37（a）]，最大挤压应力 σ_{bs} 位于挤压面中部，其值可由下式近似求出：

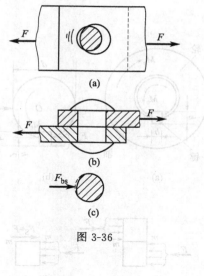

图 3-36

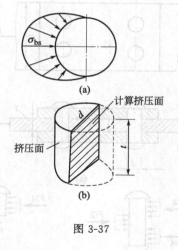

图 3-37

$$\sigma_{bs} = \frac{F_{bs}}{A_{bs}} \tag{3.9-3}$$

式中，A_{bs} 称为计算挤压面面积，是挤压面在垂直于挤压力 F_{bs} 的平面上投影的面积。对铆钉、轴销 $A_{bs} = td$，见图 3-37(b)。

挤压强度条件为

$$\frac{F_{bs}}{A_{bs}} \leqslant [\sigma_{bs}] \tag{3.9-4}$$

许用挤压应力 $[\sigma_{bs}]$ 等于连接件的挤压极限应力除以安全因数。钢制连接件的许用挤压应力 $[\sigma_{bs}]$ 与许用应力 $[\sigma]$ 之间有如下关系：

$$[\sigma_{bs}] = (1.7 \sim 2.0)[\sigma]$$

【例 3-11】 两钢质拉板由上下两块盖板用铆钉进行连接如图 3-38(a) 所示，三者材料相同，材料的许用应力为 $[\sigma] = 180\text{MPa}$，$[\sigma_{bs}] = 350\text{MPa}$，$[\tau] = 140\text{MPa}$，拉力 $F = 110\text{kN}$，拉板宽 $b = 150\text{mm}$，厚 $t = 10\text{mm}$，铆钉直径 $d = 16\text{mm}$。试校核此铆接接头的强度。

解 (1) 铆钉的剪切强度校核

设每个铆钉受力相等，且各有两个剪切面 [图 3-38(b)]，每个剪切面上的剪力为 $F_S = F/4$ [图 3-38(c)]

$$\tau = \frac{F_S}{A} = \frac{F/4}{\pi d^2 / 4} = \frac{110 \times 10^3}{\pi \times 16^2} = 137 \ (\text{MPa}) < [\tau]$$

(2) 铆钉的挤压强度校核

铆钉的最大挤压应力 σ_{bs} 位于中间段 [图 3-38 (b)]，挤压力 $F_{bs} = F/2$，

$$\sigma_{bs} = \frac{F_{bs}}{A_{bs}} = \frac{F/2}{td} = \frac{110 \times 10^3}{2 \times 10 \times 16} = 344 \ (\text{MPa}) < [\sigma_{bs}]$$

(3) 钢拉板的拉伸强度校核

钢拉板的危险截面为通过两个铆钉孔中心的横截面，其面积为 $A_{min} = (b - 2d) t$，若不考虑应力集中的影响，则有

$$\sigma = \frac{F_N}{A_{min}} = \frac{F}{(b - 2d) t} = \frac{110 \times 10^3}{(150 - 2 \times 16) \times 10} = 93.2 \ (\text{MPa}) < [\sigma]$$

因此，此铆接接头满足强度要求。

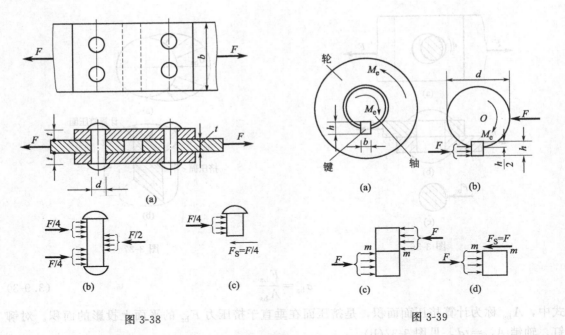

图 3-38   图 3-39

【例 3-12】 皮带轮与轴用平键联接如图 3-39（a），轴的直径 $d=80\mathrm{mm}$，键长 $l=100\mathrm{mm}$，宽 $b=10\mathrm{mm}$，高 $h=20\mathrm{mm}$，材料的 $[\tau]=60\mathrm{MPa}$，$[\sigma_{\mathrm{bs}}]=100\mathrm{MPa}$，当传递扭转力偶矩为 $M_{\mathrm{e}}=2\mathrm{kN \cdot m}$ 时试校核键的联接强度。

解 （1）键的剪切强度校核

取轴与平键为研究对象，如图 3-39（b）所示。

$$\sum M_O = 0, \quad F \cdot \frac{d}{2} - M_{\mathrm{e}} = 0$$

$$F = \frac{2M_{\mathrm{e}}}{d}$$

取平键为研究对象［图 3-39（c）、（d）］，剪切面 $m\text{-}m$ 上的剪力为 $F_{\mathrm{S}} = F = \dfrac{2M_{\mathrm{e}}}{d}$，所以

$$\tau = \frac{F_{\mathrm{S}}}{A} = \frac{2M_{\mathrm{e}}}{bld} = \frac{2 \times 2 \times 10^3}{10 \times 100 \times 80 \times 10^{-3}} = 50 \ (\mathrm{MPa}) < [\tau]$$

（2）键的挤压强度校核

$$\sigma_{\mathrm{bs}} = \frac{F_{\mathrm{bs}}}{A_{\mathrm{bs}}} = \frac{F}{(h/2)\,l} = \frac{2M_{\mathrm{e}}/d}{hl/2} = \frac{4 \times 2 \times 10^3}{20 \times 100 \times 80 \times 10^{-3}} = 50 \ (\mathrm{MPa}) < [\sigma_{\mathrm{bs}}]$$

因此，键满足强度要求。

习　题

3.1　试求图 3-40 中各杆 1-1、2-2、3-3 截面上的轴力，并作轴力图。

3.2　图 3-41 所示钢筋混凝土柱长 $l=4\mathrm{m}$，正方形截面边长 $a=400\mathrm{mm}$，容重 $\gamma=24\mathrm{kN/m^3}$，载荷 $F=20\mathrm{kN}$。考虑自重，求 1-1、2-2 截面的轴力并作轴力图。

3.3　试分析图 3-42 所示阶梯状直杆的危险截面位置、轴力及危险点应力。已知各段横截面面积分别为 $A_1=400\mathrm{mm^2}$，$A_2=300\mathrm{mm^2}$，$A_3=200\mathrm{mm^2}$。

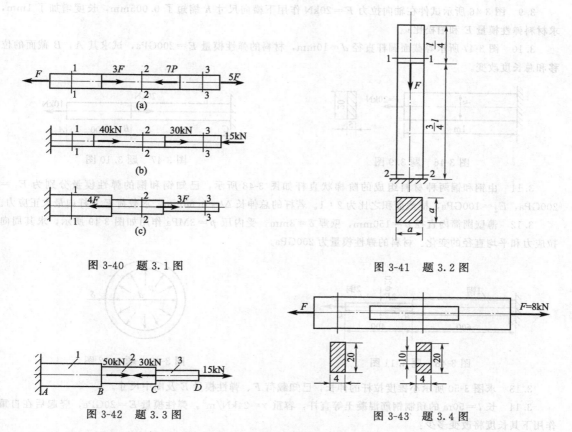

图 3-40 题 3.1 图

图 3-41 题 3.2 图

图 3-42 题 3.3 图

图 3-43 题 3.4 图

3.4 求图 3-43 所示中间部分对称开槽的直杆中最大正应力。

3.5 图 3-44 所示桅杆起重机起重杆 AB 为圆环截面杆，内直径 $d=18\text{mm}$，外直径 $D=20\text{mm}$，钢丝绳 CB 横截面面积为 10mm^2。求起重杆与钢丝绳横截面上的应力。

3.6 图 3-45 所示支架 AB，AC 两杆均为等直杆，要使两杆的应力相同，试求当 α 角为何值时结构重量最轻（设 AB 杆长度与位置一定）？

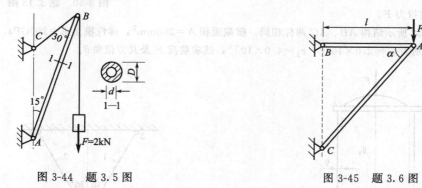

图 3-44 题 3.5 图

图 3-45 题 3.6 图

3.7 若上题中 AB 为直径 d 的圆截面杆，许用应力为 $[\sigma]$；AC 为外直径 D，壁厚 $t=\dfrac{D}{20}$ 的圆管，许用应力为 $\dfrac{1}{5}[\sigma]$。试求当 α 角为多少时结构用料最省？此时两杆直径之比 D/d 为多少？

3.8 直径 $d=16\text{mm}$ 的圆截面杆长 $l=1.5\text{m}$，承受轴向拉力 $F=30\text{kN}$，测得杆的总伸长 $\Delta l=1.1\text{mm}$，求此杆材料的弹性模量 E。

3.9 图 3-46 所示试件在轴向拉力 $F=20\text{kN}$ 作用下横向尺寸 h 缩短了 0.005mm，长度增加了 1mm，求材料弹性模量 E 和泊松比 ν。

3.10 图 3-47 所示等截面圆杆直径 $d=10\text{mm}$，材料的弹性模量 $E=200\text{GPa}$，试求其 A，B 截面的位移和总长度改变。

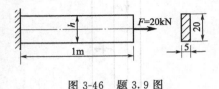

图 3-46 题 3.9 图 　　　　　　　　　　　 图 3-47 题 3.10 图

3.11 由钢和铜两种材料组成的阶梯状直杆如图 3-48 所示，已知钢和铜的弹性模量分别为 $E_1=200\text{GPa}$，$E_2=100\text{GPa}$，横截面积之比为 $2:1$。若杆的总伸长 $\Delta l=0.68\text{mm}$，求载荷 F 及杆内最大正应力。

3.12 薄壁圆筒内直径 $d=150\text{mm}$，壁厚 $\delta=3\text{mm}$，受内压 $p=3\text{MPa}$ 作用如图 3-49 所示，求其周向拉应力和平均直径的变化。材料的弹性模量为 200GPa。

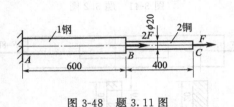

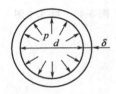

图 3-48 题 3.11 图 　　　　　　　　　　　 图 3-49 题 3.12 图

3.13 求图 3-50 所示小锥度拉杆的伸长，已知载荷 F、弹性模量 E 及图中尺寸。

3.14 长 $l=50\text{m}$ 的预制钢筋混凝土等直杆，容重 $\gamma=24\text{kN/m}^3$，弹性模量 $E=20\text{GPa}$，竖起后在自重作用下其长度将改变多少？

3.15 电子秤的传感器主体为一圆筒如图 3-51 所示，材料的弹性模量 $E=200\text{GPa}$，若测得筒壁轴向线应变 $\varepsilon=-49.8\times10^{-6}$，求轴向载荷 F。

3.16 圆截面杆直径 $d=10\text{mm}$，在轴向拉力的作用下直径减小了 0.0025mm，已知材料的弹性模量 $E=200\text{GPa}$，泊松比 $\nu=0.25$，求轴向拉力 F。

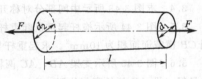

图 3-50 题 3.13 图

3.17 图 3-52 所示结构 AB、AC 两杆相同，横截面积 $A=200\text{mm}^2$，弹性模量 $E=200\text{GPa}$。今测得两杆纵向线应变分别为 $\varepsilon_1=2.0\times10^{-4}$，$\varepsilon_2=4.0\times10^{-4}$，试求载荷 F 及其方位角 θ。

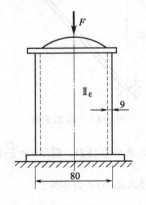

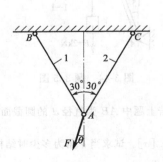

图 3-51 题 3.15 图 　　　　　　　　　　　 图 3-52 题 3.17 图

3.18　图 3-53 所示结构中 AB 杆可视为刚性的，重量不计。铜杆 1 和钢杆 2 的弹性模量分别为 $E_1=100\mathrm{GPa}$，$E_2=200\mathrm{GPa}$，两杆横截面积相同。试求当载荷 F 位于什么位置时 AB 杆只发生平移？

3.19　图 3-54 所示结构 AB，AC 两杆长度相同，均为 l，抗拉刚度分别为 2EA 和 EA，试求当 θ 角为何值时，结点 A 在载荷 F 的作用下只产生向右的水平位移？

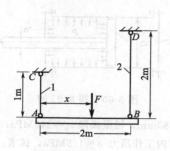

图 3-53　题 3.18 图

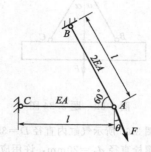

图 3-54　题 3.19 图

3.20　图 3-55 所示钢筋混凝土构件重 $F=10\mathrm{kN}$，用直径 $d=40\mathrm{mm}$ 绳索起吊，绳索许用应力 $[\sigma]=10\mathrm{MPa}$，试校核其强度。

3.21　图 3-56 所示水压机最大压力 $F=600\mathrm{kN}$，两侧立柱相同，直径 $d=80\mathrm{mm}$，许用应力 $[\sigma]=80\mathrm{MPa}$，试校核立柱强度。

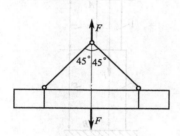

图 3-55　题 3.20 图

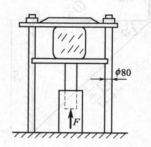

图 3-56　题 3.21 图

3.22　图 3-57 所示油缸内直径 $D=75\mathrm{mm}$，活塞杆直径 $d=18\mathrm{mm}$，许用应力 $[\sigma]=50\mathrm{MPa}$，若最大工作内压 $p=2\mathrm{MPa}$，试校核活塞杆的强度。

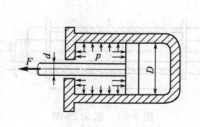

图 3-57　题 3.22 图

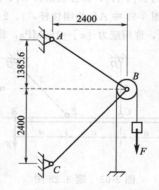

图 3-58　题 3.23 图

3.23　图 3-58 所示结构 AB 和 BC 两杆材料相同，许用拉应力为 $[\sigma_t]=140\mathrm{MPa}$，许用压应力为 $[\sigma_c]=96\mathrm{MPa}$，横截面面积都是 $A=306\mathrm{mm}^2$，试求许可载荷 [F]。

3.24　图 3-59 所示用两根钢索起吊重 $F=24\mathrm{kN}$ 的预制构件。已知钢索 AB 和 AC 的横截面面积 A=

150mm^2，许用应力 $[\sigma]=100\text{MPa}$。问起吊时 α 角不允许超过多少度？

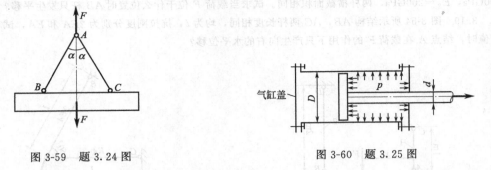

图 3-59　题 3.24 图

图 3-60　题 3.25 图

3.25　图 3-60 所示气缸内直径 $D=350\text{mm}$，活塞杆直径 $d=80\text{mm}$，屈服极限 $\sigma_s=240\text{MPa}$，气缸盖与气缸的连接螺栓直径 $d_1=20\text{mm}$，许用应力 $[\sigma]=60\text{MPa}$，气缸内工作压力 $p=1.5\text{MPa}$，试求：

（1）活塞杆的工作安全因数 n；

（2）一个气缸盖与气缸体连接螺栓个数。

3.26　图 3-61 所示托架 AB 为圆截面钢杆，许用应力 $[\sigma]_1=160\text{MPa}$；AC 为正方形截面木杆，许用压应力为 $[\sigma]_2=4\text{MPa}$，试求钢杆直径和方杆边长。

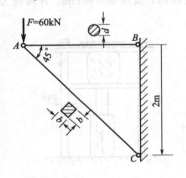

图 3-61　题 3.26 图

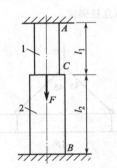

图 3-62　题 3.27 图

3.27　两段材料不同的阶梯状杆两端固定，如图 3-62 所示。现已知载荷 F，两段杆的长度为 l_1、l_2，横截面面积为 A_1、A_2，弹性模量为 E_1、E_2，求各段轴力。

3.28　图 3-63 中 AB 为刚性杆，1、2 两杆材料和截面相同，试求此两杆轴力。若两杆横截面面积为 $A=600\text{mm}^2$，许用应力 $[\sigma]=160\text{MPa}$，载荷 $F=80\text{kN}$，试校核强度。

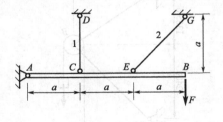

图 3-63　题 3.28 图

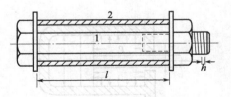

图 3-64　题 3.29 图

3.29　图 3-64 所示套有铸铁管的钢螺栓，螺距 h，二者长 l 时刚好接触。已知钢螺栓和铸铁管的弹性模量分别为 E_1、E_2，横截面面积分别为 A_1、A_2，试求当螺母旋进 1/4 圈时螺栓与套管中的轴力。

3.30　图 3-65 所示结构中 AC 为刚性杆，1、2、3 杆材料相同，横截面面积相等，求三杆轴力。

3.31　图 3-66 所示结构三杆材料与横截面面积都相同，求各杆轴力。

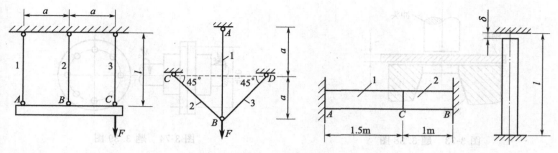

图 3-65　题 3.30 图　　　图 3-66　题 3.31 图　　　图 3-67　题 3.32 图　　　图 3-68　题 3.33 图

3.32　图 3-67 所示两端固定等直杆，1、2 两段分别由钢和铜制成，线胀系数分别为 $\alpha_1 = 12.5 \times 10^{-6}$ 1/℃，$\alpha_2 = 16.5 \times 10^{-6}$ 1/℃，弹性模量分别为 $E_1 = 200$GPa，$E_2 = 100$GPa，当温度升高 $\Delta t = 50$℃ 时，求各横截面上的应力。

3.33　图 3-68 所示钢杆下端固定，上端距固定约束有 $\delta = 0.2$mm，已知杆长 $l = 0.5$m，材料的弹性模量 $E = 200$GPa，线胀系数 $\alpha = 12.5 \times 10^{-6}$ 1/℃，求当温度升高 $\Delta t = 50$℃ 时杆中应力。

3.34　图 3-69 所示阶梯形杆上端固定，下端距支座 $\delta = 1$mm。已知 AB、BC 两段横截面面积分别为 $A_1 = 600$mm^2，$A_2 = 300$mm^2，$a = 1.2$m，材料的弹性模量均为 $E = 210$GPa。当 $F_1 = 60$kN，$F_2 = 40$kN 作用后，求杆内最大拉力和最大压力。

3.35　图 3-70 中 AB 为刚性杆，1、2、3 杆横截面面积均为 $A = 200$mm^2，材料的弹性模量都是 $E = 210$GPa，设计杆长 $l = 1$m，其中 2 杆做短了 $\delta = 0.5$mm，装配后求各杆横截面的应力。若 2 杆与 3 杆位置互换，装配后各杆横截面的应力又是多少？

3.36　图 3-71 所示螺钉承受拉力 F。已知材料的许用切应力 $[\tau]$ 与许用拉应力 $[\sigma]$ 的关系为 $[\tau] = 0.7[\sigma]$，试按剪切强度求螺杆直径 d 与螺帽高度 h 之间的合理比值。

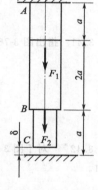

图 3-69　题 3.34 图

3.37　图 3-72 所示齿轮与传动轴用键联接，已知轴直径 $d = 80$mm，键的尺寸为 $b = 20$mm，$h = 12$mm，$h' = 7$mm，$l = 50$mm，键材料的 $[\tau] = 60$MPa，$[\sigma_{bs}] = 100$MPa，试确定此键联接所能传递的最大扭转力矩 M_e。

3.38　图 3-73 所示冲床的最大冲力为 $F_{max} = 300$kN，冲头材料的 $[\sigma] = 400$MPa，被冲剪钢板的剪切强度极限为 350MPa，求在 F_{max} 作用下能冲剪的圆孔最小直径 d 和钢板的最大厚度 t。

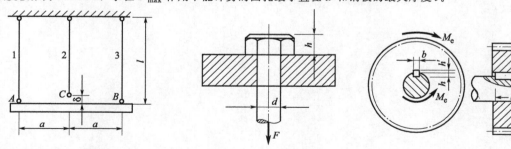

图 3-70　题 3.35 图　　　　图 3-71　题 3.36 图　　　　图 3-72　题 3.37 图

3.39　图 3-74 所示联轴节传递力偶矩 $M_e = 50$kN·m，用 8 个分布于直径 450mm 的圆周上螺栓连接，若螺栓的许用切应力 $[\tau] = 80$MPa，求螺栓的直径。

3.40　试校核图 3-75 所示铆接头的强度。铆钉和板的材料相同，$[\sigma] = 160$MPa，$[\tau] = 120$MPa，$[\sigma_{bs}] = 340$MPa，$F = 460$kN（假定各铆钉受剪面上的剪力相同）。

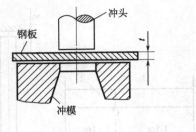

图 3-73 题 3.38 图

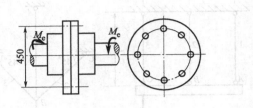

图 3-74 题 3.39 图

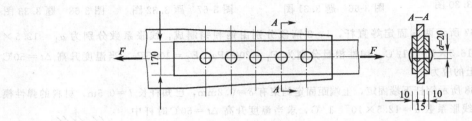

图 3-75 题 3.40 图

3.41 指出图 3-76 所示联接中的剪切面与挤压面。

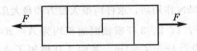

图 3-76 题 3.41 图

3.42* 对于图 3-77 所示侧面偏心开孔杆件，用式(3.3-1) 计算其 *m-m* 截面的正应力是否正确？试述理由。

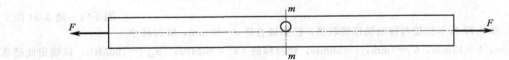

图 3-77 题 3.42 图

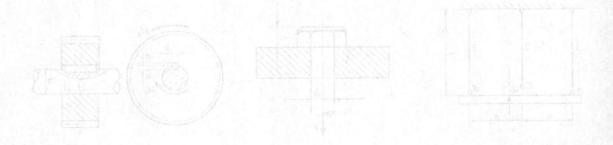

第四章 扭 转

第一节 概 述

工程中有一类杆件，如钻杆、搅拌机轴、传动轴等［图 4-1(a)］，可以简化成图 4-2 所示力学模型，作用在杆件上的外力主要是一组力偶，这些力偶的作用面都垂直于杆件的轴线，称扭转外力偶。在扭转外力偶的作用下，杆件的任意两个横截面将绕轴线相对转过一个角度 φ，称相对扭转角，图中 φ_{AB} 表示 B 截面对 A 截面的相对扭转角。具有上述特点的变形形式称为扭转变形。以扭转变形为主的杆件称为轴。本章主要研究等直圆轴的强度和变形。

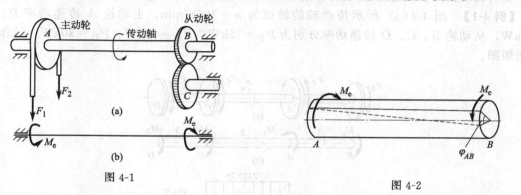

图 4-1

图 4-2

当传动轴［图 4-1(a)］的转速和各轮传递的功率已知时，可以换算出作用在各轮上的扭转外力偶矩 M_e。

设某轮传递的功率为 P 千瓦（kW），则它每秒做功为

$$W = 1000P \quad (\text{N} \cdot \text{m})$$

如果轴每分转 n 转（r/min），则扭转外力偶矩 M_e 每秒做功为

$$W = 2\pi \times \frac{n}{60} \times M_e \quad (\text{N} \cdot \text{m})$$

这两个功的数值相等，所以

$$M_e = 9549 \frac{P}{n} \quad (\text{N} \cdot \text{m}) \tag{4.1-1}$$

第二节 扭矩 扭矩图

轴的扭转外力偶作用面都是平行于轴的横截面的，因此，其横截面上的内力只存在扭矩 T（图 4-3）。

扭矩数值可用截面法求出。例如图 4-3(a) 中 C 截面的扭矩 T，可用图 4-3(b) 为研究对象，根据其平衡方程 $\sum M_x = 0$，$T - M_e = 0$，求出 $T = M_e$。事实上，一个截面的扭矩 T 是

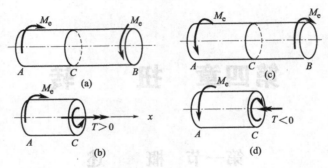

图 4-3

同该截面任一侧所有扭转外力偶矩相平衡的，因此，其数值必等于该截面任一侧所有扭转外力偶矩的代数和，而转向则同截面一侧扭转外力偶的合力偶转向相反。

一般规定，扭矩的矩向量同所在截面的外法线指向一致时为正，如图 4-3(b)，相反为负，如图 4-3(d)。

轴的扭矩值沿轴线的分布规律可用扭矩图表示，其作法与作轴力图类似。

【例 4-1】 图 4-4(a) 所示传动轴的转速为 $n=300\text{r/min}$，主动轮 A 传递功率 $P_A=150\text{kW}$，从动轮 B、C、D 传递功率分别为 $P_B=75\text{kW}$、$P_C=45\text{kW}$、$P_D=30\text{kW}$。试作该轴扭矩图。

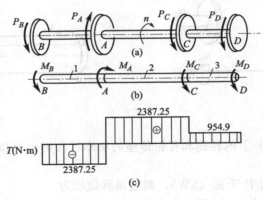

图 4-4

解 (1) 作轴的计算简图

见图 4-4(b)。

(2) 扭转外力偶矩计算

用式(4.1-1) 计算各轮的扭转外力偶矩为

$$M_A = 9549\,\frac{P_A}{n} = 9549 \times \frac{150}{300} = 4774.5\ (\text{N}\cdot\text{m})$$

$$M_B = 9549\,\frac{P_B}{n} = 9549 \times \frac{75}{300} = 2387.25\ (\text{N}\cdot\text{m})$$

$$M_C = 9549\,\frac{P_C}{n} = 9549 \times \frac{45}{300} = 1432.35\ (\text{N}\cdot\text{m})$$

$$M_D = 9549\,\frac{P_D}{n} = 9549 \times \frac{30}{300} = 954.9\ (\text{N}\cdot\text{m})$$

(3) 各段扭矩计算

BA 段：　　　　　$T_1 = -M_B = -2387.25\text{N} \cdot \text{m}$

AC 段：　　　　$T_2 = M_A - M_B = 4774.5 - 2387.25 = 2387.25 \ (\text{N} \cdot \text{m})$

CD 段　　　　　$T_3 = M_D = 954.9\text{N} \cdot \text{m}$

（4）作扭矩图

根据上面计算结果画出扭矩图，见图 4-4（c）。

第三节　薄壁圆筒的扭转　纯剪切

薄壁圆筒指的是壁厚 t 远小于其平均半径 r 的圆筒［图 4-5（a）］，圆筒两端各作用一个扭转外力偶后，小变形时可以观测到圆筒表面各圆周线的形状、大小及其间距均未改变，它们绕轴线转过了不同角度；各纵向线的尺寸、间距也未改变，但倾斜了相同的角度 γ［图 4-5（b）］。据此可以推论，圆筒横截面和通过轴线的纵向截面上都没有正应力，横截面上只有近似于均匀分布的切应力 τ，其方向均与各点所在半径垂直如图 4-5（c）。横截面上的切向内力元素 $\tau \text{d}A$ 合成的结果等于所在横截面上的扭矩 T，即

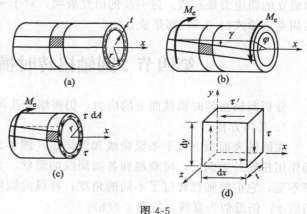

图 4-5

$$\int_A r \cdot \tau \text{d}A = 2\pi r t \cdot \tau \cdot r = T$$

所以

$$\tau = \frac{T}{2\pi r^2 t} \tag{4.3-1}$$

沿筒的相邻两横截面和两个包含直径的纵向截面取分离体如图 4-5（d），左右两侧面为横截面，当 $\text{d}x$、$\text{d}y$ 是微量时两面切应力 τ 的数值相等且均匀分布。上下两面为纵向截面，由分离体的平衡可知其上只能有图示方向的切应力 τ'，它在上下两面上也是均匀分布的。由平衡方程

$$\sum M_z = 0, \ (\tau' t \text{d}x) \ \text{d}y - (\tau t \text{d}y) \ \text{d}x = 0$$

得　　　　　　　　　　　　　$$\tau' = \tau \tag{4.3-2}$$

这就是切应力互等定理：在通过受力物体任一点的两个互相垂直的截面上，垂直于截面交线的切应力数值相等，方向同时指向或同时背离截面交线。

图 4-5（d）所示分离体上、下、左、右四个侧面上只有切应力，所有各面没有正应力，这种情况称为纯剪切。容易证明，当边长 $\text{d}x$、$\text{d}y$、t 都是无穷小量时对非纯剪切的情况，切应力互等定理也成立。

对于纯剪切如图 4-6（a）所示，试验表明，切应变 γ 与切应力 τ 之间有图 4-6（b）的关系，图中直线段可以写成

$$\tau = G\gamma \tag{4.3-3}$$

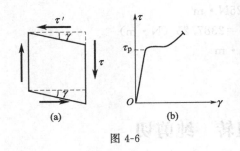

图 4-6

此关系称为剪切胡克定律，式中 G 为材料常数，称为切变模量，量纲与应力相同，它反映材料抵抗弹性剪切变形的能力。对钢材，$G \approx 80\text{GPa}$。

对各向同性材料，可以证明，材料的三个弹性常数弹性模量 E、泊松比 ν 和切变模量 G 之间存在下列关系：

$$G = \frac{E}{2(1+\nu)} \qquad (4.3\text{-}4)$$

图 4-6(b) 中直线段最高点的切应力值称为剪切比例极限，用 τ_p 表示，它是剪切胡克定律成立的切应力最高值。进一步的研究表明，对于非纯剪切的情况，只要切应力 $\tau \leqslant \tau_p$，剪切胡克定律式(4.3-3) 都是成立的。

第四节　圆轴扭转时横截面上的应力

分析圆轴扭转时横截面上的应力，仍需综合几何、物理、静力学三个方面。

1. 几何方程

在圆轴表面画上若干条纵向线和圆周线 [图 4-7(a)]，两端作用扭转外力偶后，可观测到各圆周线的形状、大小和间距都不变，它们绕轴线转过了不同的角度；各纵向线倾斜了相同角度 γ，仍近似为直线，见图 4-7(b)。

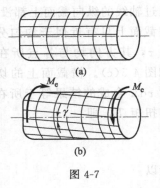

图 4-7

根据圆轴表面的上述变形特点，可作如下假设：圆轴的各横截面在扭转变形后仍保持为平面，且形状、大小及间距都不变。这个假设称为圆轴扭转的平面假设。它相当于把圆轴的各横截面看成是刚性平面，扭转变形就是这些刚性平面绕轴线转过不同的角度。由此可以推论，由于纵横方向没有尺寸变化，所以圆轴扭转变形时横截面上不存在正应力，只存在切应力 τ，其方向与所在半径垂直，与扭矩 T 的转向一致。

沿距离为 dx 的两横截面和相邻两个过轴线的纵截面取分离体 [图 4-8(a)]，放大如图 4-8(b) 所示，左右两横截面相对扭转角为 $d\varphi$，距轴线为 ρ 的 a 点在垂直于它所在半径 OA 的平面内的切应变为 γ_ρ，小变形时有

$$\overline{bb'} = \gamma_\rho \, dx = \rho \, d\varphi$$

$$\gamma_\rho = \rho \frac{d\varphi}{dx} \qquad (1)$$

式中，$\dfrac{d\varphi}{dx}$ 称为单位长度扭转角，与横截面的位置有关，对于一个给定横截面为常量。

2. 物理方程

当切应力不超过材料的剪切比例极限 τ_p 时，横截面上 a 点在垂直于半径方向的切应力 τ_ρ 与切应变 γ_ρ 服从剪切胡克定律

$$\tau_\rho = G\gamma_\rho$$

将式(1) 代入后得

$$\tau_\rho = G\rho \frac{\mathrm{d}\varphi}{\mathrm{d}x} \qquad (2)$$

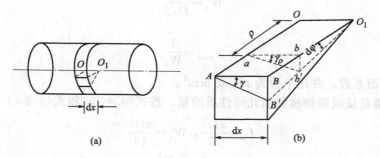

图 4-8

它表明，横截面上的切应力 τ_ρ 的数值沿半径方向线性分布，在形心处 $\tau_\rho = 0$，在横截面外边缘处 τ_ρ 值最大（图 4-9）。

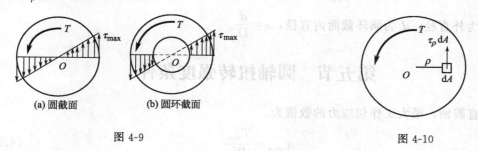

(a) 圆截面　　　　(b) 圆环截面

图 4-9　　　　　　　　　　　　图 4-10

3. 静力学关系

横截面上的扭矩 T，等于所有微面积 $\mathrm{d}A$ 上的力（$\tau_\rho \mathrm{d}A$）对形心 O 的力矩之和（图 4-10），即

$$T = \int_A \rho \tau_\rho \mathrm{d}A \qquad (3)$$

将式（2）代入式（3）得

$$T = \int_A G\rho^2 \frac{\mathrm{d}\varphi}{\mathrm{d}x}\mathrm{d}A = G \frac{\mathrm{d}\varphi}{\mathrm{d}x}\int_A \rho^2 \mathrm{d}A \qquad (4)$$

记

$$I_p = \int_A \rho^2 \mathrm{d}A \qquad (4.4\text{-}1)$$

称为横截面对圆心的极惯性矩，单位为 m^4 或 mm^4，则由式（4）可得

$$\frac{\mathrm{d}\varphi}{\mathrm{d}x} = \frac{T}{GI_p} \qquad (4.4\text{-}2)$$

将上式代入式（2）得

$$\tau_\rho = \frac{T\rho}{I_p} \qquad (4.4\text{-}3)$$

这就是圆轴横截面上距离形心为 ρ 的点上切应力的计算公式。当 $\rho = \dfrac{D}{2}$（D 为横截面外直径）时切应力最大值 τ_{max} 为

$$\tau_{max} = \frac{TD/2}{I_p}$$

引入

$$W_t = \frac{I_p}{D/2} \tag{4.4-4}$$

则

$$\tau_{max} = \frac{T}{W_t} \tag{4.4-5}$$

W_t 称为抗扭截面系数，常用单位为 m³ 或 mm³。

I_p 和 W_t 都是反映圆轴横截面几何性质的量，按式(4.4-1) 和式(4.4-4) 计算，结果为

圆截面

$$I_p = \frac{\pi D^4}{32}, \quad W_t = \frac{\pi D^3}{16} \tag{4.4-6}$$

圆环截面

$$\left. \begin{array}{l} I_p = \dfrac{\pi}{32}(D^4 - d^4) = \dfrac{\pi D^4}{32}(1 - \alpha^4) \\[3mm] W_t = \dfrac{\pi}{16D}(D^4 - d^4) = \dfrac{\pi D^3}{16}(1 - \alpha^4) \end{array} \right\} \tag{4.4-7}$$

式中，D 为外直径，d 为圆环截面内直径，$\alpha = \dfrac{d}{D}$。

第五节　圆轴扭转强度条件

对等直圆轴，最大工作切应力的数值为

$$\tau_{max} = \frac{T_{max}}{W_t} \tag{4.5-1}$$

材料的扭转极限切应力可通过薄壁圆筒扭转试验测定，将其除以安全因数后便可得许用切应力 $[\tau]$。

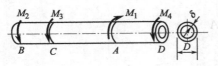

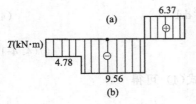

图 4-11

圆轴扭转强度条件为

$$\tau_{max} = \frac{T_{max}}{W_t} \leqslant [\tau] \tag{4.5-2}$$

这个条件可用于圆轴的强度校核、截面设计和许可载荷计算。

【例 4-2】　外直径 $D = 90\text{mm}$，壁厚 $\delta = 15\text{mm}$ 的传动轴 [图 4-11(a)]，作用有扭转外力偶矩 $M_1 = 15.93\text{kN·m}$，$M_2 = M_3 = 4.78\text{kN·m}$，$M_4 = 6.37\text{kN·m}$，材料的许用切应力 $[\tau] = 80\text{MPa}$，试校核轴的强度。

解　(1) 内力分析

作轴的扭矩图 [图 4-11(b)]，最大扭矩（强度计算只考虑绝对值）在 CA 段，数值为

$$T_{max} = 9.56\text{kN·m}$$

(2) 计算 W_t

$$\alpha = \frac{d}{D} = \frac{D - 2\delta}{D} = \frac{90 - 2 \times 15}{90} = 0.667$$

$$W_t = \frac{\pi D^3}{16}(1 - \alpha^4) = \frac{\pi \times 90^3 \times 10^{-9}}{16}(1 - 0.667^4) = 114.8 \times 10^{-6} \text{ (m}^3\text{)}$$

（3）校核强度

$$\tau_{max} = \frac{T_{max}}{W_t} = \frac{9.56 \times 10^3}{114.8 \times 10^{-6}} = 83.3 \times 10^6 Pa = 83.3 \ (MPa)$$

超过 $[\tau]$ 值 4.1%，不到 5%，可认为满足强度要求。

第六节　圆轴扭转变形　刚度条件

相距为 dx 的两个横截面的相对扭转角 $d\varphi$，可由式（4.4-2）算出为

$$d\varphi = \frac{T}{GI_p} dx$$

式中，GI_p 称为圆轴的抗扭刚度。相距为 l 的两个横截面之间的相对扭转角 φ 可由上式积分得到

$$\varphi = \int_l d\varphi = \int_l \frac{T}{GI_p} dx$$

若扭矩 T 和抗扭刚度 GI_p 在 l 段内都是常数，则

$$\varphi = \frac{Tl}{GI_p} \tag{4.6-1}$$

φ 的单位是弧度（rad），正负号与扭矩 T 相同。

单位长度扭转角常用 θ 表示，即

$$\theta = \frac{d\varphi}{dx} = \frac{T}{GI_p} \tag{4.6-2}$$

圆轴扭转的刚度条件一般用单位长度扭转角 θ 规定，其最大值 θ_{max} 不应超过许用单位长度扭转角 $[\theta]$，考虑到式（4.6-2）的单位是弧度/米（rad/m），而 $[\theta]$ 的单位为度/米（°/m），所以圆轴扭转的刚度条件为

$$\theta_{max} = \frac{T_{max}}{GI_p} \times \frac{180}{\pi} \leqslant [\theta] \tag{4.6-3}$$

$[\theta]$ 值一般为：

精密机器的轴　　$[\theta] = (0.25° \sim 0.5°)/m$；

一般传动轴　　　$[\theta] = (0.5° \sim 1.0°)/m$；

较低精度的轴　　$[\theta] = (1.0° \sim 2.5°)/m$。

【例 4-3】 图 4-12(a) 中钢制圆轴直径 $d = 70mm$，切变模量 $G = 80GPa$，$l_1 = 300mm$，$l_2 = 500mm$，扭转外力偶矩分别为 $M_1 = 1592N \cdot m$，$M_2 = 955N \cdot m$，$M_3 = 637N \cdot m$，试求 C、B 两截面相对扭转角 φ_{BC}。若规定 $[\theta] = 0.3°/m$，试校核此轴刚度。

解 （1）内力分析

作扭矩图 [图 4-12(b)]，$T_1 = 955N \cdot m$，$T_2 = -637N \cdot m$。

（2）求 φ_{BC}

当各段扭矩值不同时，应分段计算 φ_{BA} 和 φ_{AC}，然后求其代数和即得 φ_{BC}。由式（4.6-1）

$$\varphi_{BA} = \frac{T_1 l_1}{GI_p} = \frac{955 \times 300 \times 10^{-3} \times 32}{80 \times 10^9 \times \pi \times 70^4 \times 10^{-12}} = 1.52 \times 10^{-3} \ (rad)$$

$$\varphi_{AC} = \frac{T_2 l_2}{GI_p} = \frac{-637 \times 500 \times 10^{-3} \times 32}{80 \times 10^9 \times \pi \times 70^4 \times 10^{-12}} = -1.69 \times 10^{-3} \ (rad)$$

$$\varphi_{BC}=\varphi_{BA}+\varphi_{AC}=1.52\times10^{-3}-1.69\times10^{-3}=-1.7\times10^{-4} \text{ (rad)}$$

（3）刚度校核

BA 段扭矩 T_1 大于 AC 段的扭矩 T_2（绝对值），因此校核 BA 段刚度。

$$\theta_{max}=\frac{T_{max}}{GI_p}\times\frac{180}{\pi}=\frac{955\times32}{80\times10^9\times\pi\times70^4\times10^{-12}}\times\frac{180}{\pi}=0.29 \text{ (°/m)}<[\theta]$$

满足刚度条件。

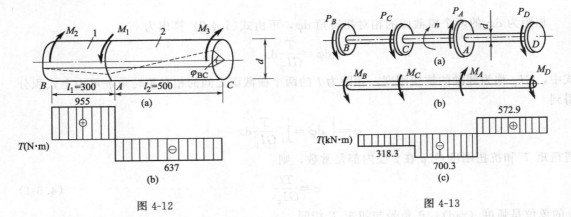

图 4-12　　　　　　　　　　　　　　图 4-13

【**例 4-4**】　图 4-13(a) 中传动轴的转速 $n=300\text{r/min}$，A 轮输入功率 $P_A=40\text{kW}$，其余各轮输出功率分别为 $P_B=10\text{kW}$，$P_C=12\text{kW}$，$P_D=18\text{kW}$。材料的切变模量 $G=80\text{GPa}$，$[\tau]=50\text{MPa}$，$[\theta]=0.3°\text{/m}$。试设计轴的直径 d。

解　（1）扭转外力偶矩的计算

轴的计算简图如图 4-13(b) 所示，由式(4.1-1)计算各扭转外力偶矩为

$$M_A=9549\frac{P_A}{n}=9549\times\frac{40}{300}=1273.2 \text{ (N·m)}$$

$$M_B=9549\frac{P_B}{n}=9549\times\frac{10}{300}=318.3 \text{ (N·m)}$$

$$M_C=9549\frac{P_C}{n}=9549\times\frac{12}{300}=382.0 \text{ (N·m)}$$

$$M_D=9549\frac{P_D}{n}=9549\times\frac{18}{300}=572.9 \text{ (N·m)}$$

（2）内力分析

作扭矩图 [图 4-13(c)]，最大扭矩数值为

$$T_{max}=700.3\text{N·m}$$

（3）按强度条件设计直径

由强度条件

$$\tau_{max}=\frac{T_{max}}{W_t}=\frac{16T_{max}}{\pi d^3}\leqslant[\tau]$$

得

$$d\geqslant\sqrt[3]{\frac{16T_{max}}{\pi[\tau]}}=\sqrt[3]{\frac{16\times700.3}{\pi\times50\times10^6}}=0.0415 \text{ (m)}=41.5 \text{ (mm)}$$

（4）按刚度条件设计直径

由刚度条件

$$\theta_{\max} = \frac{T_{\max}}{GI_p} \times \frac{180}{\pi} = \frac{32T_{\max}}{G\pi d^4} \times \frac{180}{\pi} \leqslant [\theta]$$

得

$$d \geqslant \sqrt[4]{\frac{32T_{\max}}{G\pi[\theta]} \cdot \frac{180}{\pi}} = \sqrt[4]{\frac{32 \times 700.3 \times 180}{80 \times 10^9 \times \pi^2 \times 0.3}} = 0.0642 \text{ (m)} = 64.2 \text{ (mm)}$$

两个设计比较后取 $d=64.2$mm。

第七节　扭转静不定问题

仅用平衡方程不能求出轴的全部支反力偶矩和扭矩，这类问题称为扭转静不定问题。多余力偶矩（包括扭转外力偶矩和扭矩）的数目就是静不定次数。求解扭转静不定问题同求解拉（压）静不定问题类似，需要综合平衡方程、几何方程和物理方程三个方面求解。

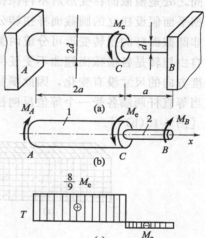

【例 4-5】 两端固定的阶梯形圆轴如图 4-14(a)，两段材料相同，C 截面处作用一扭转外力偶 M_e，试求两端支反力偶矩 M_A 和 M_B，并作扭矩图。

解　（1）受力分析

作轴的受力图，设 M_A 和 M_B 的转向如图 4-14(b) 所示，未知力有两个，平衡方程只有一个，因此是一次静不定问题。

（2）平衡方程

$$\sum M_x = 0, \quad M_e - M_A - M_B = 0 \tag{1}$$

（3）变形几何方程

轴两端固定，所以 B 截面相对 A 截面的扭转角为零，变形几何方程为

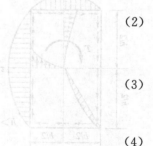

$$\varphi_{AB} = \varphi_{AC} + \varphi_{CB} = 0 \tag{2}$$

图 4-14

（4）物理方程

由式(4.6-1)，物理方程为

$$\varphi_{AC} = \frac{T_1 l_1}{GI_{p1}} = \frac{M_A \cdot 2a}{G \cdot \dfrac{\pi(2d)^4}{32}} \tag{3}$$

$$\varphi_{CB} = \frac{T_2 l_2}{GI_{p2}} = \frac{-M_B \cdot a}{G \cdot \dfrac{\pi d^4}{32}} \tag{4}$$

（5）补充方程

将式(3)、式(4) 代入式(2) 得

$$\frac{M_A \cdot 2a}{G \cdot \dfrac{\pi(2d)^4}{32}} - \frac{M_B \cdot a}{G \cdot \dfrac{\pi d^4}{32}} = 0$$

化简

$$\frac{M_A}{8} - M_B = 0 \tag{5}$$

(6) 求解支反力偶矩并作扭矩图

联立求解式(1)、式(5) 得

$$M_A = \frac{8}{9} M_e, \quad M_B = \frac{M_e}{9}$$

结果为正，表明所设转向正确。据此作出扭矩图，见图 4-14(c)。

第八节　非圆截面杆扭转简介

非圆截面杆，如石油钻机的主轴、内燃机曲轴的曲柄臂等，其扭转变形与圆截面杆的明显不同之处是横截面在变形后不再保持为平面，这种现象称为截面翘曲［图 4-15(b)］。因此根据平面假设建立的圆截面杆扭转公式对非圆截面杆不再适用。

非圆截面杆的扭转变形可分成两类：自由扭转和约束扭转。

自由扭转是各横截面翘曲不受任何限制的扭转变形，各横截面的翘曲情形完全相同，轴在长度方向的尺寸没有变化，因此横截面上没有正应力只有切应力。自由扭转又称纯扭转，只有当等直杆两端各受一个等值反向扭转外力偶作用，且端面翘曲没有任何约束时才有可能发生［图 4-15(b)］。

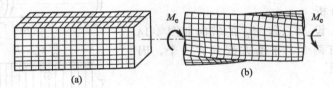

图 4-15

约束扭转是横截面翘曲受到某种约束限制的扭转变形，各横截面的翘曲程度不同，纵向纤维伸长（缩短）量各不相同，横截面上不但有切应力，而且存在正应力。对于实体杆件，这种正应力数值一般较小，但在薄壁杆件中，其数值往往比较大，因而不能忽视。

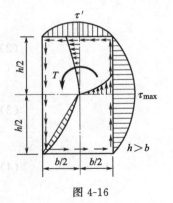

图 4-16

根据弹性力学的研究结果，矩形截面杆自由扭转时横截面上的切应力分布规律如图 4-16 所示。横截面外边缘各点切应力方向与周边平行，四个角点上切应力为零，这两个结论可由切应力互等定理得到。此外，截面形心处的切应力也为零。最大切应力 $\tau_{\max}$ 位于长边边界中点，其值为

$$\tau_{\max} = \frac{T}{\alpha b^2 h} \tag{4.8-1}$$

短边边界中点处的切应力 τ' 数值也较大，它与 $\tau_{\max}$ 的关系为

$$\tau' = \xi \tau_{\max} \tag{4.8-2}$$

单位长度扭转角 θ 可由下式计算

$$\theta = \frac{T}{G \beta b^3 h} \tag{4.8-3}$$

上三式中，T 为横截面扭矩，b、h 为横截面尺寸且 $h \geqslant b$，G 为材料切变模量，α、β、ξ 为

因数（表4-1）。

表 4-1 矩形截面杆自由扭转时的因数 α、β、ξ

$\dfrac{h}{b}$	1.00	1.20	1.50	1.75	2.00	2.50	3.0	4.0	5.0	6.0	8.0	10.0	∞
α	0.208	0.219	0.231	0.239	0.246	0.258	0.267	0.282	0.291	0.299	0.307	0.313	0.333
β	0.141	0.166	0.196	0.214	0.229	0.249	0.263	0.281	0.291	0.299	0.307	0.313	0.333
ξ	1.00	0.93	0.86	0.82	0.80	0.77	0.75	0.74	0.74	0.74	0.74	0.74	0.74

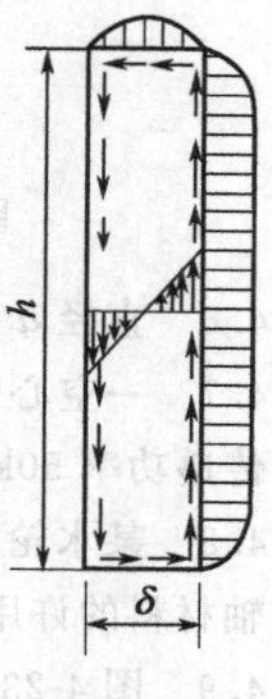

$\dfrac{h}{b} > 10$ 的矩形称为狭矩形。由表4-1中可以看出，对于狭矩形截面

$$\alpha = \beta \approx \frac{1}{3}$$

若用 δ 表示狭矩形宽度，则式(4.8-1)和式(4.8-3)可写成

$$\tau_{\max} = \frac{T}{\frac{1}{3}h\delta^2} \qquad (4.8\text{-}4)$$

$$\theta = \frac{T}{\frac{1}{3}Gh\delta^3} \qquad (4.8\text{-}5)$$

图 4-17

这时长边边界各点切应力数值相差不多，只在近角点处迅速减少到零。短轴上的切应力接近线性分布（图4-17）。

习 题

4.1 试求图4-18所示各轴1-1，2-2，3-3截面上的扭矩。

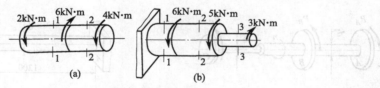

图 4-18 题 4.1 图

4.2 试作图4-19所示各轴的扭矩图。

4.3 图4-20所示传动轴转速为200r/min，主动轮 B 输入功率60kW，从动轮 A，C，D 分别输出功率22kW，20kW和18kW。试作该轴扭矩图。

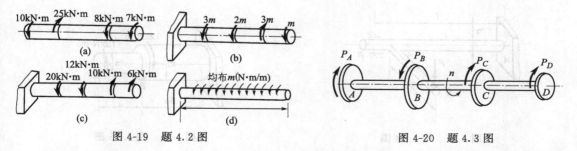

图 4-19 题 4.2 图   图 4-20 题 4.3 图

4.4 某钻机功率为10kW，转速 $n=180$r/min。钻入土层的钻杆长度 $l=40$m，若把土对钻杆的阻力看

成沿杆长均匀分布的力偶见图 4-21，试求此分布力偶的集度 m，并作钻杆扭矩图。

4.5 试画出图 4-22 所示截面上切应力的分布图。

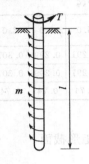

图 4-21 题 4.4 图

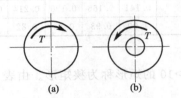

(a)　　(b)

图 4-22 题 4.5 图

4.6 直径 $d=50\text{mm}$ 的圆轴，横截面上的扭矩 $T=2.0\text{kN·m}$，求横截面上最大切应力。

4.7 一空心圆轴外直径 $D=90\text{mm}$，内直径 $d=30\text{mm}$，还有一横截面面积与空心轴相等的实心圆轴。轴的传递功率 50kW，转速为 180r/min，试比较两轴的最大切应力。

4.8 某水轮机主轴外直径 $D=550\text{mm}$，内直径 $d=300\text{mm}$，转速 $n=250\text{r/min}$，传递功率 15000kW，若该轴材料的许用切应力 $[\tau]=50\text{MPa}$，试校核其强度。

4.9 图 4-23 所示传动轴转速 $n=200\text{r/min}$，A 轮输入功率 $P_A=30\text{kW}$，B、C 轮输出功率分别为 $P_B=17\text{kW}$、$P_C=13\text{kW}$，轴的许用切应力 $[\tau]=60\text{MPa}$，$d_1=60\text{mm}$，$d_2=40\text{mm}$，试校核轴的强度。

4.10 设计一空心钢轴，其内直径与外直径之比为 1∶1.2，转速 $n=75\text{r/min}$，传递功率 $P=200\text{kW}$，材料的许用切应力 $[\tau]=43\text{MPa}$。

4.11 设计一实心圆轴，材料的许用切应力 $[\tau]=40\text{MPa}$，传递功率 $P=5.5\text{kW}$，转速 $n=200\text{r/min}$。

4.12 直径 $d=50\text{mm}$ 的圆轴，转速 $n=120\text{r/min}$，材料的许用切应力 $[\tau]=60\text{MPa}$，试求它许可传递的功率是多少千瓦？

4.13 图 4-24 所示阶梯状圆轴，材料的切变模量 $G=80\text{GPa}$，求 A、C 两端相对扭转角。

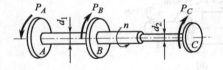

图 4-23 题 4.9 图

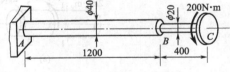

图 4-24 题 4.13 图

4.14 图 4-25 所示折杆 AB 段直径 $d=40\text{mm}$，长 $l=1\text{m}$，材料的许用切应力 $[\tau]=70\text{MPa}$，切变模量为 $G=80\text{GPa}$。BC 段视为刚性杆，$a=0.5\text{m}$。当 $F=1\text{kN}$ 时，试校核 AB 段的强度，并求 C 截面的铅垂位移。

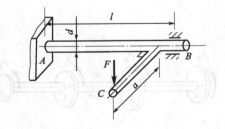

图 4-25 题 4.14 图

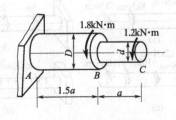

图 4-26 题 4.15 图

4.15 图 4-26 所示阶梯形钢轴，AB 段直径 $D=75\text{mm}$，BC 段直径 $d=50\text{mm}$，$a=0.5\text{m}$，材料的切变

模量 $G=80$GPa，许用切应力 $[\tau]=50$MPa，许用单位长度扭转角 $[\theta]=2°/$m，试校核轴的强度和刚度。

4.16 图 4-27 所示空心圆轴外直径 $D=50$mm，AB 段内直径 $d_1=25$mm，BC 段内直径 $d_2=38$mm，材料的许用切应力 $[\tau]=70$MPa，试求此轴所能承受的允许扭转外力偶矩 M_e。若要求两段的扭转角相等，各段长应为多少？

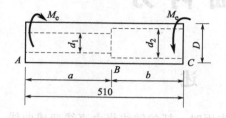

图 4-27 题 4.16 图

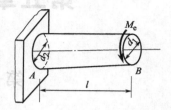

图 4-28 题 4.20 图

4.17 某传动轴外直径 $D=100$mm，内直径 $d=50$mm，规定单位长度扭转角 $[\theta]=0.75°/$m，求它能传递的最大扭矩值，并求出此时轴内的最大切应力。材料的切变模量 $G=82$GPa。

4.18 有一直径 $D=50$mm，长 $l=1$m 的实心铝轴，切变模量 $G_1=28$GPa。现拟用一根同样长度和外径的钢管代替它，要求它与原铝轴承受同样的扭矩并具有同样的总扭转角，若钢的切变模量 $G_2=84$GPa，试求钢管内直径 d。

4.19 3m 长的钢圆轴以转速 $n=240$r/min，传递功率 $P=1000$kW，材料的切变模量 $G=80$GPa，许用切应力 $[\tau]=60$MPa。若要求轴的总扭转角不超过 $1.15°$，试设计此轴直径。

4.20 图 4-28 所示圆锥形杆的切变模量为 G，自由端受到扭转外力偶 M_e 的作用，若假定可以用等截面圆轴的公式，求其 A、B 两端的相对扭转角 φ_{AB}。

4.21 图 4-29 所示圆轴两端固定，扭转外力偶矩 $M_e=10$kN·m，试作此轴的扭矩图。

4.22 一圆管套在一个圆轴外，两端焊住，如图 4-30 所示。圆轴和圆管的切变模量分别为 G_1、G_2，当两端施加一扭转外力偶 M_e 时，求圆管和圆轴的扭矩值。

图 4-29 题 4.21 图

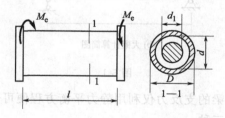

图 4-30 题 4.22 图

4.23* 对于任意形状截面的轴，其横截面外缘各点如果存在切应力，其方向必与边线相切，如图 4-31 所示，试分析其理由。

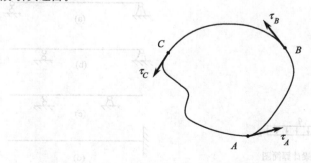

图 4-31 题 4.23 图

第五章 弯曲内力

第一节 概　述

当杆件受到垂直于杆轴线的外力（包括力偶）作用时，杆的轴线将由直线变成曲线，任意两横截面绕截面内某一轴作相对转动，这种变形形式称为弯曲。以弯曲变形为主的杆件称为梁。

梁在工程中的应用很广，例如桥式起重机的大梁［图 5-1（a）］，火车轮轴［图 5-2（a）］，阳台的挑梁［图 5-3（a）］等，都可以看作是梁，它们的计算简图分别为图 5-1（b）、图 5-2（b）、图 5-3（b）。

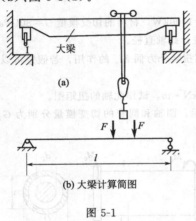

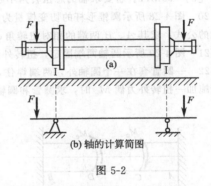

图 5-1

图 5-2

梁的支反力仅利用静力平衡方程便可全部求出，这样的梁称为静定梁。常见的静定梁有以下三种。

（1）简支梁　梁的一端为固定铰支座，另一端为可动铰支座，如图 5-4（a）所示。

（2）外伸梁　简支梁的一端或两端伸出支座之外，如图 5-4（b）、（c）所示。

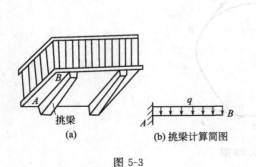

图 5-3

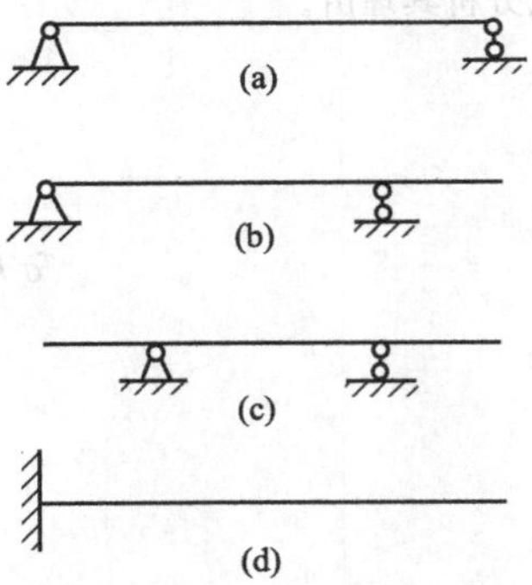

图 5-4

（3）悬臂梁　梁的一端固定，另一端自由，见图 5-4(d)。

梁在两支座间的长度（悬臂梁就是梁的长度）称为跨长。

工程中常用的梁，如横截面为矩形、圆形、工字形等，其横截面上至少具有一根对称轴。由横截面的对称轴与梁轴线所构成的平面称为梁的纵对称面。当梁上的所有外力

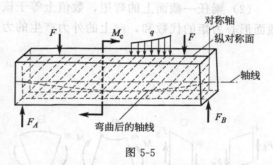

图 5-5

都作用在此对称面内时（图 5-5），梁弯曲变形后的轴线是位于纵对称面内的一条平面曲线，这种弯曲称为平面弯曲。这是弯曲问题中最常见也是最基本的情况。本章及随后两章仅讨论等直梁的平面弯曲问题。

第二节　剪力和弯矩

当梁上所有外力（载荷和支反力）均为已知时，可用截面法计算梁横截面上的内力。

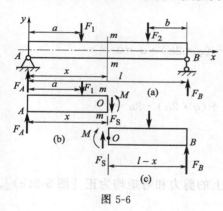

图 5-6

以图 5-6(a) 所示的简支梁为例，求距 A 端 x 处的横截面 m-m 上的内力。在 m-m 处假想地把梁截分成两段，取左段梁作研究对象，见图 5-6(b)，作用于左段梁上的外力有 F_1 和 F_A，右端梁作用于截面 m-m 上的内力。为满足左段梁的平衡条件，横截面 m-m 上必然存在两个内力元素，即沿该截面切线方向的剪力 F_S 和位于载荷平面内的弯矩 M。它们均可利用平衡方程求得。

由 $\sum F_y = 0$，　$F_A - F_1 - F_S = 0$

得　　　　　　　　　　　$F_S = F_A - F_1$　　　　　　　（1）

由 $\sum M_O = 0$，　$M + F_1(x-a) - F_A x = 0$

得　　　　$M = F_A x - F_1(x-a)$　　　　　　　　　（2）

这里的矩心 O 是横截面 m-m 的形心。

取右段梁为研究对象如图 5-6(c) 所示，求得截面 m-m 上的剪力 F_S 和弯矩 M，与取左段梁为研究对象时求得的 F_S 和 M 大小相等、方向（或转向）相反，互为作用力与反作用力。这就是内力的成对性。为使两段梁在同一横截面上的剪力和弯矩分别有相同的正负号，可根据梁的变形来规定剪力和弯矩的符号。为此，在横截面 m-m 处截取长为 dx 的微段梁（图 5-7）。一般规定：使该微段梁有左端截面向上、右端截面向下的相对错动变形时，横截面 m-m 上的剪力为正［图 5-7(a)］，反之为负［5-7(b)］；使微段梁的弯曲为下凸而使底面伸长时，横截面上的弯矩为正［图 5-7(c)］，反之为负［图 5-7(d)］。依此规定，图 5-6(b) 或(c) 中的剪力和弯矩都为正。

用截面法求得梁上某一截面上的剪力和弯矩，总是与该截面任一侧梁上的外力相平衡的。因此，有如下结论。

（1）梁任意截面上的剪力，数值上等于该截面任一侧（左侧或右侧）梁上全部外力的代数和，对截面形心产生顺时针力矩的外号取正号，逆时针的则取负号。

（2）梁任一截面上的弯矩，数值上等于该截面任一侧（左侧或右侧）梁上全部外力对该截面形心力矩的代数和，向上的外力产生的力矩取正号，向下的则取负号。

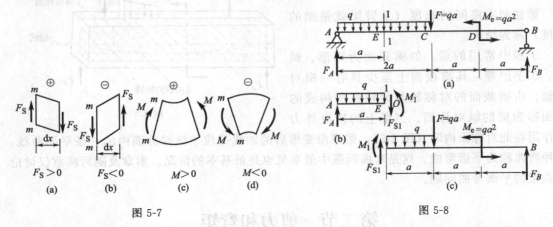

图 5-7　　　　　　　　　　　　　　图 5-8

【例 5-1】 简支梁 AB 受集中载荷 F、集中力偶 M_e 及一段均布载荷 q 的作用[图 5-8(a)]，q、a 均为已知，试求梁 1-1 截面上的剪力和弯矩。

解　（1）求支反力

由平衡方程

$$\sum M_A=0,\quad F_B\cdot4a+M_e-F\cdot2a-(q\cdot2a)\cdot a=0$$

得

$$F_B=\frac{3}{4}qa(\uparrow)$$

$$\sum M_B=0,\quad -F_A\cdot4a+F\cdot2a+M_e+(q\cdot2a)\cdot3a=0$$

得

$$F_A=\frac{9}{4}qa(\uparrow)$$

（2）求 1-1 截面上的剪力和弯矩

沿 1-1 截面截开，取左段梁为研究对象。假设截面上的剪力和弯矩均为正 [图 5-8(b)]。根据左段梁的平衡方程

$$\sum F_y=0,\quad F_A-qa-F_{S1}=0$$

得

$$F_{S1}=\frac{5}{4}qa$$

$$\sum M_O=0,\quad M_1+q\cdot a\cdot\frac{a}{2}-F_A\cdot a=0$$

得

$$M_1=\frac{7}{4}qa^2$$

式中　矩心 O 为 1-1 截面形心。所得结果为正，说明所设的剪力和弯矩的方向（或转向）是正确的，均为正值。

若取右段梁为研究对象 [图 5-8(c)] 来计算 F_{S1} 和 M_1，也会得到相同的结果。

第三节　剪力方程和弯矩方程　剪力图和弯矩图

在一般情况下，梁横截面上的剪力和弯矩随截面位置的不同而变化。若以梁的轴线为 x 轴，坐标 x 表示横截面的位置，则可将任意横截面的剪力和弯矩表示为

$$F_S = F_S(x), \quad M = M(x)$$

以上两函数表达式分别称为剪力方程和弯矩方程。根据这两个方程，仿照轴力图和扭矩图的作法，画出剪力和弯矩沿梁轴线变化的图线，分别称为剪力图和弯矩图。

【例 5-2】 图 5-9(a) 所示的悬臂梁，在自由端受集中载荷 F 的作用，试作梁的剪力图和弯矩图。

解　(1) 列剪力方程和弯矩方程

取梁的左端 A 点为坐标原点[图 5-9(a)]，根据 x 截面左侧梁上的外力可写出剪力方程和弯矩方程分别为

$$F_S(x) = -F \quad (0 < x < l) \tag{1}$$

$$M(x) = -Fx \quad (0 \leqslant x < l) \tag{2}$$

(2) 作剪力图和弯矩图

(1)式表明剪力 F_S 为负常数，故剪力图为 x 轴下方的一条水平直线 [图 5-9(b)]。(2)式表明弯矩 M 是 x 的一次函数，故弯矩图为一斜直线，只需确定该直线上两个点便可画出图线。例如在 $x=0$ 处，$M=0$；$x=l$ 处 $M=-Fl$。弯矩图如图 5-9(c) 所示。由图可知，$|M|_{max} = Fl$，位于固定端左邻截面上。

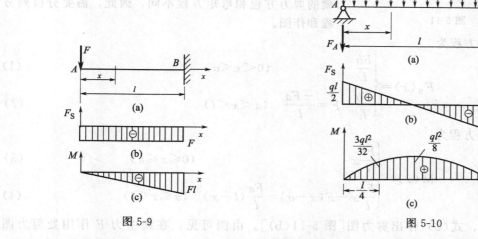

图 5-9

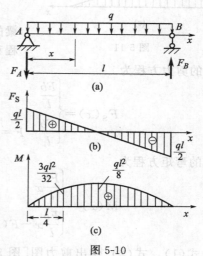

图 5-10

【例 5-3】 图 5-10(a) 所示的简支梁，全跨受均布载荷 q 作用，试作梁的剪力图和弯矩图。

解　(1) 求支反力

根据载荷及支座的对称性，可得

$$F_A = F_B = \frac{ql}{2}(\uparrow)$$

(2) 列剪力方程和弯矩方程

取梁左端 A 点为坐标原点，根据 x 截面左侧梁上的外力可写出剪力方程和弯矩方程为

$$F_S(x) = F_A - qx = \frac{ql}{2} - qx \quad (0 < x < l) \tag{1}$$

$$M(x) = F_A x - qx \cdot \frac{x}{2} = \frac{ql}{2}x - \frac{qx^2}{2} \quad (0 \leqslant x \leqslant l) \tag{2}$$

（3）作剪力图和弯矩图

（1）式表明剪力图是一斜直线，由两点（$x=0$ 处，$F_S=\dfrac{ql}{2}$；$x=l$ 处，$F_S=-\dfrac{ql}{2}$）作出剪力图 ［图 5-10（b）］；（2）式表明弯矩 M 是 x 的二次函数，故弯矩图为一抛物线，在确定几个坐标点处的弯矩数值后，作出弯矩图 ［图 5-10（c）］。

由图可知，最大剪力位于两支座内侧横截面上，其值为 $|F_S|_{max}=\dfrac{ql}{2}$；最大弯矩位于梁的中间横截面上，其值为 $M_{max}=\dfrac{ql^2}{8}$。

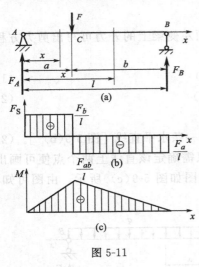

图 5-11

【例 5-4】 图 5-11 所示简支梁，在 C 截面处作用一集中力 F，试作梁的剪力图和弯矩图。

解 由梁的平衡方程求得支反力为

$$F_A=\frac{Fb}{l}(\uparrow),\quad F_B=\frac{Fa}{l}(\uparrow)$$

由于 C 截面处集中力 F 的作用，AC 与 CB 两段梁的剪力方程和弯矩方程不同，因此，需要分段列方程和作图。

梁的剪力方程为

$$F_S(x)=\begin{cases}\dfrac{Fb}{l} & (0<x<a) \qquad\qquad (1)\\[3mm] \dfrac{Fb}{l}-F=\dfrac{-Fa}{l} & (a<x<l) \qquad (2)\end{cases}$$

梁的弯矩方程为

$$M(x)=\begin{cases}\dfrac{Fb}{l}x & (0\leqslant x\leqslant a) \qquad\qquad (3)\\[3mm] \dfrac{Fb}{l}x-F(x-a)=\dfrac{Fa}{l}(l-x) & (a\leqslant x\leqslant l) \qquad (4)\end{cases}$$

由式（1）、式（2）作出剪力图［图 5-11（b）］。由图可见，在集中力 F 作用处剪力图发生突变，突变值等于该集中力的大小。当 $a<b$ 时，

$F_{Smax}=\dfrac{Fb}{l}$，位于 AC 段梁的各横截面。

由式（3）、式（4）作出弯矩图 ［图 5-11（c）］。由图可见，在集中力 F 作用处，弯矩图出现斜率改变的转折点，此截面出现弯矩最大值 $M_{max}=\dfrac{Fab}{l}$。

【例 5-5】 图 5-12（a）所示简支梁，在 C 截面处作用一集中力偶 M_e。试作梁的剪力图和弯矩图。

解 由梁的平衡方程求得支反力

$$F_A=\frac{M_e}{l}(\uparrow),\quad F_B=\frac{M_e}{l}(\downarrow)$$

梁的剪力方程为

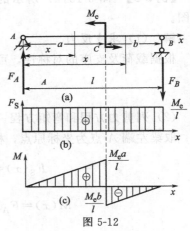

图 5-12

$$F_S(x)=F_A=\frac{M_e}{l} \qquad (0<x<l) \qquad (1)$$

弯矩方程为

$$M(x)=\begin{cases} F_A x=\dfrac{M_e}{l}x & (0\leqslant x<a) & (2) \\[3mm] F_A x-M_e=\dfrac{M_e}{l}x-M_e=\dfrac{M_e}{l}(x-l) & (a<x\leqslant l) & (3) \end{cases}$$

根据剪力方程和弯矩方程作出梁的剪力图［图 5-12(b)］和弯矩图［图 5-12(c)］。由图可知全梁 $F_{Smax}=\dfrac{M_e}{l}$；若 $a>b$，最大弯矩位于 C 的左邻截面上，其值为 $M_{max}=\dfrac{M_e a}{l}$。由弯矩图还可看到，在集中力偶 M_e 作用的 C 截面处，弯矩图发生突变，其突变值等于该集中力偶矩的大小。

第四节　弯矩、剪力与分布载荷集度之间的关系

设梁上作用有任意载荷［图 5-13(a)］，其中分布载荷集度 $q(x)$ 是 x 的连续函数，并规定向上为正。坐标轴的选取如图 5-13(a) 所示。在 x 截面处截出长为 dx 的微段梁［图 5-13(b)］来研究。设截面 m-m 上的剪力和弯矩分别为 $F_S(x)$ 和 $M(x)$，截面 n-n 上的剪力和弯矩分别为 $F_S(x)+dF_S(x)$ 和 $M(x)+dM(x)$，内力均设正值。微段梁上的分布载荷可视为均匀分布。

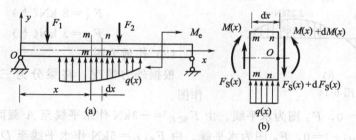

图 5-13

由微段梁的平衡方程

$$\sum F_y=0, \quad F_S(x)+q(x)\cdot dx-[F_S(x)+dF_S(x)]=0$$

得

$$\frac{dF_S(x)}{dx}=q(x) \qquad (5.4\text{-}1)$$

$$\sum M_O=0,[M(x)+dM(x)]-M(x)-F_S(x)\cdot dx-q(x)\cdot dx\cdot\frac{dx}{2}=0$$

略去二阶微量 $q(x)\cdot\dfrac{(dx)^2}{2}$ 得

$$\frac{dM(x)}{dx}=F_S(x) \qquad (5.4\text{-}2)$$

由式(5.4-1)、式(5.4-2) 又可得

$$\frac{d^2M(x)}{dx^2}=q(x) \qquad (5.4\text{-}3)$$

以上三式就是弯矩 $M(x)$、剪力 $F_S(x)$ 和分布载荷集度 $q(x)$ 三函数间的微分关系式。

式(5.4-1)和式(5.4-2)的几何意义是：剪力图上某点处的切线斜率等于梁上对应截面处的载荷集度；弯矩图上某点处的切线斜率等于梁上对应截面上的剪力。

根据上述性质，可以得出梁上载荷、剪力图和弯矩图之间的一些规律如下。

（1）梁上某段无分布载荷作用，$q(x)=0$，有 $F_S(x)=$ 常数，$M(x)$ 是 x 的一次函数。因此，此段梁的剪力图为水平线，弯矩图为斜直线。若 $F_S>0$，M 图斜率为正，该直线向右上方倾斜；若 $F_S<0$，M 图斜率为负，该直线向右下方倾斜。

（2）梁上某段受均布载荷作用，即 $q(x)=$ 常数，此时 $F_S(x)$ 为 x 的一次函数，$M(x)$ 为 x 的二次函数。因此，剪力图为一斜直线，弯矩图为二次抛物线。若 $q>0$（即 q 向上）时，F_S 图斜率为正，M 图为下凸抛物线。若 $q<0$（即 q 向下）时，F_S 图斜率为负，M 图为上凸抛物线。

（3）由式(5.4-2)可知，对应于 $F_S(x)=0$ 的截面，弯矩图有极值。但应注意，极值弯矩对全梁而言不一定是弯矩最大（或最小）值。

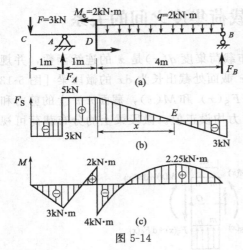

图 5-14

上述关系可用于对梁的剪力图、弯矩图进行校核或配合突变规律直接作剪力图、弯矩图。

【例 5-6】 外伸梁受力如图 5-14(a) 所示。利用 M、F_S、q 之间的微分关系作梁的剪力图和弯矩图。

解 （1）求支反力

由梁的平衡方程求得

$$F_A=8 \text{ kN}(\uparrow)$$
$$F_B=3 \text{ kN}(\uparrow)$$

（2）作剪力图

根据外力情况，将梁分为三段，自左至右作图。

CA 段：$q(x)=0$，F_S 图为水平线。由 $F_{SC右}=-3\text{kN}$ 作水平线至 A 截面左侧。

AD 段：仍有 $q(x)=0$，F_S 图为水平线。由 $F_{SA右}=5\text{kN}$ 作水平线至 D 截面。A 处剪力的突变值等于 F_A。

DB 段：梁上有向下的均布载荷，F_S 图应为右下斜直线，由 $F_{SD}=5\text{kN}$，$F_{SB左}=-3\text{kN}$ 可连成该直线。集中力偶作用处剪力无变化。

由剪力图［图 5-14(b)］可见最大剪力位于 AD 段的任一横截面，其值为 $F_{Smax}=5\text{kN}$。

（3）作弯矩图

CA 段：F_S 图为水平线且 $F_S<0$，M 图为右下斜直线。$M_C=0$，$M_A=-3\text{kN}\cdot\text{m}$。

AD 段：F_S 图为水平线且 $F_S>0$，M 图为由 $M_A=-3\text{kN}\cdot\text{m}$ 开始的右上斜直线，$M_{D左}=2\text{kN}\cdot\text{m}$。

DB 段：梁上有向下均布载荷，M 图为上凸抛物线。D 截面有集中力偶 M_e，故弯矩图发生突变 $M_{D右}=-4\text{kN}\cdot\text{m}$。对应于 F_S 图上 $F_S=0$ 的 E 截面，弯矩有极值。利用 $F_{SE}=0$ 的条件确定其位置，即

$$F_{SE}=-3+8-q\cdot x=0$$

得

$$x=2.5 \text{ m} \quad ［图 5-14(b)］$$

$$M_E = -F(2+2.5) + F_A(1+2.5) - M_e - q \cdot 2.5 \cdot \frac{2.5}{2} = 2.25 \text{kN} \cdot \text{m}$$

另外有 $\quad M_B = 0$

根据以上所求数值作出弯矩图 [图 5-14(c)]。最大弯矩在 D 截面右侧 $|M|_{\max} = 4 \text{kN} \cdot \text{m}$。

【例 5-7】 图 5-15(a) 所示的梁，是在 C 处用中间铰连接而成的多跨静定梁。试利用 M、F_S、q 之间的微分关系作梁的剪力图和弯矩图。

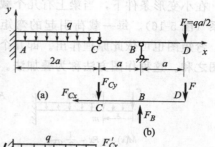

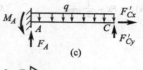

解 （1）求支反力

从中间铰 C 处将多跨静定梁拆成 AC 和 CD 两部分，并以 F_{Cx} 和 F_{Cy} 表示两部分间的相互作用力 [图 5-15(b)、(c)]。

根据 CD 部分的平衡方程求得

$$F_{Cx} = 0, \quad F_{Cy} = \frac{qa}{2}(\downarrow)$$

$$F_B = qa(\uparrow)$$

再根据 AC 部分 [图 5-15(c)] 的平衡方程得

$$F_A = \frac{3}{2}qa(\uparrow), \quad M_A = qa^2(\,\circlearrowleft\,)$$

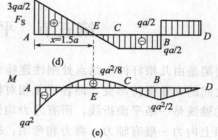

图 5-15

（2）作剪力图

AC 段 $q < 0$，F_S 图为右下斜直线，CB 段和 BD 段 $q = 0$，F_S 图都为水平直线。由下列控制截面的剪力值：

$$F_{SA右} = \frac{3}{2}qa, \; F_{SC} = -\frac{qa}{2}, \; F_{SB左} = -\frac{qa}{2}, \; F_{SB右} = \frac{qa}{2}$$

可作出剪力图 [图 5-15(d)]。$F_{S\max} = \frac{3}{2}qa$，位于 A 截面右侧。

（3）作弯矩图

AC 段 $q < 0$，M 图为上凸抛物线，对应于 $F_S = 0$ 的 E 截面处 M 有极值。由

$$F_{SE} = \frac{3}{2}qa - qx = 0$$

得

$$x = \frac{3}{2}a$$

故

$$M_E = -qa^2 + \frac{3}{2}qa \cdot \frac{3}{2}a - \frac{1}{2}q\left(\frac{3}{2}a\right)^2 = \frac{qa^2}{8}$$

由下列控制截面的弯矩值：

$$M_{A右} = -qa^2, M_E = \frac{qa^2}{8}, M_C = 0$$

可作出 AC 段的弯矩图。

CB 段和 BD 段 $q = 0$，M 图都为斜直线，由下列控制截面的弯矩值：

$$M_C = 0, \quad M_B = -\frac{1}{2}qa^2, \quad M_D = 0$$

可作出这两段梁的弯矩图。

由全梁的弯矩图［图 5-15(e)］可知，最大弯矩位于 A 截面右侧，其值为 $|M|_{max}=qa^2$。

在小变形条件下，当梁上有几个载荷共同作用时，任意横截面上的弯矩与各载荷成线性关系（图 5-16）。每一载荷引起的弯矩与其他载荷无关。因此梁的弯矩可根据叠加原理求得，弯矩图也可依此原理作出。即几个载荷共同作用下的弯矩图等于每个载荷独立作用下弯矩图之和。这种作图方法称为叠加法。

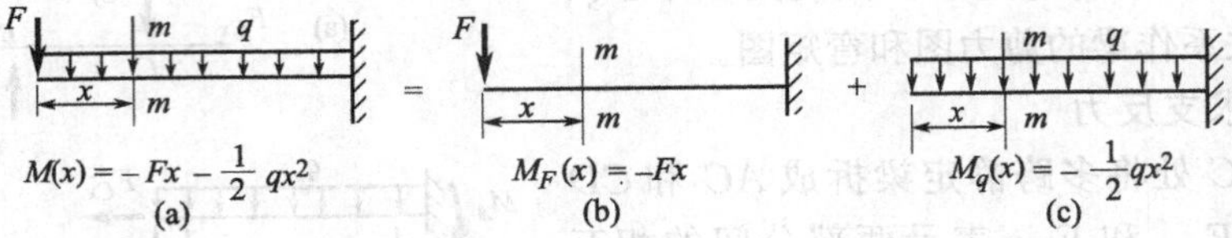

$$M(x)=-Fx-\frac{1}{2}qx^2 \qquad M_F(x)=-Fx \qquad M_q(x)=-\frac{1}{2}qx^2$$

$$\text{(a)} \qquad\qquad \text{(b)} \qquad\qquad \text{(c)}$$

图 5-16

第五节　平面刚架的内力图

刚架是由几根杆件在结点处刚性连接而成的结构，其连接点称为刚节点。在刚节点处，杆件之间的夹角保持不变，即各杆无相对转动。刚节点既可以传递力，也可以传递力偶。若刚架的轴线是一条平面折线，所有外力均作用于刚架轴线平面内，称为平面刚架。平面刚架横截面上内力一般有轴力、剪力和弯矩，故其内力图应包括 F_N 图、F_S 图和 M 图。作刚架内力图的方法基本上与梁相同，需要按杆分段进行。作 F_N 图、F_S 图时，轴力与剪力的正负号仍按以前的规定注明，而作 M 图时，可将弯矩图都画在杆的受压侧，图中不再注明正负号。

【例 5-8】　试作图 5-17(a)所示平面刚架的内力图。

解　（1）求刚架支反力

由平衡方程求得 $F_{Cx}=qa$（→），$F_A=2qa$（↑），$F_{Cy}=qa$（↓）。

（2）列内力方程，作内力图

AB 段的内力方程

$$F_N(x)=0 \qquad\qquad (0 \leqslant x \leqslant a)$$

$$F_S(x)=F_A-qx=2qa-qx \qquad (0<x<a)$$

$$M(x)=F_Ax-\frac{qx^2}{2} \qquad\qquad (0 \leqslant x \leqslant a)$$

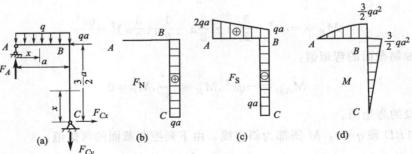

图 5-17

BC 段的内力方程

$$F_N(x)=F_{Cy}=qa \qquad (0\leqslant x\leqslant \frac{3}{2}a)$$

$$F_S(x)=-F_{Cx}=-qa \qquad (0<x<\frac{3}{2}a)$$

$$M(x)=F_{Cx}x=qax \qquad (0\leqslant x\leqslant \frac{3}{2}a)$$

按照内力方程所画 F_N、F_S、M 图如图 5-17(b)、(c)、(d)所示。

习　题

5.1　求图 5-18 所示各梁中指定截面上的剪力和弯矩。

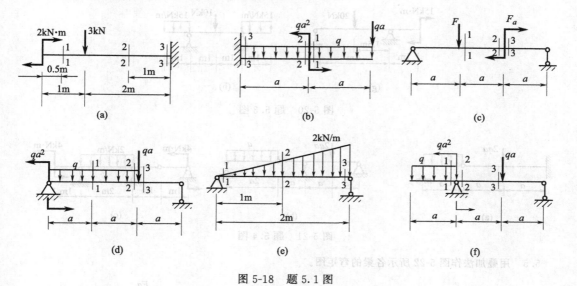

图 5-18　题 5.1 图

5.2　写出图 5-19 各梁的剪力方程和弯矩方程，并作剪力图和弯矩图。求 $|F_S|_{max}$ 和 $|M|_{max}$。

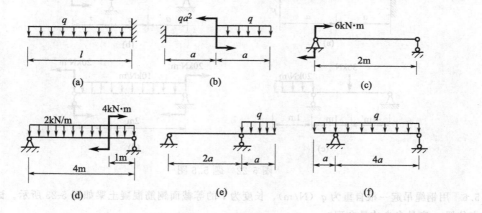

图 5-19　题 5.2 图

5.3　利用 M、F_S、q 之间的微分关系作图 5-20 所示各梁的剪力图和弯矩图，并求$|F_S|_{max}$ 和$|M|_{max}$。

5.4　作如图 5-21 所示各铰接多跨静定梁的剪力图和弯矩图。

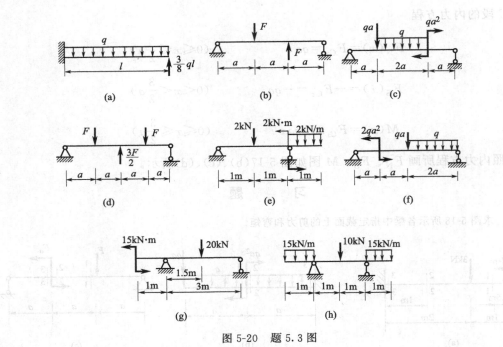

图 5-20　题 5.3 图

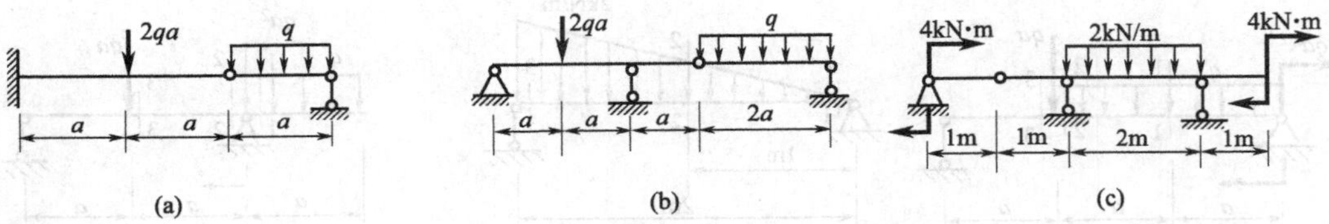

图 5-21　题 5.4 图

5.5　用叠加法作图 5-22 所示各梁的弯矩图。

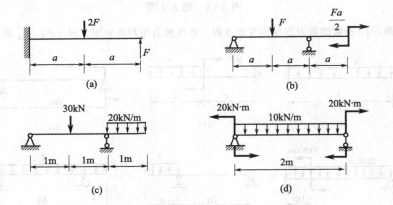

图 5-22　题 5.5 图

5.6　用钢绳吊起一根自重为 q（N/m）、长度为 l 的等截面钢筋混凝土梁如图 5-23 所示。试问：起吊时吊点位置 x 应是多少才最合理？

5.7　图 5-24 所示桥式起重机大梁上的小车可沿梁移动，两个轮子对梁的压力均为 F。试问：

（1）小车在什么位置时，梁内的弯矩最大？最大弯矩等于多少？

（2）小车在什么位置时，梁内的剪力最大？最大剪力等于多少？

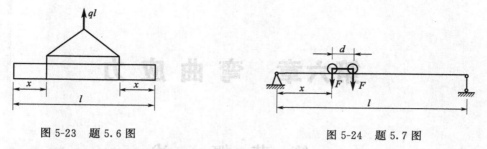

图 5-23 题 5.6 图   图 5-24 题 5.7 图

5.8 作图 5-25 所示平面刚架的轴力图、剪力图和弯矩图。

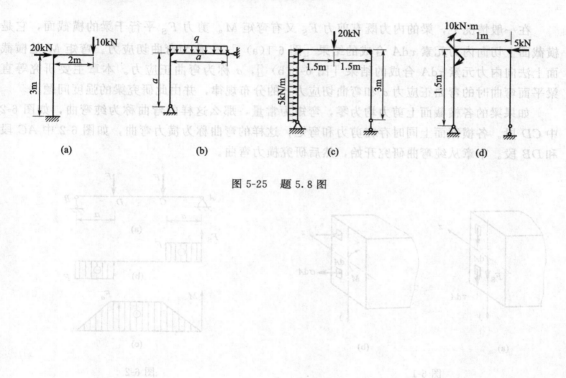

图 5-25 题 5.8 图

第六章 弯曲应力

第一节 概　述

在一般情况下，梁的内力既有剪力 F_S 又有弯矩 M。剪力 F_S 平行于梁的横截面，它是横截面上切向内力元素 τdA 合成的结果 [图 6-1(a)]，τ 称为弯曲切应力。弯矩 M 是横截面上法向内力元素 σdA 合成的结果 [图 6-1(b)]，σ 称为弯曲正应力。本章主要研究等直梁平面弯曲时的弯曲正应力 σ 和弯曲切应力 τ 的分布规律，并由此研究梁的强度问题。

如果梁的各横截面上剪力均为零，弯矩为常量，那么这样的弯曲称为纯弯曲，如图 6-2 中 CD 段。各横截面上同时存在剪力和弯矩，这样的弯曲称为横力弯曲，如图 6-2 中 AC 段和 DB 段。本章从纯弯曲研究开始，然后研究横力弯曲。

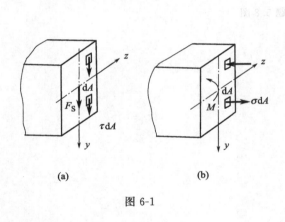

图 6-1

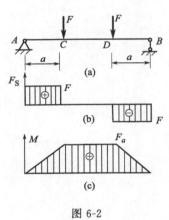

图 6-2

第二节　弯曲正应力

首先考虑纯弯曲的情况。采用与圆轴扭转应力分析相同的方法，综合考虑几何、物理和静力学三方面的关系。

一、变形几何关系

以矩形截面梁为例，在梁上画出一组互相平行的横向线和纵向线 [图 6-3(a)]，梁纯弯曲变形后可观察到以下现象 [图 6-3(b)]：

(1) 横向线如 a-a、b-b 仍为直线，且仍与变为圆弧线的纵向线垂直，只是相对转动了一个角度；

(2) 凹入一侧（顶面）的纵向线缩短了，而凸出一侧（底面）的纵向线伸长了。

根据梁表面的上述变形现象，可对梁的内部变形情况作出如下推测：横截面在梁变形后仍保持为平面，且与变弯的轴线垂直，只是绕截面上某轴转动了一个角度。这个推测称为平面假设。

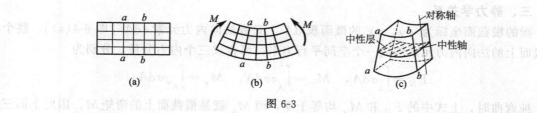

图 6-3

将梁看成由无数层纵向纤维组成，在纯弯曲时，梁一侧的纵向纤维缩短，另一侧则伸长。根据材料和变形的连续性假设，梁内必有一层纤维的长度不变，这层纤维称为中性层。中性层与横截面的交线称为中性轴 ［图 6-3(c)］。梁在平面弯曲时，由于外力作用在纵对称面内，故变形后的形状也应对称于此平面，因此，中性轴应与横截面的对称轴垂直。

此外，根据实验观察，还可作出纵向纤维之间互不挤压的假设。

沿横截面 $a\text{-}a$ 和 $b\text{-}b$ 从梁中截取长度为 $\mathrm{d}x$ 的一段梁 ［图 6-4(a)］，横截面的竖向对称轴取为 y 轴，中性轴取为 z 轴（位置待定）。根据平面假设，横截面 $a\text{-}a$ 和 $b\text{-}b$ 都绕中性轴 z 发生相对转动，设相对转角为 $\mathrm{d}\theta$ ［图 6-4(b)］，于是距离中性层为 y 处的纵向纤维 $n_1 n_2$ 的长度变为 $\widehat{n_1 n_2} = (\rho + y)\mathrm{d}\theta$，其中 ρ 为中性层的曲率半径，纤维的原长为 $\mathrm{d}x = \rho\mathrm{d}\theta$，其长度改变量为 $(\rho + y)\mathrm{d}\theta - \rho\mathrm{d}\theta = y\mathrm{d}\theta$。所以纤维 $n_1 n_2$ 的线应变为

$$\varepsilon = \frac{y\mathrm{d}\theta}{\mathrm{d}x} = \frac{y}{\rho} \tag{1}$$

此式表明横截面上任一点的纵向线应变 ε 与该点离中性轴的距离 y 成正比。

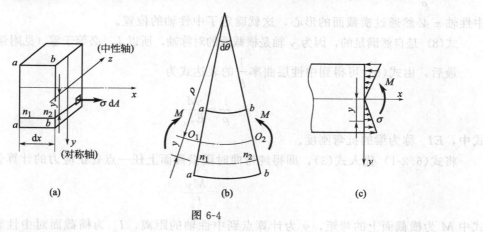

图 6-4

二、物理关系

根据纵向纤维之间互不挤压的假设，可认为纵向纤维只受轴向拉伸或压缩，因此，当材料在线弹性范围内工作时，胡克定律成立，即

$$\sigma = E\varepsilon \tag{2}$$

将式(1)代入式(2)，得

$$\sigma = E\frac{y}{\rho} \tag{3}$$

此式表明横截面上任一点处的正应力与该点到中性轴的距离 y 成正比。由于中性轴 z 的位置及中性层的曲率半径 ρ 都未确定，因此还不能利用式(3)计算应力。

三、静力学关系

梁的横截面坐标为（y，z）的微面积 dA 上只有法向内力元素 σdA ［图 6-4（a）］，整个横截面上的法向内力元素构成一个空间平行力系，可合成三个内力分量，分别为

$$F_N = \int_A \sigma dA, \quad M_y = \int_A z\sigma dA, \quad M_z = \int_A y\sigma dA$$

纯弯曲时，上式中的 F_N 和 M_y 均等于零，而 M_z 就是横截面上的弯矩 M。因此上面三式可写成

$$F_N = \int_A \sigma dA = 0 \tag{4}$$

$$M_y = \int_A z\sigma dA = 0 \tag{5}$$

$$M_z = \int_A y\sigma dA = M \tag{6}$$

将式（3）分别代入以上三式，并根据附录Ⅰ中静矩、惯性矩和惯性积的定义，得

$$F_N = \frac{E}{\rho}\int_A y dA = \frac{E}{\rho}S_z = 0 \tag{7}$$

$$M_y = \frac{E}{\rho}\int_A zy dA = \frac{E}{\rho}I_{yz} = 0 \tag{8}$$

$$M_z = \frac{E}{\rho}\int_A y^2 dA = \frac{E}{\rho}I_z = M \tag{9}$$

由于 $\dfrac{E}{\rho} \neq 0$，要满足式（7），只能是横截面对 z 轴的静矩 $S_z = 0$，从附录Ⅰ第一节可知，中性轴 z 必然通过横截面的形心，这就确定了中性轴的位置。

式（8）是自然满足的，因为 y 轴是横截面的对称轴，所以 I_{yz} 必等于零（见附录Ⅰ第二节）。

最后，由式（9）可得到中性层曲率 $\dfrac{1}{\rho}$ 的表达式为

$$\frac{1}{\rho} = \frac{M}{EI_z} \tag{6.2-1}$$

式中，EI_z 称为梁的抗弯刚度。

将式（6.2-1）代入式（3），即得纯弯曲时梁横截面上任一点处正应力的计算公式为

$$\sigma = \frac{My}{I_z} \tag{6.2-2}$$

式中 M 为横截面上的弯矩，y 为计算点到中性轴的距离，I_z 为横截面对中性轴的惯性矩，它是截面图形的几何性质之一，与截面的形状、尺寸有关。常用截面的惯性矩公式见附录Ⅰ。关于正应力的正、负号，通常可根据梁的变形直接判断，以中性层为界，凸出一侧为拉应力，凹入一侧为压应力，这样计算时就可不必考虑 M、y 的正负号了。

（6.2-2）式表明，横截面上的正应力 σ 沿截面高度线性分布［图 6-4（c）］，中性轴上 $\sigma = 0$，在横截面的上下边缘（离中性轴最远）处，正应力达到最大值，为

$$\sigma_{max} = \frac{M}{I_z}y_{max} \tag{6.2-3}$$

令

$$W_z = \frac{I_z}{y_{max}} \tag{6.2-4}$$

则
$$\sigma_{\max} = \frac{M}{W_z} \qquad (6.2\text{-}5)$$

式中，$y_{\max}$ 表示横截面边缘到中性轴的最远距离；W_z 称为抗弯截面系数。对矩形截面（图 6-5）

$$W_z = \frac{I_z}{y_{\max}} = \frac{bh^3/12}{h/2} = \frac{bh^2}{6} \qquad (10)$$

对圆形截面（直径为 d）

$$W_z = \frac{I_z}{y_{\max}} = \frac{\pi d^4/64}{d/2} = \frac{\pi d^3}{32} \qquad (11)$$

型钢截面的 W_z 值，可从型钢表中直接查得。

对于矩形、工字形等截面，其中性轴也是对称轴，截面上最大拉应力与最大压应力的绝对值相等。对于不对称于中性轴的截面，如 T 形截面，则必须用中性轴两侧不同的 $y_{\max}$ 值计算抗弯截面模量。

梁横力弯曲时，平面假设与纵向纤维互不挤压假设均不再成立。进一步的研究表明，当梁的跨长 l 与截面高度 h 之比大于 5 时，采用纯弯曲时的正应力公式（6.2-2）进行横力弯曲正应力计算，误差很小，可以满足工程精度的要求。因此，梁发生横力弯曲变形时，可以用式(6.2-2)计算正应力。

在等直梁中，最大正应力发生在最大弯矩 $M_{\max}$ 所在截面上离中性轴最远的点处，即

$$\sigma_{\max} = \frac{M_{\max}}{W_z} \qquad (6.2\text{-}6)$$

【例 6-1】 矩形截面外伸梁受力如图 6-6(a) 所示。已知 $l = 2\text{m}$，$b = 60\text{mm}$，$h = 90\text{mm}$，$F = 4\text{kN}$，$q = 5\text{kN/m}$，试求最大弯矩 $M_{\max}$（绝对值）所在截面上 a、c 点处的正应力。

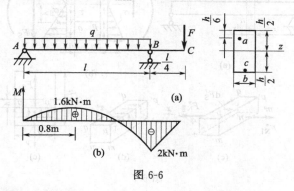

图 6-6

解 首先作出梁的弯矩图 [图 6-6(b)]。

$M_{\max} = 2\text{ kN} \cdot \text{m}$，位于 B 截面

B 截面上 a 点的正应力为

$$\sigma_a = \frac{M_{\max}}{I_z} y_a = \frac{2 \times 10^3 \times 30 \times 10^{-3} \times 10^{-6}}{\frac{1}{12} \times 60 \times 90^3 \times 10^{-12}} = 16.5\,(\text{MPa})\,(\text{拉})$$

c 点的正应力为

$$\sigma_c = \sigma_{\max} = \frac{M_{\max}}{W_z} = \frac{2 \times 10^3 \times 10^{-6}}{\frac{1}{6} \times 60 \times 90^2 \times 10^{-9}} = 24.7\,(\text{MPa})\,(\text{压})$$

当梁的弯曲方向不易直观判断时，可以由梁的弯矩图判断正应力的正负号。根据弯矩 M 的正负号规定，使梁发生上面凹的变形时弯矩为正，上凸的为负。因此弯矩图总是画在凹的一侧，即受压侧。这样根据弯矩图的位置便可判断横截面上任一点的正应力 σ 是拉还是压。

第三节　弯曲切应力

梁发生横力弯曲变形时，横截面上还存在弯曲切应力 τ。本节介绍几种常见截面梁上弯曲切应力的大致分布规律。

一、矩形截面梁

对图 6-7(a) 所示梁沿横截面 m-m 和 n-n 截取微段 dx，其左右横截面上的内力和应力分布设如图 6-7(b) 所示。再沿水平纵向截面 $pqq'p'$ 截取分离体如图 6-7(c) 所示，其左右两横截面上与弯曲正应力相应的法向内力元素的合力 F_{NI}^*，$F_{N\mathrm{II}}^*$ 分别为

$$F_{NI}^* = \int_{A_1} \sigma_{I} \, dA = \int_{A_1} \frac{My}{I_z} dA = \frac{M}{I_z} \int_{A_1} y \, dA = \frac{M}{I_z} S_z^* \tag{1}$$

$$F_{N\mathrm{II}}^* = \int_{A_1} \sigma_{\mathrm{II}} \, dA = \int_{A_1} \frac{(M+dM)y}{I_z} dA = \frac{M+dM}{I_z} \int_{A_1} y \, dA$$

$$= \frac{M+dM}{I_z} S_z^* \tag{2}$$

式中，A_1 为侧面 pm' 和 qn' 的面积，$S_z^* = \int_{A_1} y \, dA$ 为侧面积 A_1 对中性轴 z 的静矩。

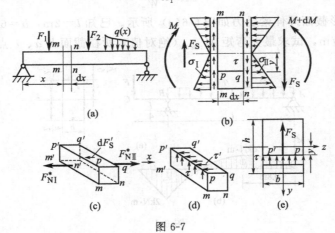

图 6-7

假设横截面上的切应力 τ 与剪力 F_S 的方向相同且沿梁宽度方向均匀分布 [图 6-7(e)]，那么根据切应力互等定理，纵向截面 pq' 上的切应力 τ' 就是均匀分布的，且数值等于 τ [图 6-7(d)]，其合力 dF_S' 为

$$dF_S' = \tau' b \, dx \tag{3}$$

研究图 6-7(c)所示分离体的平衡

$$\sum F_x = 0, \quad F_{N\mathrm{II}}^* - F_{NI}^* - dF_S' = 0$$

将式 (1)、式 (2)、式 (3) 代入上式并化简得

$$\tau' = \frac{dM}{dx} \cdot \frac{S_z^*}{bI_z}$$

将 $\tau' = \tau$ 和式(5.4-2) 即 $\dfrac{\mathrm{d}M}{\mathrm{d}x} = F_S$ 代入上式，得

$$\tau = \frac{F_S S_z^*}{bI_z} \tag{6.3-1}$$

这就是矩形截面梁的弯曲切应力公式。式中 F_S 为横截面上的剪力，b 为矩形截面宽度，I_z 为整个横截面对中性轴 z 的惯性矩，S_z^* 为横截面上计算点一侧面积对中性轴 z 的静矩，如坐标为 y 的点，见图 6-7(e)，

$$S_z^* = \int_{A_1} y \mathrm{d}A = b\left(\frac{h}{2} - y\right)\frac{1}{2}\left(\frac{h}{2} + y\right) = \frac{b}{2}\left(\frac{h^2}{4} - y^2\right)$$

代入式(6.3-1) 得

可见矩形截面梁弯曲切应力 τ 沿截面高度按抛物线规律分布（图 6-8）。

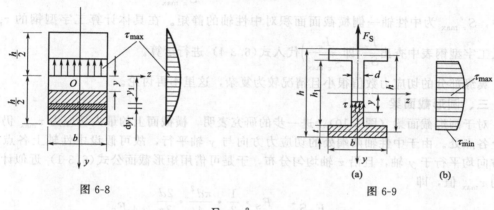

图 6-8   图 6-9

$$\tau = \frac{F_S}{2I_z}\left(\frac{h^2}{4} - y^2\right)$$

当 $y = \pm\dfrac{h}{2}$ 时（上、下边缘），$\tau = 0$；

当 $y = 0$ 时（在中性轴上），切应力达到最大值 τ_{max}，即

$$\tau_{max} = \frac{F_S h^2}{8I_z} = \frac{F_S h^2}{8 \times \dfrac{bh^3}{12}} = \frac{3}{2} \cdot \frac{F_S}{bh}$$

$$\tau_{max} = \frac{3}{2}\frac{F_S}{A} \tag{6.3-2}$$

式中，$A = bh$，为矩形截面的面积。上式说明矩形截面梁横截面上的最大切应力值比平均切应力值 $\dfrac{F_S}{A}$ 大 50%。

式(6.3-1) 和式(6.3-2) 更符合狭矩形截面梁的结果，因为狭矩形截面上的弯曲切应力分布很接近前面的假设。事实上，只要 τ 的分布符合该假设，式(6.3-1) 就是适用的。

二、工字形截面梁

工字形截面 [图 6-9(a)] 可分上、下翼缘和中间的腹板这几个矩形部分。腹板上距中性轴为 y 处的切应力，可直接应用式(6.3-1) 计算，即

$$\tau = \frac{F_S S_z^*}{dI_z}$$

式中，d 为腹板宽度，S_z^* 为横截面上距中性轴为 y 的横线一侧图形面积（图中阴影线面

积）对中性轴的静矩，即

$$S_z^* = bt\frac{h'}{2} + d\left(\frac{h_1}{2} - y\right) \cdot \frac{1}{2}\left(\frac{h_1}{2} + y\right) = \frac{bth'}{2} + \frac{d}{2}\left(\frac{h_1^2}{4} - y^2\right)$$

于是

$$\tau = \frac{F_S}{dI_z}\left[\frac{bth'}{2} + \frac{d}{2}\left(\frac{h_1^2}{4} - y^2\right)\right] \tag{6.3-3}$$

可见，腹板上的切应力沿高度按抛物线规律分布 [图 6-9（b）]，最大切应力也在中性轴上，即

$$\tau_{max} = \frac{F_S S_{z\,max}^*}{dI_z} = \frac{F_S}{d\dfrac{I_z}{S_{z\,max}^*}} \tag{6.3-4}$$

式中，$S_{z\,max}^*$ 为中性轴一侧横截面面积对中性轴的静矩。在具体计算工字型钢的 τ_{max} 时，可从工字型钢表中查出 $\dfrac{I_x}{S_x}$（即 $\dfrac{I_z}{S_{z\,max}^*}$）代入式（6.3-4）进行运算。

翼缘部分的切应力数值很小且情况较为复杂，这里不再讨论。

三、圆形截面梁

对于圆形截面梁（图 6-10），进一步的研究表明，横截面上的最大切应力 τ_{max} 仍在中性轴上各点处。由于中性轴两端处的切应力方向与 y 轴平行，故可假设中性轴上各点的切应力方向均平行于 y 轴，且沿 z 轴均匀分布，于是可借用矩形截面公式（6.3-1）近似计算圆截面的 τ_{max} 值，即

$$\tau_{max} = \frac{F_S S_z^*}{dI_z} = \frac{F_S \cdot \dfrac{1}{2} \cdot \dfrac{\pi d^2}{4} \cdot \dfrac{2d}{3\pi}}{dI_z} = \frac{4}{3}\frac{F_S}{A} \tag{6.3-5}$$

式中，$A = \dfrac{\pi d^2}{4}$。由此可见，圆截面梁横截面上的最大切应力的近似值比平均切应力值 $\dfrac{F_S}{A}$ 大 33%。

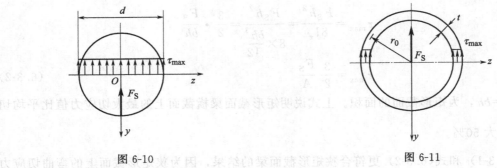

图 6-10

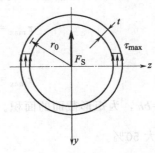

图 6-11

四、圆环形截面梁

对于壁厚 t 远小于平均半径 r_0 的薄壁圆环梁（图 6-11），根据切应力互等定理，可假设横截面上各点切应力与周边相切，且沿壁厚方向均匀分布。最大切应力也位于中性轴上，方向与剪力 F_S 相同，其大小按式（6.3-1）算出为

$$\tau_{max} = \frac{F_S}{\pi r_0 t} = 2\frac{F_S}{A} \tag{6.3-6}$$

是截面平均切应力数值的 2 倍。

【**例 6-2**】 18 号工字钢制成的外伸梁受力如图 6-12(a) 所示。试求最大剪力所在截面腹板中的最大切应力 τ_{max} 和最小切应力 τ_{min}。

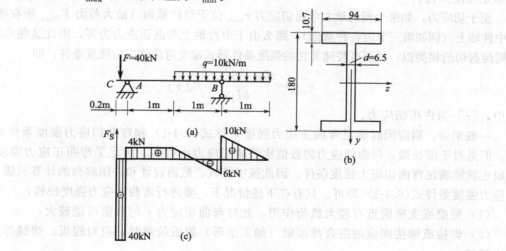

图 6-12

解 先作梁的剪力图 [图 6-12(c)]，由图可知 *CA* 段梁各截面的剪力最大，其值为

$$|F_S|_{max} = 40\text{kN}$$

(1) 求腹板中最大切应力 τ_{max}

最大切应力发生在中性轴上各点处。查型钢表可得 $\dfrac{I_z}{S_{z\,max}^*} = 15.4\text{cm}$，截面尺寸查型钢表后表示在图 6-12(b) 上。

$$\tau_{max} = \frac{F_{Smax}S_{z\,max}^*}{dI_z} = \frac{40\times10^3}{6.5\times10^{-3}\times15.4\times10^{-2}} = 40 \ (\text{MPa})$$

(2) 求腹板中最小切应力 τ_{min}

最小切应力位于腹板与翼缘的交界处。静矩 S_z^* 为

$$S_z^* = (94\times10.7)\times10^{-6}\times\left(\frac{180}{2}-\frac{10.7}{2}\right)\times10^{-3} = 85.1\times10^{-6} \ (\text{m}^3)$$

查型钢表可得 $I_z = 1660\times10^{-8}\text{ m}^4$

$$\tau_{min} = \frac{F_{Smax}S_z^*}{dI_z} = \frac{40\times10^3\times85.1\times10^{-6}\times10^{-6}}{6.5\times10^{-3}\times1660\times10^{-8}} = 31.6 \ (\text{MPa})$$

第四节 梁的正应力和切应力强度条件

等直梁发生平面弯曲变形时，全梁的最大工作应力 σ_{max} 位于危险截面上（最大弯矩 M_{max} 所在横截面）距中性轴最远的点处，而这些点上的弯曲切应力一般为零（见第三节），这种状态类似于轴向拉（压）杆横截面上任一点的应力情形，因此，可以按照轴向拉（压）杆的强度条件形式建立梁的正应力强度条件，即

$$\sigma_{max} = \frac{M_{max}}{W_z} \leqslant [\sigma] \tag{6.4-1}$$

式中，$[\sigma]$ 为弯曲许用应力，其数值可在有关设计规范或手册里查到。

对于抗拉和抗压强度相等的材料（如碳钢），σ_{max} 代表绝对值最大的弯曲正应力数值。

而对抗拉和抗压强度不相等的材料（如铬钼硅合金钢），则应对最大拉应力和最大压应力分别建立强度条件。

至于切应力，如果全梁的最大弯曲切应力 $\tau_{\max}$ 位于危险截面（最大剪力 F_{Smax} 所在横截面）的中性轴上（例如第三节内各种截面），那么由于中性轴上弯曲正应力为零，因此这些点的状态就同纯剪切的相类似，从而可按纯剪切的强度条件形式建立弯曲切应力强度条件，即

$$\tau_{\max} = \frac{F_{\mathrm{Smax}} S_{z\,\max}^{*}}{b I_z} \leqslant [\tau] \tag{6.4-2}$$

式中，$[\tau]$ 为许用切应力。

一般来讲，梁应同时满足弯曲正应力强度条件式(6.4-1) 和弯曲切应力强度条件式(6.4-2)。但是对于细长梁，弯曲切应力的数值比弯曲正应力小得多，满足了弯曲正应力强度条件，一般也就能满足弯曲切应力强度条件，因此强度校核、截面设计和许用载荷的计算只需用弯曲正应力强度条件式(6.4-1) 即可。只有在下述情况下，要进行弯曲切应力强度校核：

(1) 短梁或支座附近有较大载荷作用，此时弯曲切应力 τ 的数值可能较大；

(2) 焊接或铆接而成的组合截面梁（如工字形）腹板较薄时，应对腹板、焊缝等进行切应力校核；

(3) 木梁，其顺纹方向的抗剪强度很低，数值不高的切应力可能引起破坏。

梁的 $\sigma_{\max}$ 和 $\tau_{\max}$ 一般不在同一位置，所以可分别建立正应力强度条件和切应力强度条件。此外，梁上还有某些点同时存在较大的 σ 和 τ，它们有的可能成为危险点，这种情况的强度条件在第八章里讨论。

【例 6-3】 T 形截面外伸梁受力如图 6-13(a)，已知横截面上 $y_C = 92\mathrm{mm}$，$I_z = 8.293 \times 10^{-6}\,\mathrm{m}^4$，许用拉应力 $[\sigma_t] = 30\mathrm{MPa}$，许用压应力 $[\sigma_c] = 60\mathrm{MPa}$，试校核此梁正应力强度。

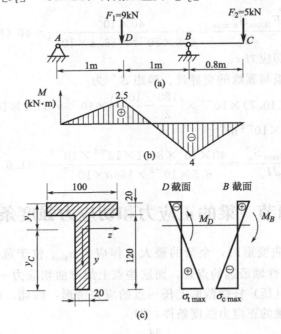

图 6-13

解 作梁的弯矩图 [图 6-13(b)]，B、D 截面上的弯矩分别为 $M_B = -4\mathrm{kN \cdot m}$，$M_D = 2.5\mathrm{kN \cdot m}$。

由于横截面对中性轴 z 不对称，因此应当用式(6.2-2)分别计算最大拉应力和最大压应力。从 B、D 截面的正应力分布图 [图 6-13(c)]并经过比较可知，最大拉应力 $\sigma_{t\,max}$ 发生在 D 截面下边缘，最大压应力 $\sigma_{c\,max}$ 发生在 B 截面下边缘。

$$\sigma_{t\,max}=\frac{M_Dy_C}{I_z}=\frac{2.5\times10^3\times92\times10^{-3}}{8.293\times10^{-6}}=27.7\ (\text{MPa})<[\sigma_t]$$

$$\sigma_{c\,max}=\frac{M_By_C}{I_z}=\frac{4\times10^3\times92\times10^{-3}}{8.293\times10^{-6}}=44.4\ (\text{MPa})<[\sigma_c]$$

此梁满足正应力强度条件。

【**例 6-4**】 由两个槽钢组成的简支梁如图 6-14(a)，已知 $F_1=120\text{kN}$，$F_2=30\text{kN}$，$F_3=40\text{kN}$，$F_4=12\text{kN}$，钢的许用正应力 $[\sigma]=170\text{MPa}$，许用切应力 $[\tau]=100\text{MPa}$，试选取槽钢号码。

解 作梁的剪力图和弯矩图，见图 6-14(b)、(c)，由图可知最大弯矩为

$$M_{max}=60.48\ \text{kN·m}$$

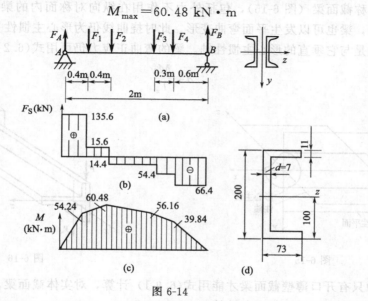

图 6-14

先根据正应力强度条件选取槽钢号码，由式(6.4-1)计算所需的抗弯截面系数为

$$W_z=\frac{M_{max}}{[\sigma]}=\frac{60.48\times10^3}{170\times10^6}=355.8\times10^{-6}\ (\text{m}^3)$$

每一个槽钢所需的抗弯截面系数为 $\dfrac{355.8\times10^{-6}}{2}=177.9\times10^{-6}$ （m^3）。从型钢表中选取 20a 槽钢，其抗弯截面系数为

$$W_z=178\ \text{cm}^3=178\times10^{-6}\ \text{m}^3$$

此梁由于跨长较短且最大荷载 F_1 又作用在靠近支座 A 处，故应校核切应力强度。由剪力图可知，最大剪力值为

$$F_{Smax}=135.6\ \text{kN}$$

每一个槽钢分担的最大剪力为 $\dfrac{F_{Smax}}{2}=\dfrac{135.6}{2}=67.8$ （kN）。由型钢表查得 20a 槽钢的 $I_z=1780\text{cm}^4$，$d=7\text{mm}$。截面简化后的尺寸如图 6-14(d)，截面中性轴以上部分的面积对中性轴的静矩 $S_{z\,max}^*$ 为

$$S_{z\,max}^{*}=100\times7\times50+(73-7)\times11\times\left(100-\frac{11}{2}\right)$$

$$=103600 \text{ mm}^3=103.6\times10^{-6} \text{ m}^3$$

根据式(6.3-4)

$$\tau_{max}=\frac{F_{Smax}S_{z\,max}^{*}}{dI_z}=\frac{67.8\times10^3\times103.6\times10^{-6}\times10^{-6}}{7\times10^{-3}\times1780\times10^{-8}}=56.4 \text{ (MPa)}<[\tau]$$

故所选取的 20a 槽钢能满足切应力强度条件，因此可用。

第五节　非对称截面梁的平面弯曲　弯曲中心的概念

前几节讨论了对称截面梁的平面弯曲问题，其特点是：外力作用面与挠曲线平面都在梁的一个形心主惯性平面（纵向对称面）内，而中性轴则是与它垂直的形心主惯性轴。

对于非对称截面梁（图 6-15），包括外力不作用在纵向对称面内的梁（图 6-16），进一步的研究表明，梁也可以发生平面弯曲变形，此时挠曲线仍为形心主惯性平面内的一条平面曲线，中性轴是与它垂直的形心主惯性轴。梁的弯曲正应力仍可用式(6.2-2) 计算，即

$$\sigma=\frac{My}{I_z}$$

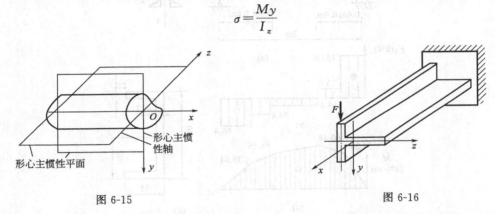

图 6-15　　　　　　　　　　　　　图 6-16

而弯曲切应力只有开口薄壁截面梁才能用式(6.3-1) 计算，对实体截面梁，因切应力不是控制强度的主要因素，所以一般不必计算。

非对称截面梁发生平面弯曲变形的条件与对称截面梁的有所不同。横力弯曲时，外力只有作用在与梁的形心主惯性平面平行的某一个特定的平面内，非对称截面梁才只发生平面弯曲变形。

以图 6-17 所示槽形截面为例，设外力与形心主惯性平面 xy 平行，横截面上各点弯曲切应力可按式(6.3-1) 计算，其方向如图 6-17(a) 所示。腹板和翼缘上的切应力可分别合成为 F_y 和 F_z [图 6-17(b)]，它们的合力就是横截面上的剪力 F_S，其大小和方向与 F_y 相同，作用线与 F_y 相距 e，通过 A 点 [图 6-17(c)]。同样的，若设外力与另一个形心主惯性平面 xz 平行，横截面上的剪力作用线亦必通过 A 点。A 点称为横截面的弯曲中心。它是剪力作用线必然通过的点，其位置与载荷及材料性质均无关，是截面图形的几何性质之一。

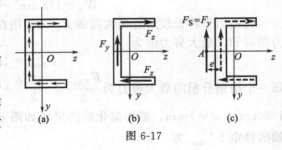

图 6-17

外力作用面只有通过弯曲中心且与梁的一个形心主惯性平面平行时，梁才发生平面弯曲变形，这就是梁发生平面弯曲变形的条件。如果外力不通过弯曲中心，把它向弯曲中心简化后，得到的力引起弯曲变形，而得到的附加力偶则引起扭转变形。薄壁杆件，因其抗扭刚度小，所以上述附加力偶引起的扭转变形非常不利，确定这类截面的弯曲中心位置就具有重要的实际意义。

弯曲中心的位置可以这样确定：分别求出在两个主惯性平面内弯曲时的剪力，这两个剪力作用线的交点即为弯曲中心。有对称轴的截面，弯曲中心必位于截面对称轴上。表 6-1 中给出了几种开口薄壁截面的弯曲中心位置。

表 6-1 几种开口薄壁截面的弯曲中心位置

截面形状	弯曲中心 A 的位置	截面形状	弯曲中心 A 的位置
	$e=\dfrac{b'h'^2t}{4I_z}$		在两个狭长矩形中线的交点
	$e=2R$		在两个狭长矩形中线的交点
	$e=\dfrac{t_2b_2^3h'}{t_1b_1^3+t_2b_2^3}$		与截面形心重合

第六节 提高弯曲强度的措施

在一般情况下，弯曲正应力是控制细长梁弯曲强度的主要因素，根据正应力强度条件，要提高梁的弯曲强度，可从以下几方面考虑。

一、选择合理的截面形状

由正应力强度条件 $M_{max}\leqslant[\sigma]W_z$，可以看到，梁所能承受的最大弯矩 M_{max} 与抗弯截面系数 W_z 成正比，W_z 值越大越有利。因此，比较合理的截面应该是用较小的截面面积 A 而获取较大的抗弯截面系数 W_z 的截面，即比值 $\dfrac{W_z}{A}$ 越大的截面就越合理。表 6-2 列出几种常用截面的 $\dfrac{W_z}{A}$ 值。比较表中所列数值可知，工字形或槽形截面比矩形截面经济合理，圆形截面最差。

表 6-2　几种常用截面的 $\dfrac{W_z}{A}$ 比值

截面形状	圆形	矩形	槽形	工字形
$\dfrac{W_z}{A}$	$0.125d$	$0.167h$	$(0.27\sim0.31)h$	$(0.27\sim0.31)h$

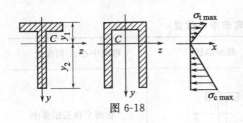

图 6-18

从正应力分布规律来看，截面中性轴附近处正应力很小，那里的材料未能充分发挥作用，因此，应尽可能将材料移到离中性轴较远处，形成"合理截面"。此外，还应考虑到材料的特性，应该使截面上的最大拉应力和最大压应力同时达到材料的相应许用应力。根据上述要求，对于用抗拉强度与抗压强度相同的材料制成的梁，通常采用对称于中性轴的截面，例如工字形、矩形、箱形等截面。对于用抗拉强度低于抗压强度的材料制成的梁，最好采用中性轴偏于受拉一侧的截面，例如 T 字形和 □ 字形截面（图 6-18）。对于后者，最理想的设计是使最不利截面上的最大拉应力与最大压应力之比等于材料许用拉应力与许用压应力之比，即

$$\frac{\sigma_{t\,max}}{\sigma_{c\,max}}=\frac{[\sigma_t]}{[\sigma_c]}$$

由此可得

$$\frac{y_1}{y_2}=\frac{[\sigma_t]}{[\sigma_c]} \tag{6.6-1}$$

式中，y_1 和 y_2 分别代表最大拉应力和最大压应力所在点到中性轴的距离；$[\sigma_t]$ 和 $[\sigma_c]$ 分别为材料的许用拉应力和许用压应力。

二、采用变截面梁或等强度梁

根据正应力强度条件设计的等截面梁，抗弯截面系数 W_z 为一常量，这样，通常全梁中除最大弯矩 M_{max} 所在截面外，其余截面的最大正应力都低于材料的许用应力，因而材料不能充分利用。为了节省材料，可按弯矩沿梁轴线的变化情况把梁设计成变截面的，变截面梁的正应力计算公式仍可近似地沿用等截面梁的公式。

对于抗拉强度与抗压强度相同的材料，最理想的设计是使变截面梁各横截面上的最大正应力都等于许用应力。这样的梁称为等强度梁。设梁的任一截面上的弯矩为 $M(x)$，抗弯截面系数为 $W(x)$，按等强度梁的要求应有

$$\frac{M(x)}{W(x)}=[\sigma]$$

由此可得

$$W(x)=\frac{M(x)}{[\sigma]} \tag{6.6-2}$$

这就是等强度梁的 $W(x)$ 沿梁轴线变化的规律。

例如图 6-19（a），在自由端受一集中载荷 F 作用的悬臂梁，截面为矩形，现将它设计为等高度，变宽度的等强度梁。梁的弯矩方程为

$$M(x)=Fx$$

这里，只取弯矩的绝对值而不考虑其正、负号。由式

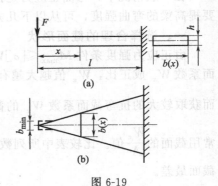

图 6-19

(6.6-2)，截面宽度 $b(x)$ 应满足的条件是

$$\frac{b(x)h^2}{6} = \frac{Fx}{[\sigma]}$$

解得

$$b(x) = \frac{6F}{h^2[\sigma]}x$$

可见，宽度 $b(x)$ 应按直线规律变化，如图 6-19(b) 所示。当 $x=0$ 时，自由端的截面宽度 b 等于零，这显然不满足剪切强度要求，因而应当修改。设所需的最小宽度 $b_{\min}$，由弯曲切应力强度条件及式(6.3-2)，有

$$\tau_{\max} = \frac{3F_{S\max}}{2A} = \frac{3F}{2b_{\min}h} = [\tau]$$

可求得

$$b_{\min} = \frac{3F}{2h[\tau]}$$

所以，自由端附近的宽度应修改成图 6-19(b) 所示的虚线形状。

若设想将此等强度梁沿梁宽度方向分割成若干狭条，然后叠放起来，并使其略为翘起，这就成为车辆中广泛应用的叠板弹簧，如图 6-20 所示。

此外，也可采用等宽度变高度的矩形截面等强度梁。例如图 6-21(a) 所示的简支梁，按照同样的方法可以求得

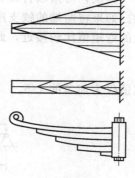

图 6-20

$$h(x) = \sqrt{\frac{3Fx}{b[\sigma]}}, \quad h_{\min} = \frac{3F}{4b[\tau]}$$

由此而确定的等强度梁的形状如图 6-21(b) 所示。厂房建筑中广泛使用的"鱼腹梁"就是这种等强度梁。

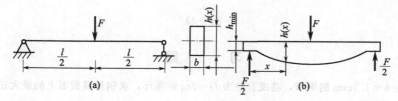

图 6-21

图 6-22

三、合理安排梁的受力情况

合理安排梁的受力情况，降低梁内最大弯矩值也就提高了梁的承载能力。首先可采取适

当地分散载荷的措施。例如图 6-22（a）所示的简支梁 AB，在跨中受集中载荷 F 的作用，跨中截面上的最大弯矩为

$$M_{max} = \frac{Fl}{4}$$

如在该梁中部放置一根长为 $\frac{l}{2}$ 的辅助梁 CD，如图 6-22(b)，集中载荷 F 作用于 CD 梁的中点，此时，AB 梁的最大弯矩变为

$$M_{max} = \frac{Fl}{8}$$

仅为前者的一半。

其次，可采取合理布置梁的支座的措施。例如图 6-23（a）所示受均布载荷 q 作用的简支梁。如果将两端的铰支座各向内移动 $0.2l$ ［如图 6-23(b) 所示］，以使跨中截面与支座截面上的弯矩值比较接近，此时，梁内的最大弯矩为

$$M_{max} = \frac{ql^2}{40}$$

此值仅为前者的 1/5。

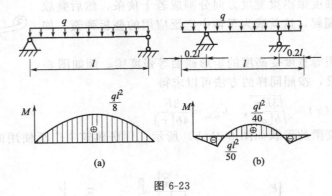

图 6-23

习　　题

6.1　厚度为 $h=1.5$mm 的钢带，卷成直径为 $D=3$m 的圆环，求钢带横截面上的最大正应力。已知钢的弹性模量 $E=210$GPa。

6.2　求图 6-24 中各梁 m-m 截面上 a 点的正应力及最大正应力。

6.3　直径 $D=60$mm 的圆轴，其外伸部分为空心圆截面，内直径 $d=40$mm，受力如图 6-25 所示，试求轴内的最大正应力。

6.4　简支梁在跨中受一集中载荷 F 作用，如图 6-26 所示。此梁若分别采用截面面积相等的实心和空心圆截面，且 $d_1=40$mm，$\frac{d_2}{D_2}=\frac{3}{5}$。试分别计算它们的最大正应力。空心截面比实心截面的最大正应力减小了百分之几？

6.5　外伸梁受力如图 6-27 所示。截面为 16 号工字钢，许用应力 $[\sigma]=160$MPa，试校核此梁的正应力强度。

6.6　一矩形截面的悬臂木梁，其尺寸及所受载荷如图 6-28 所示。木材的许用应力 $[\sigma]=10$MPa，$h/b=3/2$。

(1)试根据强度条件确定截面的尺寸；

(2)若在截面 C 的中性轴处钻一直径为 d 的圆孔，试求保证该梁强度的条件下圆孔的最大直径 d。

6.7　一矩形截面简支梁由圆柱形木料锯成，受力如图 6-29 所示。木材的许用应力为 $[\sigma]=10$MPa，

试确定抗弯截面模量为最大时矩形截面的高宽比 h/b，以及锯成此梁所需木料的最小直径 d。

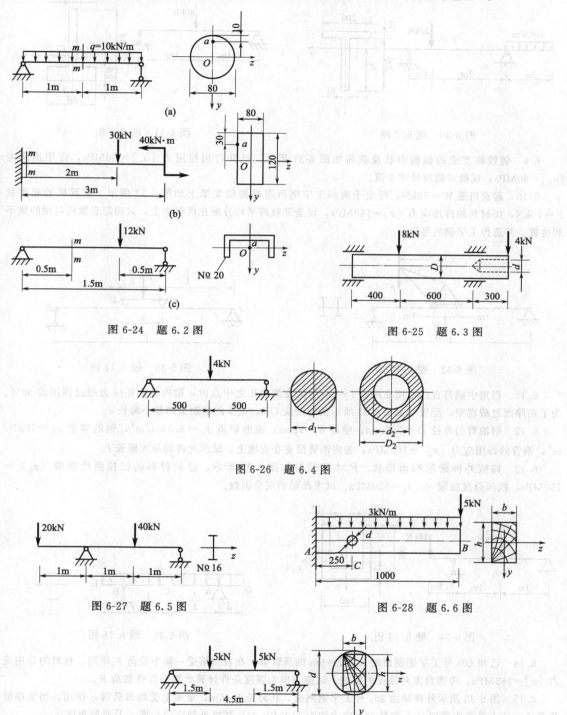

图 6-24 题 6.2 图

图 6-25 题 6.3 图

图 6-26 题 6.4 图

图 6-27 题 6.5 图

图 6-28 题 6.6 图

图 6-29 题 6.7 图

6.8 铸铁梁的尺寸及载荷如图 6-30 所示。若许用拉应力 $[\sigma_t]=40\text{MPa}$，许用压应力 $[\sigma_c]=100\text{MPa}$，试按正应力强度条件校核梁的强度。已知 $y_C=157.5\text{mm}$，$I_z=6.01\times10^{-5}\text{m}^4$。

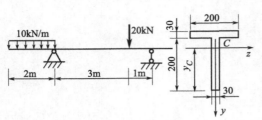

图 6-30 题 6.8 图 　　　　　　　　　　　图 6-31 题 6.9 图

6.9 铸铁简支梁的截面形状及载荷如图 6-31 所示，已知许用拉应力 $[\sigma_t]=30MPa$，许用压应力 $[\sigma_c]=90MPa$，试确定截面尺寸 δ 值。

6.10 起重机重 $W=50kN$，行走于两根工字钢所组成的简支梁上如图 6-32 所示。起重机的起重量 $F=10kN$，梁材料的许用应力 $[\sigma]=160MPa$，设全部载荷平均分配在两根梁上，试确定起重机对梁的最不利位置，并选择工字钢的号码。

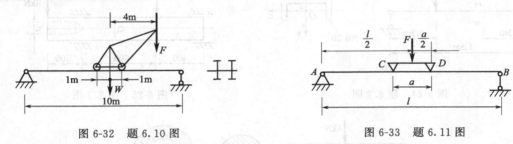

图 6-32 题 6.10 图 　　　　　　　　　　　图 6-33 题 6.11 图

6.11 当集中载荷直接作用在跨长 $l=6m$ 的简支梁 AB 之中点时，梁内最大正应力超过许用值 30%。为了消除此过载现象，配置了如图 6-33 所示的辅助梁 CD，试求此辅助梁的最小跨长 a。

6.12 钢油管的外径 $D=762mm$，壁厚 $\delta=9mm$，油的容重 $\gamma_1=8.3kN/m^3$，钢的容重 $\gamma_2=76kN/m^3$，钢管的许用应力 $[\sigma]=160MPa$，若将油管简支在支墩上，试求允许的最大跨长 l。

6.13 铸铁外伸梁的截面形状、尺寸及载荷如图 6-34 所示。已知材料的抗拉强度极限 $(\sigma_b)_t=150MPa$，抗压强度极限 $(\sigma_b)_c=630MPa$。试求此梁的安全因数。

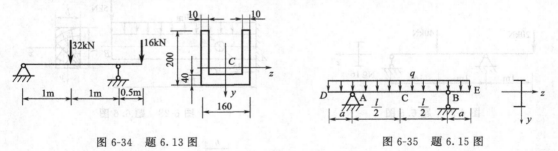

图 6-34 题 6.13 图 　　　　　　　　　　　图 6-35 题 6.15 图

6.14 已知 40a 号工字钢制成的长为 $l=6m$ 的悬臂梁，在自由端受一集中载荷 F 作用。材料的许用应力 $[\sigma]=160MPa$，考虑自重对强度的影响，试按正应力强度条件计算此梁的容许载荷 F。

6.15 图 6-35 所示外伸梁由 25a 号工字钢制成，其跨长 $l=6m$，全梁上受均布载荷 q 作用，当支座处截面 A、B 上及跨中截面 C 上的最大正应力均为 140MPa 时，试求外伸段的长度 a 及载荷集度 q。

6.16 一根由三块 50mm×100mm 的木板胶合而成的悬臂梁，尺寸及载荷如图 6-36 所示。胶合面的许用切应力 $[\tau]=0.35MPa$，试求自由端处的容许载荷以及相应的梁内最大正应力。

6.17 图 6-37 所示外伸梁，承受一集中载荷 F 作用。已知 $F=40kN$，材料的许用应力 $[\sigma]=160MPa$，$[\tau]=100MPa$，试选择工字钢号码。

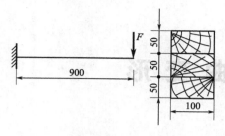

图 6-36 题 6.16 图

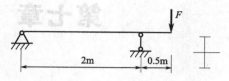

图 6-37 题 6.17 图

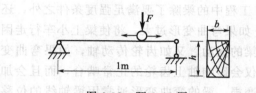

图 6-38 题 6.18 图

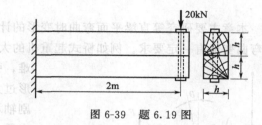

图 6-39 题 6.19 图

6.18 矩形截面简支木梁如图 6-38 所示，其高宽比 $\dfrac{h}{b}=\dfrac{3}{2}$，受一可移动载荷 $F=40\text{kN}$ 作用。已知 $[\sigma]=10\text{MPa}$，$[\tau]=3\text{MPa}$。试确定其截面尺寸。

6.19 木制悬臂梁由两根正方形截面木梁叠合而成，边长 $h=120\text{mm}$，如图 6-39 所示。试求：

(1) 两根梁牢固地连接成一整体时连接缝上的切应力 τ' 及剪力 F_S。

(2) 若两根梁采用螺栓连接，螺栓的许用切应力 $[\tau]=90\text{MPa}$，螺栓的直径 d 是多大？

6.20 均布载荷作用下的等强度悬臂梁，其截面为矩形，若保持宽度 b 不变，试求截面高度 h 沿梁轴线的变化规律。

6.21 均布载荷 q 作用下的等强度简支梁，其截面为矩形，若保持高度 h 不变，试求截面宽度 b 沿梁轴线的变化规律。

6.22* 有说法：不论梁的横截面形状如何，其弯曲切应力的最大值一定位于中性轴上，这种说法是否正确？试举例说明。

第七章 弯曲变形

第一节 概　述

本章主要研究等直梁平面弯曲时变形的计算。工程中的梁除了要满足强度条件之外，还对弯曲变形有一定要求。例如桥式起重机的大梁，如果弯曲变形过大，将使梁上小车行走困难，引起梁的振动。又如齿轮传动轴，如果弯曲变形过大不仅会影响轴上齿轮的正常啮合，而且会加剧轴承的磨损。梁的弯曲变形通常用梁轴线的位移表示。计算时，可选取变形前梁的轴线为 x 轴，与其垂直的轴为 y 轴（图 7-1），xy 平面是梁的纵对称面或形心主惯性平面。梁发生平面弯曲时，轴线在 xy 平面内由直线变成一条光滑连续的曲线，称为挠曲线。梁轴线上的点在垂直于 x 轴方向的线位移 w 称为截面的挠度；横截面绕其中性轴转动的角位移 θ 称为截面的转角。挠度与转角是度量梁的变形的两个基本量。

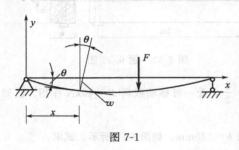

图 7-1

实际上梁的挠度远小于跨长，因此，梁变形后的挠曲线是一平坦的曲线，轴线上各点沿 x 轴方向的线位移都很小，可以忽略不计。

一般情况下，挠度 w 随截面位置而变化，梁的挠曲线可用如下函数表达

$$w = f(x) \tag{1}$$

此式称为梁的挠曲线方程或挠度函数。

转角 θ 的方程为

$$\theta \approx \tan\theta = w' = f'(x) \tag{2}$$

即挠曲线上任一点处切线的斜率 w' 可代表该点处横截面的转角 θ。

由此可见，求梁的挠度 w 和转角 θ，可归结为求挠曲线方程（1），一旦求得，就能确定梁轴线上任一点处的挠度，并由式(2)确定任一横截面的转角。在图 7-1 所示坐标系中，向上的挠度规定为正，逆时针转动的转角规定为正，反之为负。

第二节　挠曲线近似微分方程

为了求梁的挠曲线方程，可应用式(6.2-1)，即

$$\frac{1}{\rho} = \frac{M}{EI} \tag{1}$$

式中，I 是截面对中性轴 z 的惯性矩（省略下标 z）。

式(1)是梁在纯弯曲时建立的，对于横力弯曲的梁，通常剪力对梁的位移影响很小，可

以忽略不计。所以式（1）仍可应用，但这时 M 和 ρ 都是 x 的函数，式（1）应改写为

$$\frac{1}{\rho(x)}=\frac{M(x)}{EI} \tag{2}$$

式中，$\frac{1}{\rho(x)}$ 和 $M(x)$ 分别代表梁轴线上任一点处挠曲线的曲率和该处横截面上的弯矩。由高等数学可知，平面曲线的曲率可写成

$$\frac{1}{\rho(x)}=\pm\frac{w''}{(1+w'^2)^{3/2}} \tag{3}$$

将此式代入式（2），得

$$\frac{w''}{(1+w'^2)^{3/2}}=\pm\frac{M(x)}{EI} \tag{4}$$

由于梁的挠曲线是平坦的曲线，转角 w' 是一个很小的量，w'^2 与 1 相比十分微小，故可略去不计。上式可近似地写为

$$w''=\pm\frac{M(x)}{EI} \tag{5}$$

由于选用了图 7-2 的坐标系，w'' 的正负号与弯矩 M 的相同，所以上式右端应取正号，即

$$w''=\frac{M(x)}{EI} \tag{7.2-1}$$

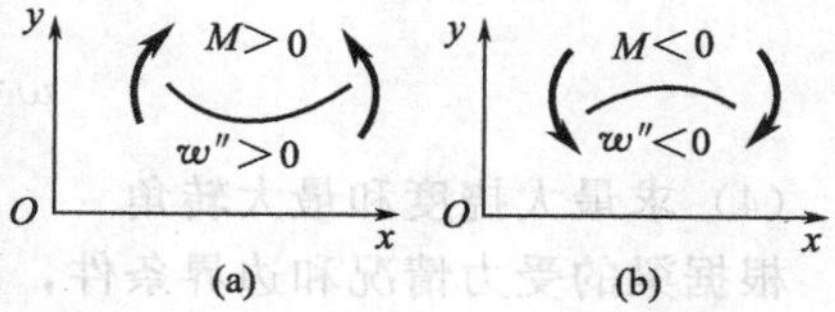

此式称为梁的挠曲线近似微分方程。

图 7-2

第三节　积分法求梁的变形

对于等直梁，EI 为常量，求挠曲线方程可直接将式（7.2-1）进行积分，对 x 积分一次，可得转角方程为

$$EIw'=\int M(x)\mathrm{d}x+C \tag{7.3-1}$$

再积分一次，得挠曲线方程为

$$EIw=\int\left[\int M(x)\mathrm{d}x\right]\mathrm{d}x+Cx+D \tag{7.3-2}$$

式中，积分常数 C、D 可利用梁支座处已知的位移条件即边界条件来确定。例如，在固定端处，梁的挠度和转角均为零，即

$$w=0,\qquad \theta=w'=0$$

在铰支座处，梁的挠度为零，即

$$w=0$$

当梁上的载荷不连续时，弯矩方程应当分段写出，挠曲线近似微分方程也应分段建立，积分时每一段都出现两个积分常数。为确定这些常数，除利用边界条件外，还需利用分段处挠曲线的连续条件，即在相邻两段的交接处，左右两段梁的挠度和转角均应相等。

【**例 7-1**】　悬臂梁在自由端受集中载荷 F 作用如图 7-3 所示。已知梁的抗弯刚度 EI 为常量，试求此梁的挠曲线方程和转角方程，并求最大挠度 $w_{\max}$ 和最大转角 $\theta_{\max}$。

解　（1）选取坐标系如图 7-3 所示，列弯矩方程

$$M(x)=-F(l-x)$$

（2）代入挠曲线近似方程并积分

$$EIw'' = M(x) = -Fl + Fx \tag{1}$$

$$EIw' = -Flx + \frac{1}{2}Fx^2 + C \tag{2}$$

$$EIw = -\frac{1}{2}Flx^2 + \frac{1}{6}Fx^3 + Cx + D \tag{3}$$

（3）确定积分常数

边界条件：$\qquad x = 0$ 处 $\quad w = 0, w' = 0$

将这两个边界条件代入式（2）、式（3）得

$$C = 0, \quad D = 0$$

将 C、D 值代入式（2）、式（3），得到梁的转角方程和挠曲线方程分别为

$$\theta = w' = -\frac{F}{EI}\left(lx - \frac{1}{2}x^2\right) \tag{4}$$

$$w = -\frac{F}{6EI}(3lx^2 - x^3) \tag{5}$$

（4）求最大挠度和最大转角

根据梁的受力情况和边界条件，画出梁的挠曲线大致形状（图7-3）。梁的最大转角和最大挠度均在自由端 B 处，将 $x = l$ 分别代入式（4）、式（5），即得

$$\theta_{\max} = \theta_B = \theta|_{x=l} = -\frac{Fl^2}{2EI}(\curvearrowright)$$

$$w_{\max} = w_B = w|_{x=l} = \frac{-Fl^3}{3EI}(\downarrow)$$

所得结果均为负，说明截面 B 的转角是顺时针方向，挠度向下，括号里的符号表示位移的实际方向。

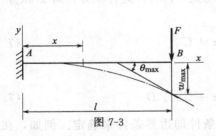

图7-3

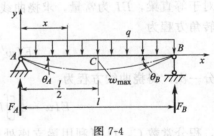

图7-4

【例7-2】 简支梁受均布荷载 q 作用（图7-4）。已知抗弯刚度 EI 为常量，试求此梁的转角方程和挠曲线方程，并求最大转角 $\theta_{\max}$ 和最大挠度 $w_{\max}$。

解 （1）求支反力

$$F_A = F_B = \frac{ql}{2}(\uparrow)$$

（2）列弯矩方程

$$M(x) = \frac{ql}{2}x - \frac{qx^2}{2} = \frac{q}{2}(lx - x^2) \tag{1}$$

（3）列挠曲线近似微分方程并积分

$$EIw'' = \frac{q}{2}(lx - x^2)$$

$$EIw' = \frac{q}{2}\left(\frac{lx^2}{2} - \frac{x^3}{3}\right) + C \tag{2}$$

$$EIw = \frac{q}{2}\left(\frac{lx^3}{6} - \frac{x^4}{12}\right) + Cx + D \tag{3}$$

（4）确定积分常数

边界条件　　　　$x=0$ 处，$w=0$；$x=l$ 处，$w=0$

将这两个边界条件分别代入式(3)，可得

$$D = 0$$

及

$$EIw|_{x=l} = \frac{q}{2}\left(\frac{l^4}{6} - \frac{l^4}{12}\right) + Cl = 0$$

从而解出

$$C = \frac{-ql^3}{24}$$

（5）求转角方程和挠曲线方程

将 C、D 值代入式(2)、式(3)，即得梁的转角方程和挠曲线方程分别为

$$\theta = w' = \frac{-q}{24EI}(l^3 - 6lx^2 + 4x^3) \tag{4}$$

$$w = \frac{-qx}{24EI}(l^3 - 2lx^2 + x^3) \tag{5}$$

（6）求最大转角和最大挠度

由图可见，左、右两支座处的转角绝对值相等，均为最大值。分别以 $x=0$ 及 $x=l$ 代入式(4)可得最大转角值为

$$\theta_{max} = \theta_A = -\theta_B = \frac{-ql^3}{24EI}(\curvearrowright)$$

最大挠度在梁跨中点即 $x = \dfrac{l}{2}$ 处，其值为

$$w_{max} = w|_{x=\frac{l}{2}} = \frac{-q\dfrac{l}{2}}{24EI}\left(l^3 - 2l\frac{l^2}{4} + \frac{l^3}{8}\right) = \frac{-5ql^4}{384EI}(\downarrow)$$

从上面两个例题可见，积分常数 C 和 D 是有物理意义的。C 和 D 除以 EI 以后，分别代表坐标原点处梁的转角 θ_0 和挠度 w_0。

【例 7-3】 简支梁 AB 如图 7-5 所示。已知梁的抗弯刚度 EI 为常量。试求梁的转角方程和挠曲线方程，并确定其最大转角和最大挠度（设 $a > b$）。

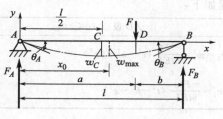

图 7-5

解　（1）求支反力

$$F_A = \frac{Fb}{l}(\uparrow), \quad F_B = \frac{Fa}{l}(\uparrow)$$

（2）列弯矩方程

$$M(x) = \begin{cases} \dfrac{Fb}{l}x & (0 \leqslant x \leqslant a) \\[2mm] \dfrac{Fb}{l}x - F(x-a) & (a \leqslant x \leqslant l) \end{cases}$$

（3）分段列出挠曲线近似微分方程，并积分

AD 段 $(0 \leqslant x \leqslant a)$		DB 段 $(a \leqslant x \leqslant l)$	
$EIw_1'' = \dfrac{Fb}{l}x$		$EIw_2'' = \dfrac{Fb}{l}x - F(x-a)$	
$EIw_1' = \dfrac{Fb}{l}\dfrac{x^2}{2} + C_1$	(1)	$EIw_2' = \dfrac{Fb}{l}\dfrac{x^2}{2} - \dfrac{F(x-a)^2}{2} + C_2$	$(1')$
$EIw_1 = \dfrac{Fb}{l}\dfrac{x^3}{6} + C_1 x + D_1$	(2)	$EIw_2 = \dfrac{Fb}{l}\dfrac{x^3}{6} - \dfrac{F(x-a)^3}{6} + C_2 x + D_2$	$(2')$

对 DB 段进行积分时,对含有 $(x-a)$ 的项是以 $(x-a)$ 作为自变量的,这样可使确定积分常数的工作得到简化。

（4）确定积分常数

边界条件
$$x=0 \text{ 处}, \qquad w_1 = 0 \tag{3}$$
$$x=l \text{ 处}, \qquad w_2 = 0 \tag{4}$$

AD 和 DB 两段交接处 D 点的连续条件为
$$x=a \text{ 处}, \qquad w_1' = w_2' \text{ 且 } w_1 = w_2$$

将连续条件分别代入式(1)、式 $(1')$、式(2)、式 $(2')$ 可得
$$C_1 = C_2 \qquad D_1 = D_2 \tag{5}$$

将式(5)代入式(2)和式 $(2')$,并利用边界条件式(3)和式(4),有
$$D_1 = D_2 = 0$$
$$EIw_2 \big|_{x=l} = \frac{Fb}{l} \cdot \frac{l^3}{6} - \frac{F(l-a)^3}{6} + C_2 l = 0$$

由此求出
$$C_1 = C_2 = -\frac{Fb}{6l}(l^2 - b^2)$$

（5）求转角方程和挠曲线方程

将积分常数代入式(1)、式 $(1')$、式(2)和式 $(2')$,即得两段梁的转角方程和挠曲线方程如下：

AD 段 $(0 \leqslant x \leqslant a)$		DB 段 $(a \leqslant x \leqslant l)$	
$\theta_1 = w_1' = \dfrac{-Fb}{6lEI}(l^2 - b^2 - 3x^2)$	(6)	$\theta_2 = w_2' = \dfrac{-Fb}{6lEI}\left[(l^2 - b^2 - 3x^2) + \dfrac{3l}{b}(x-a)^2\right]$	$(6')$
$w_1 = \dfrac{-Fbx}{6lEI}(l^2 - b^2 - x^2)$	(7)	$w_2 = \dfrac{-Fb}{6lEI}\left[\dfrac{l}{b}(x-a)^3 + (l^2 - b^2 - x^2)x\right]$	$(7')$

（6）求最大转角和最大挠度

由于 $a>b$,梁的最大转角发生在梁的 B 支座处。将 $x=l$ 代入式 $(6')$,得
$$\theta_{\max} = \theta_B = \theta_2 \big|_{x=l} = \frac{Fab(l+a)}{6lEI}(\circlearrowright)$$

由于 $a>b$,可判断出挠曲线在 AD 段有极值,令 $w_1' = 0$,由式(6)可解得挠度为极值的截面坐标 x_0 为
$$x_0 = \sqrt{\frac{l^2 - b^2}{3}} = \sqrt{\frac{a(a+2b)}{3}} \tag{8}$$

将式(8)代入式(7),求出最大挠度

$$w_{\max}=w_1\big|_{x=x_0}=\frac{-Fb(l^2-b^2)^{3/2}}{9\sqrt{3}\,lEI}(\downarrow) \tag{9}$$

下面讨论简支梁的 $w_{\max}$ 近似计算问题。先求梁跨中点 C 的挠度 w_C，将 $x=l/2$ 代入式(7)，得

$$w_C=\frac{-Fb}{48EI}(3l^2-4b^2) \tag{10}$$

当集中荷载 F 无限接近右端支座，即 b 值趋近于零时，从式(8)、式(9)、式(10) 三式可得

$$x_0=\frac{l}{\sqrt{3}}=0.577l$$

$$w_{\max}\approx\frac{-Fbl^2}{9\sqrt{3}\,EI}=-0.0642\frac{Fbl^2}{EI}$$

$$w_C\approx\frac{-Fbl^2}{16EI}=-0.0625\frac{Fbl^2}{EI}$$

可见，即使在这种极端情况下，最大挠度仍然在跨度中点附近，用 v_C 代替 $w_{\max}$ 所引起的误差为 2.65%，由此可以推断，简支梁只要挠曲线无拐点，就可用梁跨度中点的挠度代替最大挠度，其精确度足以满足工程的要求。

第四节　叠加法求梁的变形

在微小变形和材料服从胡克定律的条件下，梁的挠曲线近似微分方程式(7.2-1) 是线性的，因而梁的挠度和转角与梁上载荷成正比。当梁上同时作用几个载荷时，可以采用叠加法求梁的变形。

以受两个载荷作用的等直梁为例，每个载荷单独作用下的弯矩分别记为 $M_1(x)$、$M_2(x)$，挠度分别记为 w_1、w_2，分别利用式(7.2-1) 可得

$$EIw_1''=M_1(x) \tag{1}$$

$$EIw_2''=M_2(x) \tag{2}$$

两个载荷同时作用时，弯矩和挠度分别为 $M(x)$ 和 w，则有

$$EIw''=M(x) \tag{3}$$

将式(1)、式(2) 两式相加，得

$$EI(w_1''+w_2'')=M_1(x)+M_2(x)$$

或

$$EI(w_1+w_2)''=M(x) \tag{4}$$

式中，$M(x)=M_1(x)+M_2(x)$ 是应用了求梁弯曲内力的叠加法。比较式(3) 和式(4) 可知，每一载荷单独作用下的挠度之和与它们共同作用时的挠度相等。这就是求梁变形的叠加法。这一方法可以推广到多个载荷作用的情况。

为了便于应用叠加法，将梁在某些简单载荷作用下的转角和挠度公式列入表 7-1，以备查用。

【例 7-4】 简支梁受力如图 7-6(a) 所示。试用叠加法求梁跨中点的挠度 w_C 和支座处截面的转角 θ_A 及 θ_B。

解　梁上的载荷可分为两种简单载荷 [图 7-6(b)、(c)]。

先从表 7-1 中查出各简单载荷单独作用时所求截面的位移，然后求其代数和，即可得到所求的位移值。

$$w_C = w_{Cq} + w_{CM} = \frac{-5ql^4}{384EI} + \frac{M_e l^2}{16EI}$$

$$\theta_A = \theta_{Aq} + \theta_{AM} = \frac{-ql^3}{24EI} + \frac{M_e l}{6EI}$$

$$\theta_B = \theta_{Bq} + \theta_{BM} = \frac{ql^3}{24EI} - \frac{M_e l}{3EI}$$

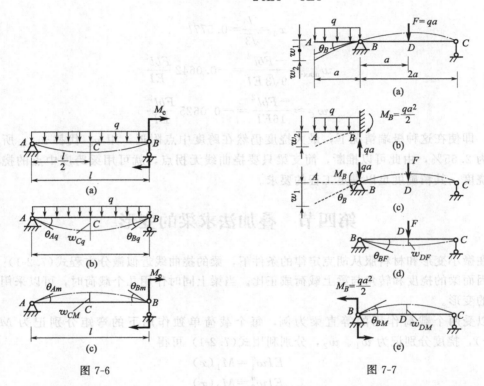

图 7-6

图 7-7

【例 7-5】 外伸梁受力如图 7-7(a) 所示，试用叠加法求截面 B 的转角 θ_B 和 A 端以及 BC 段中点 D 的挠度 w_A 和 w_D。

解 表 7-1 中没有外伸梁的位移公式，此时可将梁沿 B 截面分为两段，将外伸段看作悬臂梁，BC 段看作简支梁，见图 7-7(b)、(c)。简支梁 BC 的 θ_B 和 w_D，也就是原梁的 θ_B 和 w_D。在 BC 梁上的三个载荷中，集中力 qa 作用在支座处，不会使梁产生弯曲变形，从表 7-1 中查出 M_B 和 F 所引起的 θ_B 和 w_D [见图 7-7(d)、(e)] 分别为

$$\theta_{BM} = \frac{M_B l}{3EI} = \frac{\frac{1}{2}qa^2(2a)}{3EI} = \frac{qa^3}{3EI}$$

$$\theta_{BF} = \frac{-Fl^2}{16EI} = \frac{-qa(2a)^2}{16EI} = \frac{-qa^3}{4EI}$$

$$w_{DM} = \frac{M_B l^2}{16EI} = \frac{\frac{1}{2}qa^2(2a)^2}{16EI} = \frac{qa^4}{8EI}$$

$$w_{DF} = \frac{-Fl^3}{48EI} = \frac{-qa(2a)^3}{48EI} = \frac{-qa^4}{6EI}$$

表 7-1 简单载荷作用下梁的转角和挠度

序号	支承和载荷情况	挠曲线方程	梁端截面转角	最大挠度
1		$w=\dfrac{-Fx^2}{6EI}\ (3l-x)$	$\theta=\dfrac{-Fl^2}{2EI}$	$w_{max}=\dfrac{-Fl^3}{3EI}$
2		$w=\dfrac{-Fx^2}{6EI}\ (3a-x)$ $(0\leqslant x\leqslant a)$ $v=\dfrac{-Fa^2}{6EI}\ (3x-a)$ $(a\leqslant x\leqslant l)$	$\theta=\dfrac{-Fa^2}{2EI}$	$w_{max}=\dfrac{-Fa^2}{6EI}\ (3l-a)$
3		$w=\dfrac{-M_e x^2}{2EI}$	$\theta=\dfrac{-M_e l}{EI}$	$w_{max}=\dfrac{-M_e l^2}{2EI}$
4		$w=\dfrac{-qx^2}{24EI}\ (x^2+6l^2-4lx)$	$\theta=\dfrac{-ql^3}{6EI}$	$w_{max}=\dfrac{-ql^4}{8EI}$
5		$w=\dfrac{-Fx}{48EI}\ (3l^2-4x^2)$ $\left(0\leqslant x\leqslant\dfrac{l}{2}\right)$	$\theta_1=-\theta_2=\dfrac{-Fl^2}{16EI}$	$w_{max}=\dfrac{-Fl^3}{48EI}$
6		$w=\dfrac{-Fbx}{6lEI}\ (l^2-b^2-x^2)$ $(0\leqslant x\leqslant a)$ $w=\dfrac{-Fb}{6lEI}\left[\dfrac{l}{b}\ (x-a)^3\right.$ $\left.+\ (l^2-b^2-x^2)\ x\right]$ $(a\leqslant x\leqslant l)$	$\theta_1=\dfrac{-Fab\ (l+b)}{6lEI}$ $\theta_2=\dfrac{Fab\ (l+a)}{6lEI}$	若 $a>b$, 在 $x=\sqrt{\dfrac{l^2-b^2}{3}}$ 处 $w_{max}=\dfrac{-Fb\ (l^2-b^2)^{3/2}}{9\sqrt{3}\,lEI}$ 在 $x=l/2$ 处 $w_{l/2}=\dfrac{-Fb}{48EI}\ (3l^2-4b^2)$
7		$w=\dfrac{-qx}{24EI}\ (l^3-2lx^2+x^3)$	$\theta_1=-\theta_2=\dfrac{-ql^3}{24EI}$	$w_{max}=\dfrac{-5ql^4}{384EI}$

续表

序号	支承和载荷情况	挠曲线方程	梁端截面转角	最大挠度
8		$w = \dfrac{-M_e x}{6lEI}(l^2 - x^2)$	$\theta_1 = \dfrac{-M_e l}{6EI}$ $\theta_2 = \dfrac{M_e l}{3EI}$	在 $x = \dfrac{l}{\sqrt{3}}$ 处 $w_{max} = \dfrac{-M_e l^2}{9\sqrt{3}\,EI}$ 在 $x = \dfrac{l}{2}$ 处 $w_{\frac{l}{2}} = \dfrac{-M_e l^2}{16EI}$
9		$w = \dfrac{M_e x}{6lEI}(l^2 - 3b^2 - x^2)$ $(0 \leqslant x \leqslant a)$ $w = \dfrac{-M_e (l-x)}{6lEI}\big[l^2 - 3a^2 - (l-x)^2\big]$ $(a \leqslant x \leqslant l)$	$\theta_1 = \dfrac{M_e}{6lEI}(l^2 - 3b^2)$ $\theta_2 = \dfrac{M_e}{6lEI}(l^2 - 3a^2)$ $\theta_c = \dfrac{-M_e}{6lEI}(3a^2 + 3b^2 - l^2)$	在 $x = \left(\dfrac{l^2 - 3b^2}{3}\right)^{1/2}$ 处 $w_{1max} = \dfrac{(l^2 - 3b^2)^{3/2}}{9\sqrt{3}\,lEI}$ 在 $x = \left(\dfrac{l^2 - 3a^2}{3}\right)^{3/2}$ 处 $w_{2max} = \dfrac{-(l^2 - 3a^2)^{3/2}}{9\sqrt{3}\,lEI}$

叠加可得

$$\theta_B = \theta_{BM} + \theta_{BF} = \frac{qa^3}{3EI} - \frac{qa^3}{4EI} = \frac{qa^3}{12EI}\,(\,\curvearrowleft\,)$$

$$w_D = w_{DM} + w_{DF} = \frac{qa^4}{8EI} - \frac{qa^4}{6EI} = \frac{-qa^4}{24EI}\,(\downarrow)$$

由图 7-7(a) 可见，A 端挠度 w_A 由两部分组成：由 B 截面转动引起的 A 端挠度 w_1 和 AB 段本身的弯曲变形引起的 A 端挠度 w_2，即

$$w_A = w_1 + w_2 = -\theta_B \cdot a + w_2$$

式中的 $\theta_B \cdot a$ 这一项为负，是因为 θ_B 为正值时将产生负值的 w_1，查表 7-1 可得 $w_2 = -qa^4/8EI$，代入上式得

$$w_A = -\left(\frac{qa^3}{12EI}\right) \cdot a - \frac{qa^4}{8EI} = -\frac{5qa^4}{24EI}\,(\downarrow)$$

【例 7-6】 变截面悬臂梁受力如图 7-8(a) 所示，已知 EI 为常量，试用叠加法求 A 截面的转角和挠度。

解 由于两段梁的抗弯刚度不同，所以应分别求出各段梁的变形，然后再叠加。

沿截面突变处 B 截开，两段梁之间相互作用力如图 7-8(b)、(c) 所示。利用表 7-1 中的公式，可分别求得 AB 段 [图 7-8(b)]：

$$\theta_{A1} = \frac{Fa^2}{2EI}\,(\,\curvearrowleft\,)$$

$$w_{A1} = -\frac{Fa^3}{3EI}\,(\downarrow)$$

BC 段 [图 7-8(c)]：

$$\theta_B = \frac{Fa^2}{2(2EI)} + \frac{(Fa)a}{2EI} = \frac{3Fa^2}{4EI} (\ )$$

$$w_B = -\frac{Fa^3}{3(2EI)} - \frac{(Fa)a^2}{2E(2I)} = -\frac{5Fa^3}{12EI} (\downarrow)$$

由图 7-8(c) 可见，因 AB 为直线，故 A 截面转角 $\theta_{A2} = \theta_B$ 且

$$w_{A2} = w_B + \theta_B a = -\frac{5Fa^3}{12EI} - \frac{3Fa^2}{4EI} \cdot a = -\frac{7Fa^3}{6EI} (\downarrow)$$

进行叠加：

$$\theta_A = \theta_{A1} + \theta_{A2} = \frac{Fa^2}{2EI} + \frac{3Fa^2}{4EI} = \frac{5Fa^2}{4EI} (\ )$$

$$w_A = w_{A1} + w_{A2} = -\frac{Fa^3}{3EI} - \frac{7Fa^3}{6EI} = -\frac{3Fa^3}{2EI} (\downarrow)$$

【例 7-7】 等截面简支梁受力如图 7-9(a) 所示，试求梁中点 C 的挠度。设 $b < \dfrac{l}{2}$。

解 将微段梁 dx 上的分布荷载 $q\,dx$ 视为集中力，利用表 7-1 的公式，可求得相应于图 7-9(b) 梁跨中点 C 的挠度为

$$dw_C = -\frac{q\,dx\ x}{48EI}(3l^2 - 4x^2)$$

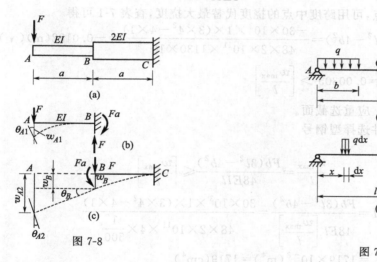

图 7-8

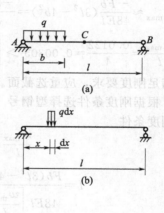

图 7-9

根据叠加原理，图 7-9(a) 梁中点挠度可通过定积分求得：

$$w_C = -\frac{q}{48EI}\int_0^b x(3l^2 - 4x^2)\,dx = -\frac{qb^2}{48EI}\left(\frac{3}{2}l^2 - b^2\right) (\downarrow)$$

第五节 梁的刚度校核

在梁的设计中，通常是先根据强度条件选择梁的截面，然后再对梁进行刚度校核，限制梁的最大挠度和最大转角不能超过规定的允许数值，由此建立的刚度条件为

$$\frac{w_{\max}}{l} \leqslant \left[\frac{w_{\max}}{l}\right] \tag{7.5-1}$$

$$\theta_{\max} \leqslant [\theta] \tag{7.5-2}$$

式中，$\left[\dfrac{w_{\max}}{l}\right]$ 为挠度与梁跨长之比的允许值，$[\theta]$ 为允许转角，这些允许值可在有关手册或规范中查到，例如，对于精密机床的主轴，$[w_{\max}/l]$ 值在 $1/5000\sim1/10000$ 范围内，一般传动轴在支座处及齿轮所在截面的允许转角 $[\theta]$ 在 $0.005\sim0.001$ rad 范围内等。

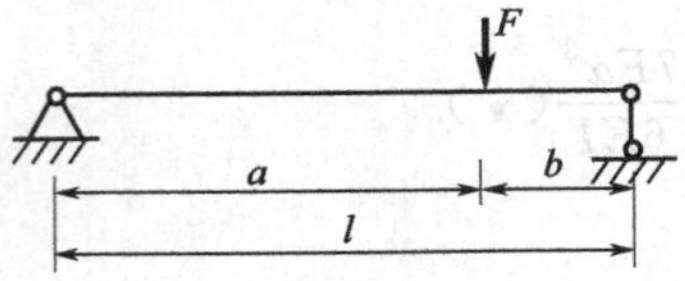

【例 7-8】 简支梁如图 7-10 所示。已知 $F=30$ kN，$l=4$ m，$a=3$ m，$b=1$ m，$E=200$ GPa，$[\sigma]=160$ MPa，$\left[\dfrac{w_{\max}}{l}\right]=\dfrac{1}{500}$，试选择梁的工字钢号码。

图 7-10

解 （1）根据强度要求选择型钢号码

梁的最大弯矩为

$$M_{\max}=\frac{Fab}{l}=\frac{30\times10^3\times3\times1}{4}=2.25\times10^4(\text{N}\cdot\text{m})$$

按弯曲正应力强度条件求梁所需抗弯截面系数为

$$W_z\geqslant\frac{M_{\max}}{[\sigma]}=\frac{2.25\times10^4}{160\times10^6}=0.1406\times10^{-3}(\text{m}^3)=140.6(\text{cm}^3)$$

由型钢表查得 16 号工字钢的 $W_z=141\text{cm}^3$，$I_z=1130\text{cm}^4$。初步选 16 号工字钢。

（2）进行刚度校核

此梁挠曲线无拐点，可用跨度中点的挠度代替最大挠度，查表 7-1 可得

$$w_{\max}\approx\frac{-Fb}{48EI}(3l^2-4b^2)=\frac{-30\times10^3\times1\times(3\times4^2-4\times1)}{48\times2\times10^{11}\times1130\times10^{-8}}=-0.0122(\text{m})(\downarrow)$$

$$\frac{w_{\max}}{l}=\frac{0.0122}{4}=0.00305>\left[\frac{w_{\max}}{l}\right]$$

不满足刚度要求，应重选截面。

（3）根据刚度条件选择型钢号

由刚度条件

$$\frac{w_{\max}}{l}=\frac{Fb(3l^2-4b^2)}{48EIl}\leqslant\left[\frac{w_{\max}}{l}\right]$$

可得

$$I=\frac{Fb(3l^2-4b^2)}{48El\left[\dfrac{w_{\max}}{l}\right]}=\frac{30\times10^3\times1\times(3\times4^2-4\times1)}{48\times2\times10^{11}\times4\times\dfrac{1}{500}}$$

$$=1719\times10^{-8}(\text{m}^4)=1719(\text{cm}^4)$$

由型钢表查得 18 号工字钢的 $I_z=1660\text{cm}^4$，及 $W_z=185\text{cm}^3$。I_z 值只小于刚度条件所需值约 4%。所以可认为，选用 18 号工字钢能同时满足强度和刚度要求。

第六节　提高弯曲刚度的措施

梁的弯曲变形一方面取决于弯曲内力的分布，另一方面又与跨长和截面的几何因素有关。因此，提高梁的弯曲刚度可采取如下措施。

一、合理布置载荷

弯矩是引起弯曲变形的主要因素。提高弯曲刚度应使梁的弯矩分布合理，降低弯矩值。一方面可以通过合理布置载荷来实现，如将集中力分散为分布力；另一方面也可以采取调整支座位置的办法。如受均布荷载作用的简支梁，通过把支座向里移动变为外伸梁见图 7-11

（a）使弯矩分布得到改善（图 6-23），由于梁的跨度减小，且外伸部分的载荷产生反向变形［图 7-11（b）］从而减小了梁的最大挠度。有时还可以采取增加支座的措施降低梁的挠度，这样就使静定梁变成了静不定梁。静不定梁将在下一节中讨论。

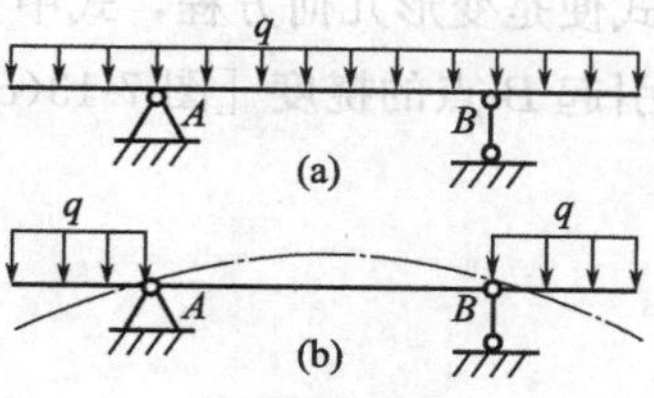

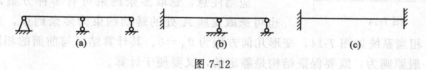

图 7-11

二、选择合理的截面形状

弯曲变形与梁的截面惯性矩 I 成反比，故合理的截面形状应对中性轴具有较大的惯性矩。如工字形和箱形截面就比矩形更为合理。但应注意，抗弯强度与抗弯刚度对于截面的要求有所不同。前者仅取决于危险截面，可采取局部加强措施；后者与全梁各截面惯性矩有关，故在全跨范围内增大惯性矩才有效。

弯曲变形与材料的弹性模量 E 有关，但对于结构钢材来说，E 值相差不大，故相互替代难以取得预想效果。

第七节　简单静不定梁

若梁的支反力只用静力平衡方程不能全部确定，则该梁称为静不定梁。静不定次数为多余支反力的数目，亦即全部支反力数目与全部独立平衡方程数目之差。图 7-12（a）、（b）、（c）所示的梁分别为一次、二次和三次静不定梁。

图 7-12

与求解其他静不定问题类似，求解静不定梁也需要综合考虑梁的变形几何关系、物理关系和静力学等三个方面的关系。下面以图 7-13（a）所示等直梁为例，说明简单静不定梁的解法。

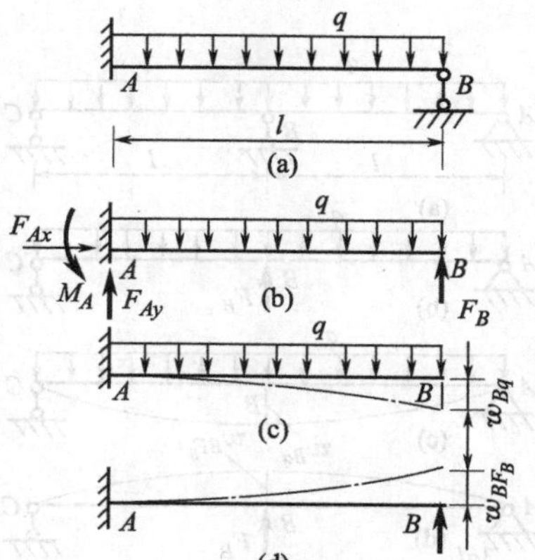

此梁有四个未知支反力，三个独立平衡方程，故为一次静不定梁。

此梁可以看成悬臂梁上增加一个多余支座 B 构成的。解除支座 B，代之以多余支反力 F_B，得到图 7-13（b）所示静定梁。这种解除多余约束后，受原载荷和多余支反力作用的静定梁称为原静不梁的相当系统。要想用相当系统代替原静不定梁，就得使二者变形完全相同。原静不定梁支座 B 处实际挠度为零，因此相当系统多余支反力 F_B 作用处的挠度亦应为零，即

$$w_B = 0 \tag{1}$$

以下计算都可在相当系统［图 7-13（b）］上进行。w_B 可用叠加法计算，即

图 7-13

$$w_B = w_{Bq} + w_{BF_B} \tag{2}$$

代入式（1）得

$$w_{Bq} + w_{BF_B} = 0 \tag{3}$$

此式便是变形几何方程，式中 w_{Bq}，w_{BF_B} 分别为均布载荷 q 和多余支反力 F_B 各自单独作用时引起 B 点的挠度〔图 7-13(c)、(d)〕，由表 7-1 查得

$$w_{Bq} = -\frac{ql^4}{8EI}(\downarrow) \tag{4}$$

$$w_{BF_B} = \frac{F_B l^3}{3EI}(\uparrow) \tag{5}$$

这二式就是它们的物理关系，将其代入式(3) 即得补充方程

$$-\frac{ql^4}{8EI} + \frac{F_B l^3}{3EI} = 0 \tag{6}$$

解出

$$F_B = \frac{3}{8}ql(\uparrow)$$

其余支反力可由平衡方程求出

$$F_{Ax} = 0, \quad F_{Ay} = \frac{5}{8}ql(\uparrow), \quad M_A = \frac{1}{8}ql^2(\,)$$

上述解便是原静不定梁的解。由于相当系统受力和变形与原静不定梁完全相同，所以原静不定

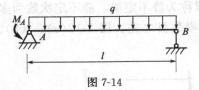

图 7-14

梁的内力、应力、强度和变形计算都可以在其相当系统上进行。这种由变形比较建立几何方程以求解静不定问题的方法称为变形比较法。它也可用来求解多次静不定梁。

应当注意，选取多余约束可有多种方案，如上例中也可选取支座 A 处的转动约束为多余约束，多余支反力就是 M_A，相当系统如图 7-14，变形几何方程为 $\theta_A = 0$。其计算结果与前面的相同。选取相当系统的一般原则为：既要保证结构是静定的，又要便于计算。

【例 7-9】 双跨梁 ABC 受均布载荷 q 作用如图 7-15(a) 所示，已知 EI 为常量。试求梁的支反力并作剪力图和弯矩图。

解 双跨梁为一次静不定梁，选取中间支座 B 作为多余约束，将其解除并以多余支反力 F_B 代替，则得相当系统〔图 7-15(b)〕。与图 7-15(a) 比较应有

$$w_B = 0 \tag{1}$$

应用叠加法可得

$$w_B = w_{Bq} + w_{BF_B} \tag{2}$$

式中 w_{Bq}、w_{BF_B} 的含义如图 7-15(c)、(d) 所示。将式(2) 代入式(1) 得

$$w_{Bq} + w_{BF_B} = 0 \tag{3}$$

查表 7-1 可得

$$w_{Bq} = -\frac{5q(2l)^4}{384EI} = -\frac{5ql^4}{24EI}(\downarrow) \tag{4}$$

$$w_{BF_B} = \frac{F_B(2l)^3}{48EI} = \frac{F_B l^3}{6EI}(\uparrow) \tag{5}$$

将式(4)、式(5) 代入式(3) 得补充方程

$$\frac{5ql^4}{24EI} - \frac{F_B l^3}{6EI} = 0$$

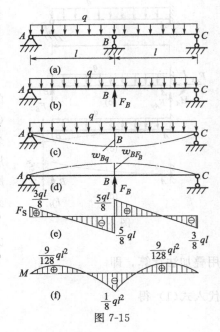

图 7-15

解出

$$F_B = \frac{5}{4}ql\,(\uparrow)$$

再由平衡方程求得其余支反力为

$$F_A = F_C = \frac{3}{8}ql\,(\uparrow)$$

求解出梁的支反力后，就可作出剪力图和弯矩图如图 7-15(e)、(f) 所示。

习　　题

7.1　写出图 7-16 所示各梁在求梁的位移时的边界条件和连续条件。

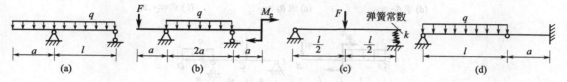

图 7-16　题 7.1 图

7.2　根据载荷及支座情况，画出图 7-17 所示各梁挠曲线的大致形状。

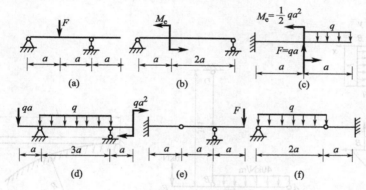

图 7-17　题 7.2 图

7.3　用积分法求图 7-18 所示各梁的挠曲线方程及指定截面的位移。设 $EI=$ 常量。

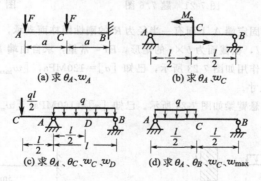

图 7-18　题 7.3 图

7.4　用叠加法求图 7-19 所示各梁指定截面的转角和挠度。设 $EI=$ 常量。

7.5　用叠加法求图 7-20 所示折杆指定截面的位移，设各杆的截面相同，EI 和 GI_p 均为已知。

7.6　木梁 AB 由钢拉杆 BD 支承，受均布载荷作用如图 7-21 所示。已知梁的横截面为正方形，边长

$a=0.2\text{m}$，$E_{\text{木}}=10\text{GPa}$，$E_{\text{钢}}=210\text{GPa}$，钢拉杆的横截面面积 $A=250\text{mm}^2$。试求拉杆 BD 的伸长 Δl 及 AB 梁中点 C 沿铅垂方向的位移 w_C。

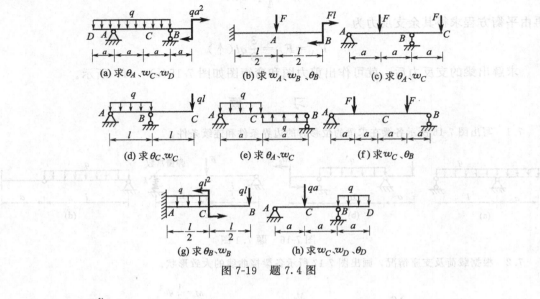

图 7-19　题 7.4 图

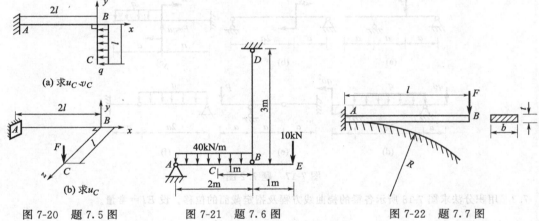

图 7-20　题 7.5 图　　　图 7-21　题 7.6 图　　　图 7-22　题 7.7 图

　7.7　水平悬臂梁 AB 的固定端 A 下面有一半径为 R 的刚性圆柱面支承，自由端 B 处作用集中载荷 F 如图 7-22 所示。梁的跨长为 l，横截面为 $b\times t$ 的矩形，$EI=$ 常量，求自由端 B 的挠度及梁内最大正应力。

　7.8　悬臂梁受均布载荷作用如图 7-23 所示，已知 $[\sigma]=120\text{MPa}$，$[w_{\max}/l]=1/500$，$E=200\text{GPa}$，$h=2b$，试确定矩形截面的尺寸。

　7.9　由两个槽钢组成的悬臂梁如图 7-24 所示。已知 $[\sigma]=160\text{MPa}$，$[w_{\max}/l]=1/400$，试选择槽钢的型号。$E=200\text{GPa}$。

图 7-23　题 7.8 图　　　　　　　　　图 7-24　题 7.9 图

　7.10　实心圆截面轴的两端用滚珠轴承支承，受力如图 7-25 所示。若轴承处的允许转角 $[\theta]=0.05\text{rad}$，材料的 $E=200\text{GPa}$，试根据刚度要求确定轴直径 d。

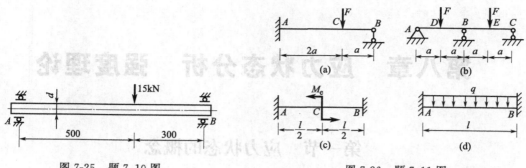

图 7-25 题 7.10 图 图 7-26 题 7.11 图

7.11 试求图 7-26 所示各静不定梁的支反力，并画出剪力图和弯矩图。设 $EI=$ 常量。

7.12 悬臂梁 AB 受力如图 7-27 所示。在其下面用一相同材料和相同截面的辅助梁 CD 来加强。试求：(1) 二梁接触处的压力 F_D；(2) 加强后 AB 梁的最大挠度和最大弯矩比原来减少百分之几？

7.13 图 7-28 所示矩形截面木梁 ACB 两端为铰支座，中点 C 处为弹簧支承，全梁受均布载荷作用。已知木梁的 $E_木=10$GPa，$b=60$mm，$h=80$mm，弹簧常数 $k=500$kN/m。试求各支承的支反力。

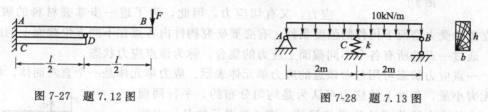

图 7-27 题 7.12 图 图 7-28 题 7.13 图

7.14 图 7-29 所示悬臂梁 AB 与简支梁 DE 的抗弯刚度均为 EI，由钢杆 BC 连接。已知 $q=20$kN/m，$l=2$m，$E=200$GPa，$A=3\times10^{-4}$ m^2，$I=Al^2$。试求 B 点的铅垂位移 w_B。

7.15 悬臂梁 AB 抗弯刚度为 EI，由拉杆 CD 连接，受力如图 7-30 所示。CD 杆抗拉刚度为 EA，试求 CD 杆轴力。

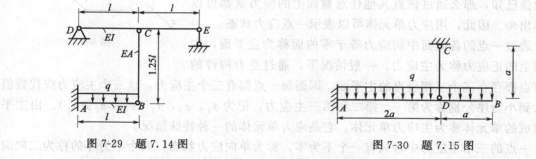

图 7-29 题 7.14 图 图 7-30 题 7.15 图

7.16* 图 7-31 所示悬臂梁的抗弯刚度 EI 为已知常量，已知其挠曲线为 $y=Ax^3$（A 为常数），试分析梁上的载荷及数值、方向。

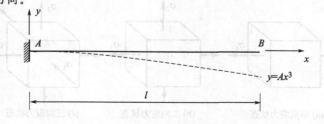

图 7-31 题 7.16 图

第八章 应力状态分析 强度理论

第一节 应力状态的概念

前面各章研究强度问题时计算的都是杆件横截面上的应力。其实这是远远不够的。首先，杆件的破坏并不总是发生在横截面上，如低碳钢试件拉伸屈服时的滑移线与轴线成 45°角（图 3-

图 8-1

12），铸铁圆轴扭转断裂面也与轴线成 45°角左右，如图 8-1 所示。其次，构件的危险点不都像前面几章那样，要么是轴向拉压状态，要么是纯剪切状态，而是要复杂一些。一般情况是既有正应力，又有切应力，因此，为了进一步掌握材料的破坏规律，

建立复杂受力情况下构件的强度条件，有必要研究构件内各点在不同方位截面上的应力。

通过一点的所有各个不同截面上应力的集合，称为该点应力状态。

一点应力状态可用包含该点的应力单元体表示。应力单元体是一个直六面体，各边边长是无穷小量，各面上的应力可认为是均匀分布的，平行两面上对应的应力数值可认为是相等的。图 8-2 表示的是一点应力状态最一般的情况。由切应力互等定理，图中 $\tau_{xy} = \tau_{yx}$，$\tau_{yz} = \tau_{zy}$，$\tau_{zx} = \tau_{xz}$，因此表示一点应力状态最多需要六个量（三个正应力，三个切应力）。可以证明，只要这六个应力数值已知，那么通过该点其他任意截面上的应力就都可以计算出来。因此，用应力单元体可以表示一点应力状态。

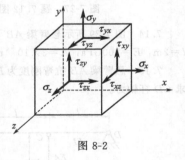

图 8-2

通过一点的各截面中切应力等于零的面称为主平面，主平面上的正应力称为主应力。一般情况下，通过受力构件的任意点都存在三个互相垂直的主平面，因而每一点都有三个主应力，这三个主应力按代数值从大到小为序分别称为第一、第二和第三主应力，记为 σ_1，σ_2，σ_3（$\sigma_1 \geqslant \sigma_2 \geqslant \sigma_3$）。由主平面组成的单元体称为主应力单元体，它是应力单元体的一种特殊情况。

一点的三个主应力中若只有一个不为零，称为单向应力状态，两个不为零的称为二向应力状态，三个都不为零的称为三向应力状态（图 8-3）。单向应力状态和二向应力状态统称

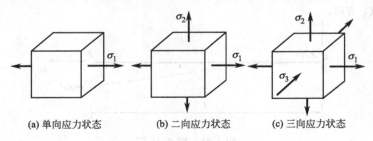

(a) 单向应力状态　　　　　(b) 二向应力状态　　　　　(c) 三向应力状态

图 8-3

为平面应力状态。二向和三向应力状态统称复杂应力状态。

本章主要研究平面应力状态，然后介绍三向应力状态的若干结果及在建立复杂应力状态强度条件中的应用。

第二节 平面应力状态分析

平面应力状态的应力单元体一般如图 8-4(a) 所示，也可简单表示成图 8-4(b) 的形式，应力 σ_x、σ_y、$\tau_{xy}=\tau_{yx}$ 都平行于 x，y 轴组成的平面。

本节研究在 σ_x、σ_y 和 τ_{xy} 已知的情况下如何计算任意斜截面上的应力、主平面、主应力和最大切应力，当然这些所求的应力都是指平行于 xy 平面的应力。应力的正负号规定同前，即正应力 σ 以拉应力为正，压应力为负；切应力 τ 以对单元体内任一点呈顺时针力矩为正，逆时针为负。

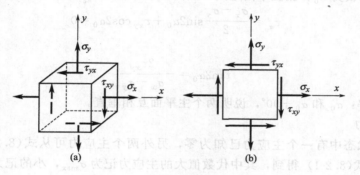

图 8-4

一、任意斜截面上的应力

任意斜截面是指所有平行于 z 轴的截面 [图 8-5(a) 中影线部分]，可用其外法线 n 与 x 轴正向的夹角 α 表示如图 8-5(b)，简称 α 面，α 角自 x 轴正向逆时针转到 n 为正，顺时针为负。α 面上的应力 σ_α、τ_α 都与 z 轴垂直。设 α 面的面积为 dA，则棱柱体 [图 8-5(b)] 的受力图见图 8-5(c)，平衡方程为

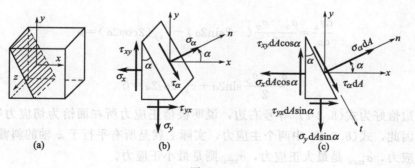

图 8-5

$$\sum F_n=0, \quad \sigma_\alpha dA+(\tau_{xy} dA\cos\alpha)\sin\alpha-(\sigma_x dA\cos\alpha)\cos\alpha+$$
$$(\tau_{yx} dA\sin\alpha)\cos\alpha-(\sigma_y dA\sin\alpha)\sin\alpha=0 \tag{1}$$

$$\sum F_t=0 \quad \tau_\alpha dA-(\tau_{xy} dA\cos\alpha)\cos\alpha-(\sigma_x dA\cos\alpha)\sin\alpha+$$
$$(\tau_{yx} dA\sin\alpha)\sin\alpha+(\sigma_y dA\sin\alpha)\cos\alpha=0 \tag{2}$$

式中 $\tau_{yx} = \tau_{xy}$，作代换

$$\cos^2\alpha = \frac{1+\cos2\alpha}{2}, \qquad \sin^2\alpha = \frac{1-\cos2\alpha}{2}, \qquad 2\sin\alpha\cos\alpha = \sin2\alpha$$

代入式（1）和式（2）解出

$$\sigma_\alpha = \frac{\sigma_x + \sigma_y}{2} + \frac{\sigma_x - \sigma_y}{2}\cos2\alpha - \tau_{xy}\sin2\alpha \qquad (8.2\text{-}1)$$

$$\tau_\alpha = \frac{\sigma_x - \sigma_y}{2}\sin2\alpha + \tau_{xy}\cos2\alpha \qquad (8.2\text{-}2)$$

这就是平面应力状态任意斜截面上的应力计算公式。可以看出，σ_α 和 τ_α 都是 α 的有界周期函数。

二、主平面

平面应力状态中有一个主平面是已知的，就是正应力和切应力都为零的那个面。另两个主平面的方位角设为 α_0，据主平面定义，该面上的切应力 τ_{α_0} 应为零，由式（8.2-2）

$$\tau_{\alpha_0} = \frac{\sigma_x - \sigma_y}{2}\sin2\alpha_0 + \tau_{xy}\cos2\alpha_0 = 0$$

由此得出

$$\tan2\alpha_0 = -\frac{2\tau_{xy}}{\sigma_x - \sigma_y} \qquad (8.2\text{-}3)$$

此方程有两个解：α_0 和 $\alpha_0 + 90°$，说明两个主平面互相垂直。

三、主应力

平面应力状态中有一个主应力已知为零，另外两个主应力可从式（8.2-3）解出 $\cos2\alpha_0$ 和 $\sin2\alpha_0$ 代回式（8.2-1）得到，其中代数值大的主应力记为 $\sigma_{\max}$，小的记为 $\sigma_{\min}$，它们为

$$\left.\begin{array}{r}\sigma_{\max} \\ \sigma_{\min}\end{array}\right\} = \frac{\sigma_x + \sigma_y}{2} \pm \sqrt{\left(\frac{\sigma_x - \sigma_y}{2}\right)^2 + \tau_{xy}^2} \qquad (8.2\text{-}4)$$

比较 $\sigma_{\max}$、$\sigma_{\min}$ 和 0 的大小，便可确定 σ_1、σ_2 和 σ_3。

主应力与主平面的对应关系可以这样确定：$\sigma_{\max}$ 的方向总是在 τ_{xy} 指向的那一侧（见例 8-3）。

现在来分析主应力与极值正应力之间的关系。为求 σ_α 的极值，对式（8.2-1）求导并令其为零，即

$$\frac{\mathrm{d}\sigma_\alpha}{\mathrm{d}\alpha} = \frac{\sigma_x - \sigma_y}{2}(-2\sin2\alpha) - \tau_{xy}(2\cos2\alpha) = 0$$

化简为

$$\frac{\sigma_x - \sigma_y}{2}\sin2\alpha + \tau_{xy}\cos2\alpha = 0$$

上式等号左边恰好为式（8.2-2）等号右边，说明极值正应力所在面恰为切应力等于零的面，即主平面。因此，式（8.2-4）中两个主应力，实际上就是所有平行于 z 轴的斜截面上正应力中的极值正应力，$\sigma_{\max}$ 是最大正应力，$\sigma_{\min}$ 则是最小正应力。

四、极值切应力

设极值切应力的方位角为 α_1，令式（8.2-2）的一阶导数为零，即

$$\frac{\mathrm{d}\tau_\alpha}{\mathrm{d}\alpha} = (\sigma_x - \sigma_y)\cos2\alpha_1 - 2\tau_{xy}\sin2\alpha_1 = 0$$

解出

$$\tan 2\alpha_1 = \frac{\sigma_x - \sigma_y}{2\tau_{xy}} \qquad (8.2\text{-}5)$$

此式有两个解：α_1，$\alpha_1 + 90°$。说明两个极值切应力作用面互相垂直。从上式中解出 $\cos 2\alpha_1$ 和 $\sin 2\alpha_1$ 代回式(8.2-2) 便得极值切应力为

$$\left.\begin{array}{c}\tau_{\max}\\\tau_{\min}\end{array}\right\} = \pm\sqrt{\left(\frac{\sigma_x - \sigma_y}{2}\right)^2 + \tau_{xy}^2} \qquad (8.2\text{-}6)$$

表明两极值切应力等值反号（从切应力互等定理也可直接得到这个结论），因此可只关注其中的最大切应力 $\tau_{\max}$。

将式(8.2-6) 和式(8.2-4) 对比，可得下列关系：

$$\tau_{\max} = \frac{\sigma_{\max} - \sigma_{\min}}{2} \qquad (8.2\text{-}7)$$

再将式(8.2-5) 和式(8.2-3) 比较可得

$$\tan 2\alpha_1 = -\cot 2\alpha_0 = \tan(2\alpha_0 + 90°) = \tan 2(\alpha_0 + 45°)$$

这说明极值切应力作用面与主平面成 45°角。

【例 8-1】 分析拉伸试验时低碳钢试件出现滑移线的原因。

解　从轴向拉伸试件见图 8-6(a) 上任一点 K 处沿横截面和纵截面取应力单元体如图 8-6(b)，分析各面上应力后可知它是主应力单元体，各面均为主平面。

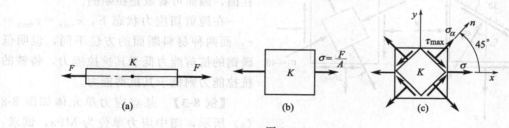

图 8-6

滑移线出现在与横截面成 45°角的斜截面上，该面恰为极值切应力所在截面［图 8-6(c)］，因此可以认为滑移线是由最大切应力引起的。

分析 K 点的应力状态可知，其最大正应力为 $\sigma_{\max} = \sigma$，最大切应力可由式(8.2-7) 算出为 $\tau_{\max} = \dfrac{\sigma}{2}$，$\tau_{\max}$ 的数值仅为 $\sigma_{\max}$ 的一半却引起了屈服破坏，表明低碳钢一类塑性材料抗剪能力低于抗拉能力。

【例 8-2】 分析低碳钢和铸铁圆轴扭转破坏原因。

解　从圆轴表面任一点 K 处［图 8-7(a)］取应力单元体如图 8-7(d)，其左右两个侧面为横截面，上有切应力 $\tau = \dfrac{M_e}{W_t}$，该单元体的四个侧面上只有切应力而无正应力，这种应力状态称为纯切应力状态。

由式(8.2-6) 求出 K 点最大切应力为

$$\tau_{\max} = \tau$$

可见横截面就是最大切应力所在面。

再由式(8.2-3) 和式(8.2-4) 求出 K 点的三个主应力为

$$\sigma_1 = \sigma_{\max} = \tau, \quad \sigma_2 = 0, \quad \sigma_3 = \sigma_{\min} = -\tau$$

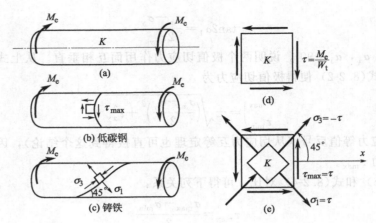

图 8-7

其中，σ_1、σ_3 作用面的方位为 $\alpha_0 = \mp 45°$，由此画出 K 点的主应力单元体如图 8-7(e) 所示。

低碳钢试件的破坏面为横截面 [图 8-7(b)]，恰为最大切应力 τ_{max} 所在面，因此可认为是被剪断的。铸铁试件的破坏面与轴线成 45° [图 8-7(c)]，恰为最大拉应力 σ_{max} 所在面，因而可看成是拉断的。

在纯剪切应力状态下，$\sigma_{max} = \tau_{max} = \tau$，而两种材料断面的方位不同，说明低碳钢的抗剪能力低于其抗拉能力，铸铁的抗拉能力则低于其抗剪能力。

【例 8-3】 某点应力单元体如图 8-8 (a) 所示，图中应力单位为 MPa，试求：(1) 指定截面的应力；（2）主平面；(3) 主应力；(4) xy 面内的最大切应力；

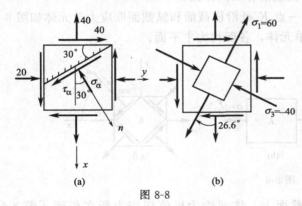

图 8-8

(5) 画出其主应力单元体。

解 （1）选坐标如图所示

$$\sigma_x = 40\text{MPa}, \quad \sigma_y = -20\text{MPa}, \quad \tau_{xy} = 40\text{MPa}, \quad \alpha = 30°$$

（2）计算指定截面应力

由式(8.2-1) 和式(8.2-2) 可得

$$\sigma_\alpha = \frac{\sigma_x + \sigma_y}{2} + \frac{\sigma_x - \sigma_y}{2}\cos2\alpha - \tau_{xy}\sin2\alpha$$

$$= \frac{40 - 20}{2} + \frac{40 + 20}{2}\cos60° - 40\sin60°$$

$$= -9.6 \text{ (MPa)}$$

$$\tau_\alpha = \frac{\sigma_x - \sigma_y}{2}\sin2\alpha + \tau_{xy}\cos2\alpha$$

$$= \frac{40 + 20}{2}\sin60° + 40\cos60°$$

$$= 46.0 \text{ (MPa)}$$

按照 σ_α、τ_α 实际指向，画到图 8-8(a) 中。

（3）求主应力

由式(8.2-4)

$$\left.\begin{array}{c}\sigma_{\max}\\\sigma_{\min}\end{array}\right\}=\frac{\sigma_x+\sigma_y}{2}\pm\sqrt{\left(\frac{\sigma_x-\sigma_y}{2}\right)^2+\tau_{xy}^2}$$

$$=\frac{40-20}{2}\pm\sqrt{\left(\frac{40+20}{2}\right)^2+40^2}$$

$$=\left\{\begin{array}{c}60\\-40\end{array}\right.\text{(MPa)}$$

另一个主应力为零，所以三个主应力为

$$\sigma_1=60\text{MPa}, \quad \sigma_2=0, \quad \sigma_3=-40\text{MPa}$$

（4）求主平面

由式(8.2-3)

$$\tan2\alpha_0=\frac{-2\tau_{xy}}{\sigma_x-\sigma_y}=\frac{-2\times40}{40+20}=-\frac{4}{3}$$

$$2\alpha_0=-53.13°$$

$$\alpha_0=-26.6°, \quad \alpha_0+90°=63.4°$$

根据图 8-8(a) 中 τ_{xy} 的指向可以判断，$\alpha_0=-26.6°$ 为 σ_1 的方向，而 $\alpha_0+90°=63.4°$ 则为 σ_3 的方向。主应力单元体如图 8-8(b) 所示。

（5）求 xy 面内 $\tau_{\max}$

由式(8.2-7)

$$\tau_{\max}=\frac{\sigma_{\max}-\sigma_{\min}}{2}=\frac{60-(-40)}{2}=50\text{（MPa）}$$

$\tau_{\max}$ 所在面可由 $\sigma_{\max}$ 所在面逆时针转 45°确定。

第三节 三向应力状态的最大应力

设三向应力状态的三个主应力 σ_1、σ_2、σ_3 已知，可以证明，σ_1 是过一点所有截面上正应力的最大值（代数值），而 σ_3 则是最小值。若将此最大和最小正应力分别用 $\sigma_{\max}$ 和 $\sigma_{\min}$ 表示，则

$$\sigma_{\max}=\sigma_1 \qquad (8.3\text{-}1)$$

$$\sigma_{\min}=\sigma_3 \qquad (8.3\text{-}2)$$

最大切应力为

$$\tau_{\max}=\frac{\sigma_1-\sigma_3}{2} \qquad (8.3\text{-}3)$$

$\tau_{\max}$ 的作用面与 σ_2 平行，与 σ_1、σ_3 作用面夹角为 45°。

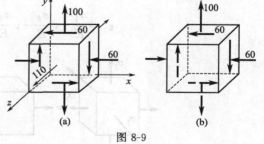

图 8-9

【例 8-4】 求图 8-9(a) 所示单元体的主应力和最大切应力（图中应力单位为 MPa）。

解 选坐标系如图 8-9(a) 后有

$$\sigma_x = -60\text{MPa}, \quad \sigma_y = 100\text{MPa}, \quad \sigma_z = 110\text{MPa}, \quad \tau_{xy} = 60\text{MPa}$$

这是一个三向应力状态，z 面为主平面，σ_z 为主应力，它对所有平行于 z 轴的斜截面上的应力没有影响，所以另两个主应力可按图 8-9(b) 所示平面应力状态求得。由式(8.2-4) 得

$$\left.\begin{array}{l}\sigma_{\max} \\ \sigma_{\min}\end{array}\right\} = \frac{\sigma_x + \sigma_y}{2} \pm \sqrt{\left(\frac{\sigma_x - \sigma_y}{2}\right)^2 + \tau_{xy}^2}$$

$$= \frac{-60 + 100}{2} \pm \sqrt{\left(\frac{-60 - 100}{2}\right)^2 + 60^2}$$

$$= \left\{\begin{array}{r} 120 \\ -80 \end{array}\right. \ (\text{MPa})$$

因此，三个主应力为

$$\sigma_1 = 120\text{MPa}, \quad \sigma_2 = 110\text{MPa}, \quad \sigma_3 = -80\text{MPa}$$

最大切应力可按式(8.3-3) 求得

$$\tau_{\max} = \frac{\sigma_1 - \sigma_3}{2} = \frac{120 + 80}{2} = 100 \ (\text{MPa})$$

第四节　广义胡克定律

对于单向应力状态，如图 8-10，当应力 σ 不超过材料的比例极限时，σ 方向的线应变 ε 可由胡克定律求得

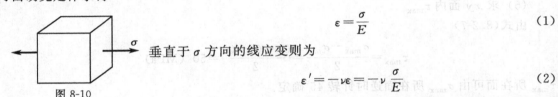

$$\varepsilon = \frac{\sigma}{E} \tag{1}$$

垂直于 σ 方向的线应变则为

$$\varepsilon' = -\nu\varepsilon = -\nu\frac{\sigma}{E} \tag{2}$$

图 8-10

对三向应力状态，只要最大正应力不超过材料的比例极限，并且材料是各向同性的，那么任一方向的线应变都可利用胡克定律叠加而得。以主应力单元体为例，对应于主应力 σ_1、σ_2、σ_3 方向的线应变分别记为 ε_1、ε_2、ε_3，称为主应变。从图 8-11 中可以看出，当各主应力单独作用时，由 σ_1 引起的 σ_1 方向的线应变为 σ_1/E，由 σ_2、σ_3 引起的 σ_1 方向的线应变分别为 $-\nu\dfrac{\sigma_2}{E}$、$-\nu\dfrac{\sigma_3}{E}$；当 σ_1、σ_2、σ_3 共同作用时，σ_1 方向的线应变 ε_1 为

$$\varepsilon_1 = \frac{\sigma_1}{E} - \nu\frac{\sigma_2}{E} - \nu\frac{\sigma_3}{E} = \frac{1}{E}\left[\sigma_1 - \nu(\sigma_2 + \sigma_3)\right]$$

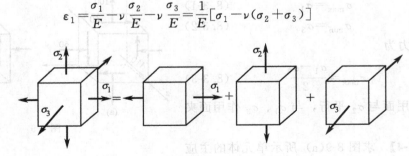

图 8-11

另外两个主应变 ε_2、ε_3 可用同样方法求得。归纳起来可得

$$\left.\begin{aligned}
\varepsilon_1 &= \frac{1}{E}[\sigma_1 - \nu(\sigma_2 + \sigma_3)] \\
\varepsilon_2 &= \frac{1}{E}[\sigma_2 - \nu(\sigma_3 + \sigma_1)] \\
\varepsilon_3 &= \frac{1}{E}[\sigma_3 - \nu(\sigma_1 + \sigma_2)]
\end{aligned}\right\} \tag{8.4-1}$$

这就是用主应力表示的广义胡克定律，式中 σ 应取代数值。ε 也是代数值，正值表示伸长，负值表示缩短，且有 $\varepsilon_1 \geqslant \varepsilon_2 \geqslant \varepsilon_3$。$E$ 和 ν 分别为材料的弹性模量和泊松比。

实际上，对各向同性材料，当其处在线弹性范围内且为小变形时，线应变只与正应力有关，而与切应力无关；切应变只与切应力有关，而与正应力无关，这样对图 8-2 所示的一般空间应力状态便有如下形式的广义胡克定律

$$\left.\begin{aligned}
\varepsilon_x &= \frac{1}{E}[\sigma_x - \nu(\sigma_y + \sigma_z)] \\
\varepsilon_y &= \frac{1}{E}[\sigma_y - \nu(\sigma_z + \sigma_x)] \\
\varepsilon_z &= \frac{1}{E}[\sigma_z - \nu(\sigma_x + \sigma_y)] \\
\gamma_{xy} &= \frac{\tau_{xy}}{G}, \quad \gamma_{yz} = \frac{\tau_{yz}}{G}, \quad \gamma_{zx} = \frac{\tau_{zx}}{G}
\end{aligned}\right\} \tag{8.4-2}$$

物体弹性变形时一般地体积会发生改变，单位体积构件的体积改变称为体积应变，记为 θ。图 8-12 所示主应力单元体各边边长分别设为 $\mathrm{d}x$、$\mathrm{d}y$、$\mathrm{d}z$，变形前体积为

$$V = \mathrm{d}x\,\mathrm{d}y\,\mathrm{d}z$$

变形后各边边长为

$$(1+\varepsilon_1)\mathrm{d}x, \quad (1+\varepsilon_2)\mathrm{d}y, \quad (1+\varepsilon_3)\mathrm{d}z$$

体积为

$$\begin{aligned}
V_1 &= (1+\varepsilon_1)(1+\varepsilon_2)(1+\varepsilon_3)\mathrm{d}x\,\mathrm{d}y\,\mathrm{d}z \\
&= (1+\varepsilon_1+\varepsilon_2+\varepsilon_3)\mathrm{d}x\,\mathrm{d}y\,\mathrm{d}z
\end{aligned}$$

式中略去了高阶小量。于是可得体积应变 θ 为

$$\theta = \frac{V_1 - V}{V} = \varepsilon_1 + \varepsilon_2 + \varepsilon_3$$

若将广义胡克定律式(8.4-1) 代入上式，则

$$\theta = \frac{1-2\nu}{E}(\sigma_1 + \sigma_2 + \sigma_3) \tag{8.4-3}$$

对纯切应力状态，$\sigma_1 = \tau$，$\sigma_2 = 0$，$\sigma_3 = -\tau$，所以有 $\theta = 0$，即纯剪切应力状态时无体积

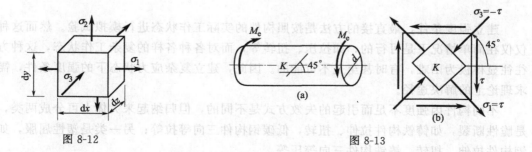

图 8-12　　　　　　　　　　　　　　　图 8-13

改变，而只有形状改变。

【例 8-5】 图 8-13(a) 所示扭转圆轴的直径 $d = 50\text{mm}$，材料的弹性模量 $E = 210\text{GPa}$，泊松比 $\nu = 0.28$，今测得表面 K 点与母线成 45°方向的线应变 $\varepsilon_{45°} = -300 \times 10^{-6}$，试求作用在圆轴两端的外力偶矩 M_e。

解 （1）K 点应力状态分析

K 点应力状态如图 8-13(b) 所示，为纯剪切应力状态。与母线成 45°的方向为主应力 σ_3 的方向，与 σ_3 垂直的则是 σ_1、σ_2 的方向，这里

$$\sigma_1 = \tau, \quad \sigma_2 = 0, \quad \sigma_3 = -\tau$$

（2）广义胡克定律

由式(8.4-1)

$$\varepsilon_{45°} = \varepsilon_3 = \frac{1}{E}[\sigma_3 - \nu(\sigma_1 + \sigma_2)]$$

$$= \frac{1}{E}[-\tau - \nu\tau]$$

$$= -\frac{1+\nu}{E}\tau$$

所以

$$\tau = -\frac{E\varepsilon_{45°}}{1+\nu} \tag{1}$$

（3）计算扭转力偶矩 M_e

圆轴扭转变形时

$$\tau = \frac{M_e}{W_t} \tag{2}$$

式(2) 与式(1) 是相等的，即

$$\frac{M_e}{W_t} = -\frac{E\varepsilon_{45°}}{1+\nu}$$

所以

$$M_e = -\frac{E\varepsilon_{45°}W_t}{1+\nu} = -\frac{E\varepsilon_{45°}\pi d^3}{(1+\nu)16}$$

$$= -\frac{210 \times 10^9 \times (-300 \times 10^{-6})\pi \times 50^3 \times 10^{-9}}{(1+0.28) \times 16}$$

$$= 1.21 \ (\text{kN} \cdot \text{m})$$

第五节　常用的四个古典强度理论

建立强度条件，最直接的方法是按照构件的实际工作状态进行模拟试验。然而这种方法仅仅在简单情况下是可行的，如拉压、扭转等，而对各种各样的复杂工作状态，这种方法则往往显得极为困难，有时甚至是不可能的。因此，建立复杂应力状态下的强度条件，需要寻求理论上的解决途径。

不同构件因强度不足而引起的失效方式是不同的，但归纳起来大体上可分成两类，一类是脆性断裂，如铸铁构件拉伸、扭转，低碳钢构件三向等拉等；另一类是塑性屈服，如低碳钢构件拉伸、扭转，铸铁构件三向等压等。

这样就有理由认为同一类失效方式应当是由某种相同的破坏因素引起的,至于这种破坏因素是什么,可以根据实际观察作出推测,从而提出各种假说。关于构件强度失效原因的假说,称为强度理论。以下介绍的四个常用古典强度理论,只适用于常温静载情况。

一、脆性断裂理论

1. 最大拉应力理论(第一强度理论)

这一理论认为引起材料破坏的主要因素是最大拉应力,无论处于什么应力状态,只要一点最大拉应力 σ_1 达到其极限值 σ^0,材料即发生断裂破坏。由于破坏原因与一点应力状态无关,所以这一极限值 σ^0 可由轴向拉伸试验获得。因此,破坏条件为

$$\sigma_1 = \sigma^0$$

将极限应力 σ^0 除以安全因数得许用应力 $[\sigma]$,由此得强度条件为

$$\sigma_1 \leqslant [\sigma] \tag{8.5-1}$$

最大拉应力理论可很好地解释铸铁等脆性材料拉伸或扭转时的破坏现象,也可较好地解释各种材料(包括塑性材料)在接近三向等拉应力状态时的破坏现象,但对单向压缩、三向压缩等没有拉应力的状态不适用。这一理论没有考虑其他两个主应力对强度的影响,也是它的不足之处。

2. 最大伸长线应变理论(第二强度理论)

这一理论认为引起材料破坏的主要因素是最大伸长线应变 ε_1。无论处于什么应力状态,只要一点最大伸长线应变 ε_1 达到极限值 ε^0,材料就发生断裂破坏。由广义胡克定律

$$\varepsilon_1 = \frac{1}{E}[\sigma_1 - \nu(\sigma_2 + \sigma_3)]$$

ε^0 可由单向拉伸试验确定为

$$\varepsilon^0 = \frac{\sigma^0}{E}$$

所以破坏条件为

$$\varepsilon_1 = \varepsilon^0$$

或

$$\sigma_1 - \nu(\sigma_2 + \sigma_3) = \sigma^0$$

强度条件为

$$\sigma_1 - \nu(\sigma_2 + \sigma_3) \leqslant [\sigma] \tag{8.5-2}$$

最大伸长线应变理论能够解释石料、混凝土等脆性材料压缩破坏现象,也符合铸铁在拉-压二向应力状态且压应力数值较大时的试验结果。

二、塑性屈服理论

1. 最大切应力理论(第三强度理论)

这一理论认为引起材料破坏的主要因素是最大切应力。无论处于什么应力状态,只要一点最大切应力 τ_{max} 达到其极限值 τ^0,材料就发生屈服破坏。一般情况下

$$\tau_{max} = \frac{\sigma_1 - \sigma_3}{2}$$

τ^0 则可由单向拉伸试验确定为

$$\tau^0 = \frac{\sigma^0}{2}$$

因而屈服条件为

$$\tau_{\max}=\tau^0$$
$$\sigma_1-\sigma_3=\sigma^0$$

或

强度条件则为

$$\sigma_1-\sigma_3\leqslant[\sigma] \tag{8.5-3}$$

最大切应力理论能较好地解释塑性材料的屈服现象，例如低碳钢拉伸试验屈服时沿与轴线成 45° 方向出现的滑移线，就是最大切应力所在面的方向。这一理论没有考虑第二主应力 σ_2 的影响，计算结果一般偏于安全。

2. 畸变能理论（第四强度理论）

弹性体因受力变形而储存的能量称为应变能。构件单位体积内储存的应变能称为应变能密度。研究表明，应变能密度 v_e 可由体积改变能密度 v_V 和畸变能密度 v_d 两部分组成，在三向应力状态下它们可由下式计算

$$\left.\begin{aligned}
v_e&=\frac{1}{2E}[\sigma_1^2+\sigma_2^2+\sigma_3^2-2\nu(\sigma_1\sigma_2+\sigma_2\sigma_3+\sigma_3\sigma_1)]\\
v_V&=\frac{1-2\nu}{6E}(\sigma_1+\sigma_2+\sigma_3)^2\\
v_d&=\frac{1+\nu}{6E}[(\sigma_1-\sigma_2)^2+(\sigma_2-\sigma_3)^2+(\sigma_3-\sigma_1)^2]
\end{aligned}\right\} \tag{8.5-4}$$

畸变能理论认为，引起材料破坏的主要因素是畸变能密度 v_d，无论处于什么应力状态，只要畸变能密度 v_d 达到其极限值 v_d^0，材料就发生屈服破坏。v_d^0 可由单向拉伸试验确定，即

$$v_d^0=\frac{2(1+\nu)}{6E}(\sigma^0)^2$$

式中，σ^0 是轴向拉伸试验所得的极限应力。因而，屈服破坏条件为

$$v_d=v_d^0$$

或

$$\sqrt{\frac{1}{2}[(\sigma_1-\sigma_2)^2+(\sigma_2-\sigma_3)^2+(\sigma_3-\sigma_1)^2]}=\sigma^0$$

强度条件为

$$\sqrt{\frac{1}{2}[(\sigma_1-\sigma_2)^2+(\sigma_2-\sigma_3)^2+(\sigma_3-\sigma_1)^2]}\leqslant[\sigma] \tag{8.5-5}$$

钢、铜、铝等塑性材料制成的薄管试验资料表明，畸变能理论比最大切应力理论更接近试验结果。无论是塑性材料还是脆性材料，在三向压应力相近的情况下，都可产生塑性变形，因此应采用第三或第四强度理论。

一般来讲，选用什么强度理论进行常温静载下的强度计算，除了要考虑材料是脆性材料还是塑性材料之外，还应考虑处于什么应力状态，有的在设计手册或规范里有具体规定，选用时应注意查阅。

上述四个强度理论的强度条件可写成以下的统一形式

$$\sigma_r\leqslant[\sigma]$$

式中，σ_r 称为相当应力，依第一强度理论到第四强度理论的顺序，相当应力依次为

$$\left.\begin{aligned}
\sigma_{r1}&=\sigma_1\\
\sigma_{r2}&=\sigma_1-\nu(\sigma_2+\sigma_3)\\
\sigma_{r3}&=\sigma_1-\sigma_3\\
\sigma_{r4}&=\sqrt{\frac{1}{2}[(\sigma_1-\sigma_2)^2+(\sigma_2-\sigma_3)^2+(\sigma_3-\sigma_1)^2]}
\end{aligned}\right\} \tag{8.5-6}$$

对于图 8-14 所示的平面应力状态，常用第三、第四强度理论建立强度条件，其相当应力表达式可进一步简化。将 $\sigma_x = \sigma$，$\sigma_y = 0$，$\tau_{xy} = \tau$ 代入式(8.2-4)，整理后可得

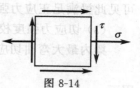

图 8-14

$$\sigma_1 = \frac{\sigma}{2} + \sqrt{\left(\frac{\sigma}{2}\right)^2 + \tau^2}$$

$$\sigma_2 = 0$$

$$\sigma_3 = \frac{\sigma}{2} - \sqrt{\left(\frac{\sigma}{2}\right)^2 + \tau^2}$$

代入式(8.5-6) 中的后两式，便得

$$\sigma_{r3} = \sqrt{\sigma^2 + 4\tau^2} \tag{8.5-7}$$

$$\sigma_{r4} = \sqrt{\sigma^2 + 3\tau^2} \tag{8.5-8}$$

【例 8-6】 18 号工字钢制成的外伸梁如图 8-15(a) 所示，材料的 $[\sigma] = 170\text{MPa}$，$[\tau] = 100\text{MPa}$，已知 $F = 20.5\text{kN}$，试全面校核该梁的强度。

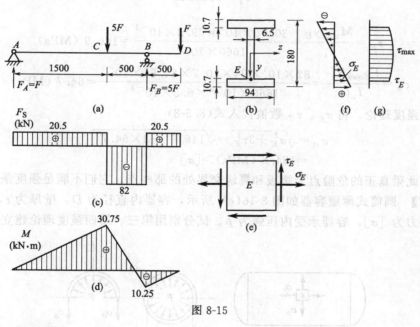

图 8-15

解 （1）内力分析

作梁的剪力图 [图 8-15(c)] 和弯矩图 [图 8-15(d)]，从而确定梁的危险截面为 C 右邻截面。其内力值为

$$F_{S\max} = 82\text{kN}, \quad M_{\max} = 30.75\text{kN} \cdot \text{m}$$

（2）正应力强度校核

梁内最大弯曲正应力发生在 C 截面上、下边缘任一点处。由附表 Ⅱ-4 查 18 号工字钢

$$W_z = 185 \text{ cm}^3$$

因此

$$\sigma_{\max} = \frac{M_{\max}}{W_z} = \frac{30.75 \times 10^3}{185 \times 10^{-6}} = 166.2 \text{ (MPa)} < [\sigma]$$

可见此梁满足正应力强度条件。

（3）切应力强度校核

梁内最大弯曲切应力发生在 C 右邻截面中性轴上任一点处。由附表Ⅱ-4 中查得

$$d=6.5\text{mm}, \quad I_z/S_{z\max}^*=15.4\text{cm}$$

因而

$$\tau_{\max}=\frac{F_{S\max}S_{z\max}^*}{I_zd}=\frac{82\times10^3}{15.4\times10^{-2}\times6.5\times10^{-3}}=81.9\,(\text{MPa})<[\tau]$$

可见此梁也满足切应力强度条件。

（4）主应力校核

为方便计算，将 18 号工字钢横截面形状画成如图 8-15(b) 所示计算简图，腹板和翼缘交界处 E 点的应力状态如图 8-15(e) 所示，从该截面应力分布情况 ［图 8-15(f)、(g)］ 看，E 点正应力 σ_E 和切应力 τ_E 数值均较大，因此有必要对 E 点进行强度校核。习惯上称这种复杂应力状态的强度校核为主应力校核。

由附表Ⅱ-4 中查得

$$I_z=1660\text{cm}^4$$

因而

$$\sigma_E=\frac{M_{\max}y_E}{I_z}=\frac{30.75\times10^3\times79.3\times10^{-3}}{1660\times10^{-8}}=146.9\,(\text{MPa})$$

$$\tau_E=\frac{F_{S\max}S_z^*}{I_zb}=\frac{82\times10^3\times94\times10.7\times84.65\times10^{-9}}{1660\times10^{-8}\times6.5\times10^{-3}}=64.7\,(\text{MPa})$$

如选用第四强度理论，将 σ_E、τ_E 数值代入式(8.5-8)

$$\sigma_{r4}=\sqrt{\sigma_E^2+3\tau_E^2}=\sqrt{146.9^2+3\times64.7^2}$$
$$=184.8\,(\text{MPa})>[\sigma]$$

由此可见，此梁真正的危险点为腹板和翼缘交界处的那些点，它们不满足强度条件。

【例 8-7】 圆筒式薄壁容器如图 8-16(a) 所示，容器内直径为 D，壁厚为 t，$t\ll D$，材料的许用应力为 $[\sigma]$，容器承受内压强为 p。试分别用第三、第四强度理论建立强度条件。

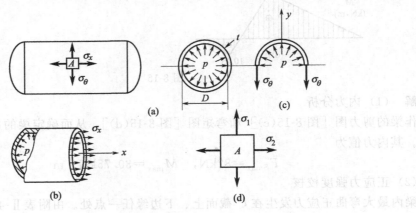

图 8-16

解　（1）应力状态分析

本题只对圆柱形筒壁部分进行强度分析。筒外壁上任一点 A 的应力状态如图 8-16(a) 所示，由对称性，A 点在纵、横截面上只有正应力，没有切应力，忽略半径方向的内压 p，

A 点为平面应力状态。

沿任一横截面取一部分为研究对象 ［图 8-16(b)］

$$\sum F_x = 0, \quad \sigma_x \cdot \pi D t = p \cdot \frac{\pi D^2}{4}$$

$$\sigma_x = \frac{pD}{4t} \tag{1}$$

沿轴向取单位长度筒体，再沿任一直径取其一半研究 ［图 8-16(c)］

$$\sum F_y = 0, \quad \sigma_\theta \cdot 2t = pD$$

$$\sigma_\theta = \frac{pD}{2t} \tag{2}$$

(2) 确定主应力

由式(1)、式(2) 可以得出

$$\left. \begin{array}{l} \sigma_1 = \sigma_\theta = \dfrac{pD}{2t} \\[2mm] \sigma_2 = \sigma_x = \dfrac{pD}{4t} \\[2mm] \sigma_3 = 0 \end{array} \right\} \tag{3}$$

(3) 建立强度条件

将式(3) 分别代入式(8.5-6) 中后两式，整理后可得

$$\sigma_{r3} = \sigma_1 - \sigma_3 = \frac{pD}{2t} \tag{4}$$

$$\sigma_{r4} = \sqrt{\frac{1}{2}\left[(\sigma_1-\sigma_2)^2+(\sigma_2-\sigma_3)^2+(\sigma_3-\sigma_1)^2\right]} = \frac{\sqrt{3}\,pD}{4t} \tag{5}$$

习　　题

8.1　对图 8-17 中的构件，

(1) 指出危险点位置；

(2) 用应力单元体表示危险点的应力状态。

8.2　一吊车行车梁如图 8-18，试画出 C—C 截面上①、②、③、④、⑤点处应力单元体。若 $F=10\text{kN}$，$l=2\text{m}$，$h=300\text{mm}$，$b=126\text{mm}$，$t_1=14.4\text{mm}$，$t=9\text{mm}$，试求 C—C 截面①、②、③、④、⑤点的主应力大小及方向。

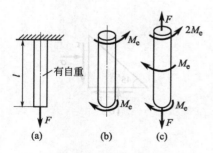

图 8-17　题 8.1 图

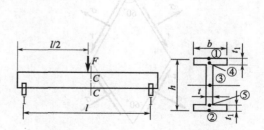

图 8-18　题 8.2 图

8.3　已知表示应力状态的单元体如图 8-19，其应力单位为 MPa，试求：

(1) 指定斜截面上的应力；

（2）主应力及主平面位置；

（3）在单元体上画出主平面位置及主应力方向；

（4）最大切应力及其作用面方位。

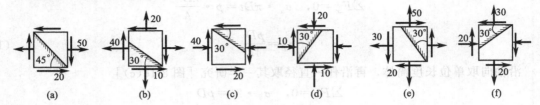

图 8-19　题 8.3 图

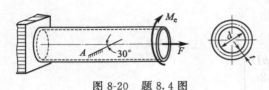

图 8-20　题 8.4 图

8.4　一薄壁圆筒受扭转外力偶 M_e 及轴向拉力 F 的作用，如图 8-20 所示。已知 $d=50\text{mm}$，$t=2\text{mm}$，$M_e=600\text{N}\cdot\text{m}$，$F=20\text{kN}$，试求 A 点处指定斜截面上的应力。注：薄壁筒横截面上扭转切应力为 $\tau=\dfrac{2M_e}{\pi d^2 t}$。

8.5　处于平面应力状态下的单元体在 $\alpha=30°$ 的截面上的应力如图 8-21 所示。τ 的数值为 σ 的 5/4 倍。它在 $\alpha'=120°$ 的截面上的正应力也是压应力 σ，试求 σ_x、τ_{xy}、σ_y。

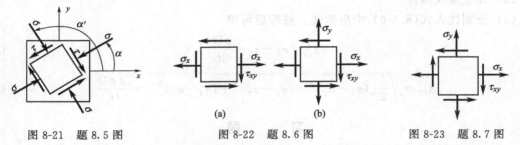

图 8-21　题 8.5 图　　　　图 8-22　题 8.6 图　　　　图 8-23　题 8.7 图

8.6　（1）试证明图 8-22(a) 中，σ_x 无论是拉应力还是压应力，该点处的两个主应力总是反号的。

（2）图 8-22(b) 中，若 σ_x、σ_y 均为拉应力，试求使两个主应力同号的条件。

8.7　图 8-23 所示单元体上 σ_x 和 σ_y 都是拉应力，试指明 σ_x、σ_y、τ_{xy} 之间必须具有什么样的关系，该单元体所代表的点才处于单向应力状态。指明关系时只需写出解析表达式。

8.8　已知 $\sigma=\tau$，试求图 8-24 所示应力状态的主应力和最大切应力。

8.9　图 8-25 所示单元体中，已知 $\sigma=10\text{MPa}$，试求 τ 的大小及主应力大小及方向。

图 8-24　题 8.8 图　　　　　　　　图 8-25　题 8.9 图

8.10　求图 8-26 所示单元体的主应力 σ_1、σ_2、σ_3 和最大切应力 $\tau_{\max}$。图上所示应力单位为 MPa。

8.11　在一块厚钢板上挖了一个尺寸为 1cm^3 的正方形小孔，如图 8-27 所示。在这孔内恰好放一钢立方块而不留间隙。这立方块受合力为 F 的均布压力作用，$F=7\text{kN}$，求立方块三个主应力（设材料弹性常数 E、ν 为已知）。

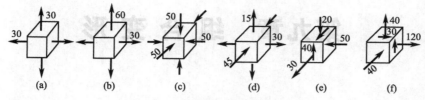

图 8-26 题 8.10 图

8.12 图 8-28 所示，在刚性模槽内无间隙地放两块边长为 a 的正立方体，其材料相同，弹性模量和泊松比均为 E、ν，若在立方体 1 上施加 F 力，在不计摩擦时，求立方体 1 的三个主应力。

8.13 构件中某点处的单元体如图 8-29 所示，试按第三、四强度理论计算单元体的相当应力。若已知

(1) $\sigma_x=60\text{MPa}$，$\sigma_y=-80\text{MPa}$，$\tau=-40\text{MPa}$

(2) $\sigma_x=50\text{MPa}$，$\sigma_y=0$，$\tau=80\text{MPa}$

(3) $\sigma_x=0$，$\sigma_y=0$，$\tau=45\text{MPa}$

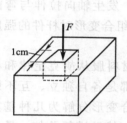

图 8-27 题 8.11 图

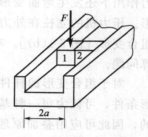

图 8-28 题 8.12 图

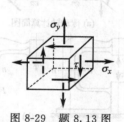

图 8-29 题 8.13 图

8.14 车轮与钢轨接触点处的三个主应力已知分别为 -800MPa，-900MPa 及 -1100MPa，试对此点作强度校核，设材料许用应力为 $[\sigma]=300\text{MPa}$。

8.15 图 8-30 所示薄壁容器受内压 p，现用电阻应变仪测得周向应变 $\varepsilon_A=3.5\times10^{-4}$，轴向应变 $\varepsilon_B=1\times10^{-4}$，若 $E=210\text{GPa}$，$\nu=0.25$，求

(1) 圆筒壁轴向及周向应力及内压力 p；

(2) 若材料许用应力 $[\sigma]=80\text{MPa}$，试用第四强度理论校核筒壁的强度。

8.16 如图 8-31 所示，已知炮筒内膛压力 $p=250\text{MPa}$，筒壁内 C 点处产生的是三向应力状态，已知其周向应力 $\sigma_t=350\text{MPa}$，轴向应力 $\sigma=200\text{MPa}$，径向应力 $\sigma_r=p$，若材料许用应力为 $[\sigma]=600\text{MPa}$，试按第三、四强度理论校核该点强度。

8.17 对图 8-32 所示钢梁作主应力校核，设 $[\sigma]=130\text{MPa}$，$a=0.6\text{m}$，$F=50\text{kN}$。

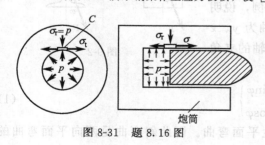

图 8-31 题 8.16 图

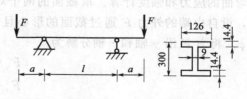

图 8-32 题 8.17 图

第九章 组合变形

第一节 概　述

前面各章分别讨论了杆件在轴向拉伸（压缩）、扭转和弯曲等基本变形时的强度和刚度计算。工程中常用的杆件往往同时发生两种或两种以上的基本变形，这类变形形式称为组合变形。例如传动轴［图 9-1(a)］，由于传递扭转力偶而发生扭转变形，同时在横向力作用下还发生弯曲变形，因此它是扭转与弯曲的组合变形。压力机的立柱在外力作用下，发生轴向拉伸与弯曲的组合变形［图 9-1(b)］。本章研究组合变形时杆件的强度计算问题。

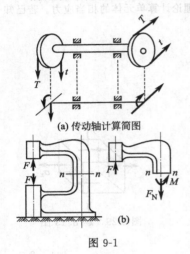

(a) 传动轴计算简图

(b)

图 9-1

对于组合变形的杆件，只要材料服从胡克定律和小变形条件，可认为每一种基本变形都是各自独立、互不影响的，因此可应用叠加原理，将组合变形分解为几种基本变形，分别计算它们的内力、应力，然后进行叠加。最后根据危险点处的应力状态，建立相应的强度条件。

本章介绍常见的几种组合变形，包括斜弯曲、轴向拉伸（压缩）与弯曲的组合、偏心拉伸（压缩）、弯曲与扭转的组合。

第二节 斜　弯　曲

第六章讨论了梁的平面弯曲问题，其特点是梁的挠曲线与外力所在纵向面重合，二者都位于梁的纵对称面内。对于多数截面有两个对称轴的梁，当外力作用线通过截面形心但不与截面对称轴重合时（图 9-2），梁的挠曲线一般不再与外力所在纵向面重合，梁的这种弯曲变形称为斜弯曲。

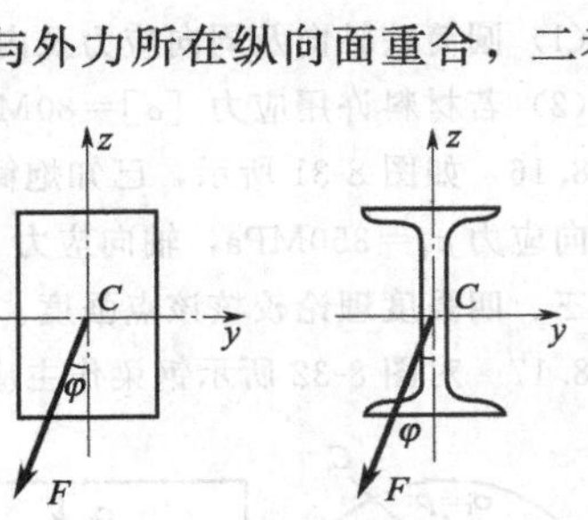

下面以图 9-3(a) 所示的矩形截面悬臂梁为例，说明斜弯曲的应力和强度计算。取截面的两个对称轴为 y、z 轴，设自由端的外力 F 通过截面的形心且与 z 轴的夹角为 φ。将力 F 沿 y 轴和 z 轴分解为

图 9-2

$$\left.\begin{array}{l} F_y = F\sin\varphi \\ F_z = F\cos\varphi \end{array}\right\} \tag{1}$$

F_y 和 F_z 使梁分别在 xy 平面和 xz 平面内发生平面弯曲。因此斜弯曲是两向平面弯曲的组合。

由图 9-3（a）可知，该梁的危险截面位于固定端处，该截面上 M_y 和 M_z 的数值均为最大，为

$$\left. \begin{array}{l} M_{y\max}=F_z l=Fl\cos\varphi \\ M_{z\max}=F_y l=Fl\sin\varphi \end{array} \right\} \qquad (2)$$

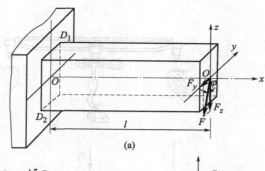

相应于 $M_{y\max}$ 和 $M_{z\max}$ 的应力分布如图 9-3（b）、（c）所示。将各点的两种正应力叠加（即求代数和）后可判定固定端截面的 D_1 点和 D_2 点分别有数值相等的最大拉应力和最大压应力，其值为

$$\sigma_{\max}=\frac{M_{y\max}}{W_y}+\frac{M_{z\max}}{W_z} \qquad (9.2\text{-}1)$$

式中，W_y、W_z 分别表示截面对 y、z 轴的抗弯截面模量。

因为危险点处为单向应力状态，故可根据式（6.4-1）建立强度条件，即

$$\sigma_{\max}=\frac{M_{y\max}}{W_y}+\frac{M_{z\max}}{W_z}\leqslant[\sigma] \qquad (9.2\text{-}2)$$

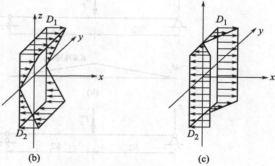

图 9-3

应用式（9.2-2）进行梁的截面尺寸设计时，可先假设 W_y/W_z 的比值，求出所需的 W_y 和 W_z 值后，再决定截面尺寸。对于强度校核问题，应视材料而定，如果是拉、压强度不同的材料，应对最大拉应力和最大压应力分别校核。

对于带有凸角的截面，如矩形、工字形等，危险点位于截面凸角顶端，可按上述步骤进行强度计算。对于无凸角的截面如椭圆形截面等，应先确定中性轴的位置，找到危险点后才能进行强度计算。

【例 9-1】 图 9-4（a）所示的桥式起重机大梁由 28b 工字钢制成。材料为 Q235 钢，$[\sigma]=160$ MPa，梁长 $l=4$ m。吊车行进时载荷 F 的方向偏离铅垂线一个角度 φ，若 $\varphi=15°$，$F=25$ kN，试校核工字梁的强度。

解 起重机大梁可简化为简支梁 [图 9-4（b）]，当吊车行进到跨中时，梁的弯矩最大，危险截面为跨中截面。

（1）外力分解

取截面的对称轴为 y、z 轴，将力 F 沿 y、z 轴分解：
$$F_y=F\sin\varphi=25\times\sin15°=6.47(\text{kN}), \qquad F_z=F\cos\varphi=25\times\cos15°=24.2(\text{kN})$$

（2）求危险截面上的内力和危险点的应力

由 F_y 引起的最大弯矩 [图 9-4（b）] 为

$$M_{z\max}=\frac{F_y l}{4}=\frac{6.47\times4}{4}=6.47(\text{kN}\cdot\text{m})$$

相应地截面前、后边缘点的正应力最大 [图 9-4（d）]。

由 F_z 引起的最大弯矩 [图 9-4（c）] 为

$$M_{y\max}=\frac{F_z l}{4}=\frac{24.2\times4}{4}=24.2(\text{kN}\cdot\text{m})$$

相应地截面上、下边缘点的正应力最大 [图 9-4（e）]。将各点应力叠加后可判定 d 点和 a 点

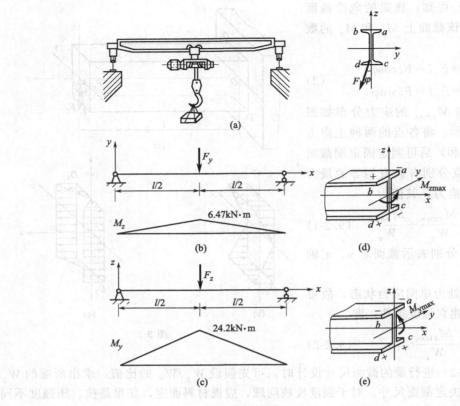

图 9-4

分别有数值相等的最大拉应力和最大压应力,它们是危险点。由附录Ⅱ型钢表查得 28b 工字钢的两个抗弯截面系数

$$W_y = 534.29 \text{ cm}^3, \quad W_z = 61.209 \text{ cm}^3$$

$$\sigma_{\max} = \frac{M_{z\max}}{W_z} + \frac{M_{y\max}}{W_y} = \frac{6.47 \times 10^3}{61.209 \times 10^{-6}} + \frac{24.2 \times 10^3}{534.29 \times 10^{-6}}$$

$$= 151 \times 10^6 \text{(Pa)} = 151 \text{(MPa)}$$

(3) 强度校核

由于钢材的抗拉与抗压强度相同,只校核 d、a 两点中任一点满足强度条件。

$$\sigma_{\max} = 151 \text{MPa} < [\sigma] = 160 \text{ MPa}$$

若载荷不偏离铅垂线,即 $\varphi = 0$ 时,最大正应力则为

$$\sigma_{\max} = \frac{M_{\max}}{W_y} = \frac{Fl/4}{W_y} = \frac{25 \times 10^3 \times 4/4}{534.29 \times 10^{-6}} = 46.8 \times 10^6 \text{(Pa)} = 46.8 \text{(MPa)}$$

可见载荷 F 虽只偏离了 15°,最大正应力却提高了 2.23 倍。因此,当截面的 W_y 与 W_z 相差较大时,应尽量避免斜弯曲。

【例 9-2】 矩形截面梁受力如图 9-5(a) 所示。已知 $l = 1\text{m}$,$b = 50\text{mm}$,$h = 75\text{mm}$,试求梁中最大正应力及其作用点位置。若截面改为圆形,$d = 65\text{mm}$,试求其最大正应力。

解 (1) 矩形截面梁的最大正应力及其作用点位置

取 y、z 轴如图 9-5(a) 所示。梁在力 F_1、F_2 作用下发生两向平面弯曲,两个平面内的弯矩图如图 9-5 (b)、(c) 所示。梁在固定端弯矩值最大,为

$$M_{y\max}=1.5\ \text{kN·m},\quad M_{z\max}=2.0\ \text{kN·m}$$

矩形截面的抗弯截面系数为

$$W_y=\frac{bh^2}{6}=46875\ \text{mm}^3$$

$$W_z=\frac{hb^2}{6}=31250\ \text{mm}^3$$

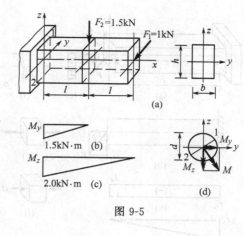

图 9-5

最大正应力在固定端截面的 1、2 两点见图 9-5(a)，其值为

$$
\begin{aligned}
\sigma_{\max}&=\frac{M_{y\max}}{W_y}+\frac{M_{z\max}}{W_z}\\
&=\frac{1.5\times10^3}{46875\times10^{-9}}+\frac{2.0\times10^3}{31250\times10^{-9}}\\
&=96\times10^6(\text{Pa})=96(\text{MPa})
\end{aligned}
$$

（2）圆形截面梁的最大正应力

若梁的截面为圆形，用 M_y/W_y 和 M_z/W_z 求出的分别是危险截面的上、下两点和前、后两点的应力，显然，不能将这两个不同点的应力进行叠加。由于圆截面的任一直径都是形心主惯性轴，可将危险截面的两向弯矩按矢量合成〔图 9-5(d)〕，合弯矩为

$$M=\sqrt{M_y^2+M_z^2}=\sqrt{1.5^2+2.0^2}=2.5(\text{kN·m})$$

合弯矩作用在与力偶矢量 M 垂直的形心主惯性平面内，可应用平面弯曲的正应力公式计算出危险截面上 1、2 两点〔图 9-5(d)〕的最大弯曲正应力

$$
\begin{aligned}
\sigma_{\max}&=\frac{M}{W}=\frac{2.5\times10^3}{\dfrac{\pi}{32}\times65^3\times10^{-9}}\\
&=92.7\times10^6(\text{Pa})=92.7(\text{MPa})
\end{aligned}
$$

非对称截面梁斜弯曲时，横向力只有通过截面的弯曲中心，才能保证梁除了弯曲外不发生扭转。计算时可把横向力沿截面形心主惯性轴方向分解为两个分量，按上述方法进行计算。

第三节　拉伸（压缩）与弯曲的组合

图 9-6(a) 所示矩形截面悬臂梁，在梁的纵对称面（xz 平面）内受力 F 作用，力 F 与梁的轴线（x 轴）夹角为 φ。将力 F 分解为轴向分力 F_x 和横向分力 F_z 如图 9-6(b) 所示，即

$$F_x=F\cos\varphi,\quad F_z=F\sin\varphi$$

轴向力 F_x 使梁产生轴向拉伸，横向力 F_z 使梁产生平面弯曲，所以梁发生轴向拉伸与弯曲的组合变形。对于抗弯刚度 EI 较大的杆，横向力引起的挠度远小于杆的横向尺寸，因而轴向力引起的附加弯曲变形可忽略不计，叠加原理仍然适用。

作出梁的轴力图〔图 9-6(c)〕和弯矩图〔图 9-6(d)〕，可确定危险截面为固定端，其内力值为

$$F_N=F_x=F\cos\varphi$$

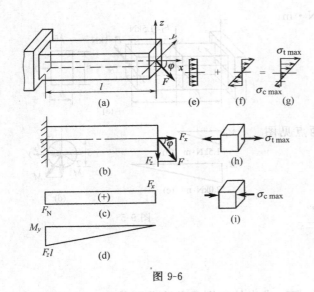

图 9-6

$$M_{max}=F_z l=Fl\sin\varphi$$

与轴力 F_N 相应的正应力分布情况如图 9-6(e)，与弯矩 M_{max} 对应的弯曲正应力分布情况如图 9-6(f) 所示。两者叠加后可知固定端截面的上、下边缘各点分别有最大拉应力 $\sigma_{t\,max}$ 和最大压应力 $\sigma_{c\,max}$ [图 9-6(g)]，其值为

$$\left.\begin{array}{r}\sigma_{t\,max}\\\sigma_{c\,max}\end{array}\right\}=\frac{F_N}{A}\pm\frac{M_{max}}{W_y}\quad(9.3\text{-}1)$$

由于危险点处为单向应力状态 [图 9-6(h)、(i)]，故可根据式(6.4-1)建立强度条件，即 $\sigma_{max}\leqslant[\sigma]$。若材料抗拉、抗压强度相同，只需计算正应力数值较大的那一点。若材料抗拉、抗压强度不相同，则应分别建立最大拉应力和最大压应力强度条件，即

$$\sigma_{tmax}=\frac{F_N}{A}+\frac{M_{max}}{W}\leqslant[\sigma_t]$$

$$\sigma_{cmax}=\left|\frac{F_N}{A}-\frac{M_{max}}{W}\right|\leqslant[\sigma_c]\quad(9.3\text{-}2)$$

【**例 9-3**】 简易吊车如图 9-7(a) 所示。AB 为 20a 工字钢梁，材料为 Q235 钢，$[\sigma]=$ 100MPa。已知最大吊重 $F=20$kN，梁长 $l=4$m，$\alpha=30°$，试校核 AB 梁的强度。

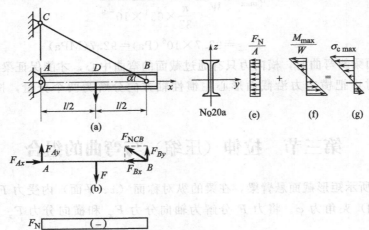

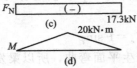

图 9-7

解 （1）受力分析

作 AB 梁受力图 [图 9-7(b)]。可以近似认为小车在 AB 梁中点 D 时为最不利位置。根据梁的平衡方程可求得

$$F_{NCB}=20\ kN$$

$$F_{Ax} = -F_{Bx} = 17.3 \text{ kN}$$
$$F_{Az} = F_{Bz} = 10 \text{ kN}$$

方向如图。因此 AB 梁发生轴向压缩与平面弯曲的组合变形。

（2）确定危险截面上的内力

作 AB 梁的轴力图 ［图 9-7(c)］ 和弯矩图 ［图 9-7(d)］，可知 D 为危险截面，其轴力和弯矩分别为

$$F_N = -17.3 \text{ kN}$$
$$M_{max} = 20 \text{ kN} \cdot \text{m}$$

（3）计算危险点处的应力

由附录Ⅱ查得 20a 号工字钢的横截面面积 $A = 35.5 \text{cm}^2$，抗弯截面系数 $W = 237 \text{cm}^3$，在危险截面的上边缘各点有最大压应力，其绝对值为

$$\sigma_{c\,max} = \left| \frac{F_N}{A} \right| + \frac{M_{max}}{W} = \frac{17.3 \times 10^3}{35.5 \times 10^{-4}} + \frac{20 \times 10^3}{237 \times 10^{-6}}$$
$$= 89.3 \times 10^6 (\text{Pa}) = 89.3 (\text{MPa})$$

（4）强度校核

$$\sigma_{c\,max} = 89.3 \text{ MPa} < [\sigma]$$

AB 梁满足强度条件。

第四节　偏心拉伸（压缩）

当作用在直杆上的载荷作用线与杆的轴线平行但不重合时，将引起偏心拉伸或偏心压缩。厂房中支承吊车梁的立柱 ［图 9-8(a)］、钻床的立柱 ［图 9-8(b)］ 等分别是偏心压缩和偏心拉伸的实例。本节只研究大刚度杆的偏心拉伸（压缩）问题。

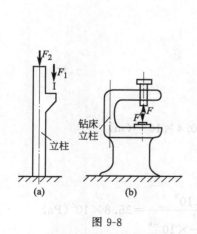

图 9-8

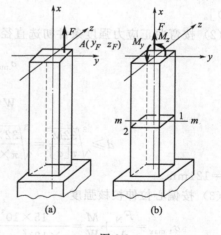

图 9-9

以矩形截面杆偏心拉伸为例 ［图 9-9(a)］。设杆的轴线为 x 轴，截面的两对称轴为 y、z 轴，力 F 作用点 A 的坐标为 y_F，z_F，将偏心拉力 F 向杆的横截面形心简化，得到一个轴向拉力 F，一个作用在 xz 平面内的弯曲力偶 $M_y = Fz_F$ 和一个作用在 xy 平面内的弯曲力偶 $M_z = Fy_F$ 见图 9-9(b)，它们分别使杆发生轴向拉伸和在两个形心主惯性平面内的平面弯曲变形。所以，偏心拉伸（压缩）实际上是轴向拉伸（压缩）与两个平面纯弯曲的组合变

形，各点都处于单向应力状态。

在上述外力作用下，杆任意横截面上的内力分量为

$$F_N = F$$
$$M_y = F \cdot z_F$$
$$M_z = F \cdot y_F$$

用叠加法可求出任一横截面 $m\text{-}m$ 如图 9-9(b) 上的最大拉应力 $\sigma_{t\,max}$（位于角点 1）和最大压应力 σ_{cmax}（位于角点 2），并由此建立强度条件为

$$\sigma_{tmax} = \frac{F_N}{A} + \frac{M_y}{W_y} + \frac{M_z}{W_z} \leqslant [\sigma_t]$$

$$\sigma_{c\,max} = \left| \frac{F_N}{A} - \frac{M_y}{W_y} - \frac{M_z}{W_z} \right| \leqslant [\sigma_c] \tag{9.4-1}$$

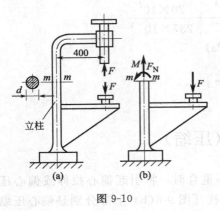

图 9-10

对于矩形等一类截面有凸角的杆，危险点在截面的角点上，可以用直观方法确定危险点的位置并计算其应力。而对于无凸角的截面则应确定中性轴后再找危险点求其应力。

由上述分析可知，杆件受偏心载荷作用时，如果偏心距较大，会因弯曲产生较大的正应力，而较大的拉应力对于抗拉能力低的材料是不利的，因此应尽量避免偏心载荷，或控制偏心距的大小。

【例 9-4】 图 9-10(a) 所示钻床，若 $F = 15\text{kN}$，材料许用拉应力 $[\sigma_t] = 35\text{MPa}$，试计算圆立柱所需直径 d。

解 （1）内力计算

由截面法可得立柱 $m\text{-}m$ 横截面上的内力：$F_N = F = 15\text{kN}$；$M = 0.4F = 6\text{kN} \cdot \text{m}$ [图 9-10(b)]。

（2）按弯曲正应力强度条件初选直径 d。

由

$$\sigma_{max} = \frac{M}{W} \leqslant [\sigma]$$

$$W = \frac{\pi d^3}{32} \geqslant \frac{M}{[\sigma]}$$

得

$$d \geqslant \sqrt[3]{\frac{32M}{\pi[\sigma]}} = \sqrt[3]{\frac{32 \times 6 \times 10^3}{\pi \times 35 \times 10^6}} = 120.4 \times 10^{-3} \text{(m)}$$

取 $d = 121\text{mm}$。

（3）按偏心拉伸校核强度

$$\sigma_{t\,max} = \frac{F_N}{A} + \frac{M}{W} = \frac{15 \times 10^3}{\frac{\pi \times 121^2}{4} \times 10^{-6}} + \frac{6 \times 10^3}{\frac{\pi \times 121^3}{32} \times 10^{-9}} = 35.8 \times 10^6 \text{(Pa)}$$

$$= 35.8 \text{ (MPa)} > [\sigma_t]$$

最大拉应力超过许用拉应力 2.3%，不到 5%，故可用。所以取圆立柱直径 $d = 121\text{mm}$。

有些脆性材料如混凝土、砖、石等抗拉强度很低。当杆件偏心受压时，应尽量使其横截面上不出现拉应力，以免拉裂破坏。当偏心力作用点向形心靠近至一定限度时，可使中性轴移出截面之外。因此，只要偏心力 F 的作用点控制在一定范围之内，就会

使杆横截面只出现单一的压应力，这个载荷作用的范围是围绕形心的一个区域，称为截面核心。

第五节　弯曲与扭转的组合

第四章中讨论过轴的扭转问题。工程中的轴除受扭转外，还常同时发生弯曲变形。弯曲变形不能忽略时，应看作扭转与弯曲的组合变形。

以图 9-11(a) 所示的 A 端固定、自由端 C 处受铅垂载荷 F 作用的曲拐轴（AB 段为圆截面）为例，说明杆件扭转与弯曲组合变形时的强度计算方法。

将力 F 向 AB 杆的 B 截面形心简化后，AB 杆受力如图 9-11(b) 所示。横向力 F 使 AB 杆发生平面弯曲，扭转力偶矩 Fa 使 AB 杆发生扭转，所以 AB 杆发生扭转和弯曲的组合变形。

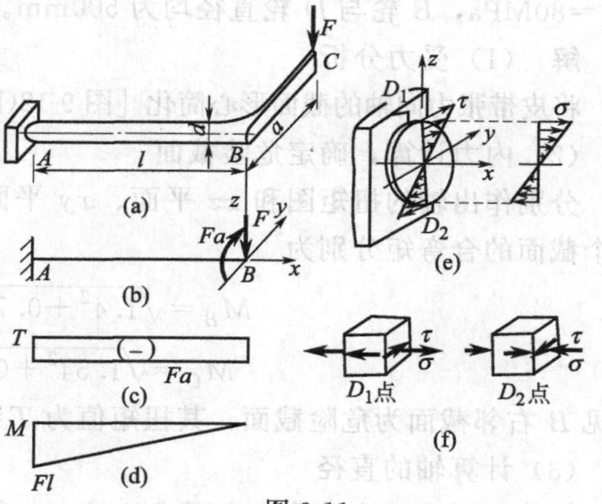

作 AB 杆的扭矩图和弯矩图〔见图 9-11(c)、(d)〕，可知 A 截面为危险截面，其内力数值为

图 9-11

$$\left.\begin{array}{l} T = Fa \\ M = Fl \end{array}\right\} \tag{a}$$

根据危险截面上相应于扭矩 T 的切应力分布规律和相应于弯矩 M 的正应力分布规律〔图 9-11(e)〕，可知上、下边缘的 D_1 点和 D_2 点的切应力和正应力同时达到最大值，其数值为

$$\left.\begin{array}{l} \tau = \dfrac{T}{W_{\mathrm{t}}} \\[2mm] \sigma = \dfrac{M}{W} \end{array}\right\} \tag{b}$$

对于低碳钢一类抗拉和抗压强度相同的材料，取其中一点进行强度计算即可。

若取 D_1 点进行强度计算，其单元体〔图 9-11(f)〕为二向应力状态，需根据强度理论来建立强度条件。一般采用第三强度理论与第四强度理论。应用式(8.5-7) 和式(8.5-8)，即

$$\sigma_{r3} = \sqrt{\sigma^2 + 4\tau^2} \leqslant [\sigma]$$

$$\sigma_{r4} = \sqrt{\sigma^2 + 3\tau^2} \leqslant [\sigma]$$

将式(b) 代入上面二式并注意到圆截面的 $W_{\mathrm{t}} = 2W$，即得圆截面杆扭转与弯曲组合变形时的强度条件

$$\sigma_{r3} = \frac{1}{W}\sqrt{M^2 + T^2} \leqslant [\sigma] \tag{9.5-1}$$

$$\sigma_{r4} = \frac{1}{W}\sqrt{M^2 + 0.75T^2} \leqslant [\sigma] \tag{9.5-2}$$

式(9.5-1) 和式(9.5-2) 两式不适用于非圆截面杆。

对于扭转与轴向拉伸（压缩）组合变形或扭转、弯曲与轴向拉伸（压缩）组合变形的杆件，其危险点的应力状态与图 9-11(f) 相同，故仍可用式(8.5-7) 和式(8.5-8) 进行强度计算，只是正应力 σ 应为危险点处所受轴向拉伸（压缩）正应力或轴向拉伸（压缩）正应力与弯曲正应力之和。

【例 9-5】 钢制传动轴上皮带轮 B、D 受力如图 9-12(a) 所示。已知钢的许用应力 $[\sigma]=80\text{MPa}$，B 轮与 D 轮直径均为 500mm。试按第三、第四强度理论设计圆轴的直径。

解 （1）受力分析

将皮带张力向轴的截面形心简化 ［图 9-12(b)］。可以看出轴发生扭转与弯曲的组合变形。

（2）内力计算，确定危险截面

分别作出轴的扭矩图和 xz 平面、xy 平面的弯矩图 ［见图 9-12(c)、(d)、(e)］。B、C 两个截面的合弯矩分别为

$$M_B=\sqrt{1.4^2+0.77^2}=1.60(\text{kN}\cdot\text{m})$$

$$M_C=\sqrt{1.54^2+0^2}=1.54(\text{kN}\cdot\text{m})$$

可见 B 右邻截面为危险截面，其扭矩值为 $T=0.75\text{kN}\cdot\text{m}$，弯矩值为 $M=1.60\text{kN}\cdot\text{m}$。

（3）计算轴的直径

按第三强度理论计算，应用式(9.5-1)，可得

$$d\geqslant\sqrt[3]{\frac{32\sqrt{M^2+T^2}}{\pi[\sigma]}}=\sqrt[3]{\frac{32\sqrt{1.60^2+0.75^2}\times10^3}{\pi\times80\times10^6}}$$

$$=60.8\times10^{-3}(\text{m})=60.8(\text{mm})$$

取 $d=61\text{mm}$。

若按第四强度理论计算，应用式(9.5-2)，可得

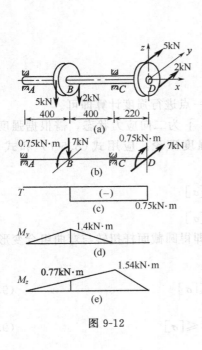

图 9-12

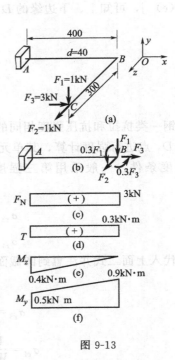

图 9-13

$$d \geqslant \sqrt[3]{\frac{32\sqrt{M^2+0.75T^2}}{\pi[\sigma]}} = \sqrt[3]{\frac{32\sqrt{1.60^2+0.75\times0.75^2}\times10^3}{\pi\times80\times10^6}}$$

$$= 60.4\times10^{-3}(\text{m}) = 60.4(\text{mm})$$

取 $d = 61\text{mm}$。

从以上结果可知，第三、第四强度理论计算结果相差不大。

【例 9-6】 一水平折杆 ABC 如图 9-13(a) 所示。AB 段直径 $d = 40\text{mm}$，材料的许用应力 $[\sigma] = 120\text{MPa}$，试按第四强度理论校核 AB 杆的强度。

解 （1）受力分析

将作用在 C 截面上的外力向 B 截面形心简化，AB 杆计算简图如图 9-13(b)。由图可见 AB 杆发生轴向拉伸、扭转和弯曲的组合变形。

（2）内力计算、判断危险截面

作出 AB 杆的轴力图、扭矩图和 xy 平面、xz 平面内的弯矩图 [见图 9-13(c)、(d)、(e)、(f)]。由图可知 B 截面为危险截面，其内力值分别为 $F_N = 3\text{kN}$，$T = 0.3\text{kN}\cdot\text{m}$，$M = M_y = 0.9\text{kN}\cdot\text{m}$。

（3）危险点处的应力计算

$$\sigma = \frac{F_N}{A} + \frac{M}{W} = \frac{3\times10^3}{\frac{\pi\times40^2}{4}\times10^{-6}} + \frac{0.9\times10^3}{\frac{\pi\times40^3}{32}\times10^{-9}}$$

$$= 145.6\times10^6(\text{Pa}) = 145.6(\text{MPa})$$

$$\tau = \frac{T}{W_t} = \frac{0.3\times10^3}{\frac{\pi\times40^3}{16}\times10^{-9}} = 23.9\times10^6(\text{Pa}) = 23.9(\text{MPa})$$

（4）强度校核

应用式(8.5-8)

$$\sigma_{r4} = \sqrt{\sigma^2+3\tau^2} = \sqrt{145.6^2+3\times23.9^2} = 151.4(\text{MPa}) > [\sigma]$$

AB 杆的强度不够，应重新设计截面尺寸。

习 题

9.1 求图 9-14 所示各杆指定截面上的内力。

9.2 图 9-15 所示简支梁，若 $[\sigma] = 160\text{MPa}$，$F = 7\text{kN}$，试选择工字钢型号（提示：标准工字钢的

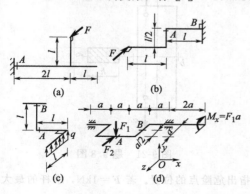

图 9-14 题 9.1 图

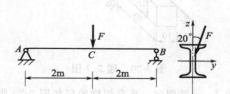

图 9-15 题 9.2 图

$W_y/W_z = 5 \sim 15$，计算时可先在此范围内选一比值，待选定型号后再进一步验算梁的强度）。

9.3 设屋面与水平面成 φ 角如图 9-16 所示，试由正应力强度出发证明屋架上矩形截面的纵梁用料最经济时的高宽比为 $h/b = \cot\varphi$。

提示：证明时需用到 $A = bh = $ 常量这一条件。

9.4 图 9-17 所示斜梁 AB 的横截面为 $100\text{mm} \times 100\text{mm}$ 的正方形，$F = 3\text{kN}$，试作轴力图及弯矩图，并求最大拉应力及最大压应力。

图 9-16 题 9.3 图　　　　　　图 9-17 题 9.4 图

9.5 图 9-18 所示构架的立柱 AB 用 25a 号工字钢制成，已知 $F = 20\text{kN}$，$[\sigma] = 160\text{MPa}$，试作立柱的内力图并校核其强度。

9.6 图 9-19 所示压力机框架。材料的许用拉应力 $[\sigma_t] = 30\text{MPa}$，许用压应力 $[\sigma_c] = 80\text{MPa}$，$z_1 = 5.95\text{cm}$，$z_2 = 4.05\text{cm}$，$I_y = 488\text{cm}^4$。试校核框架立柱的强度。

图 9-18 题 9.5 图　　　　　　图 9-19 题 9.6 图

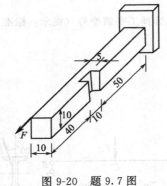

图 9-20 题 9.7 图　　　　　　图 9-21 题 9.8 图

9.7 一端固定、具有切槽的杆如图 9-20 所示，试指出危险点的位置。若 $F = 1\text{kN}$，求杆的最大正应力。

9.8 图 9-21 所示偏心拉伸试验的拉杆为矩形截面，$h = 2b = 10\text{cm}$。在其二侧面各贴一片纵向应变片 a

和 b，现测得其应变值 $\varepsilon_a = 520 \times 10^{-6}$，$\varepsilon_b = -9.5 \times 10^{-6}$，已知材料的 $E = 200\text{GPa}$。试求：

(1) 偏心距 e 和拉力 F；

(2) 证明在弹性范围内

$$e = \frac{\varepsilon_a - \varepsilon_b}{\varepsilon_a + \varepsilon_b} \cdot \frac{h}{6}$$

9.9 一金属构件受力如图 9-22，已知材料的弹性模量 $E = 150\text{GPa}$，测得 A 点在 x 方向上的线应变为 500×10^{-6}，求载荷 F 值。

9.10 图 9-23 所示电动机的功率为 9kW，转速 715r/min，皮带轮直径 $D = 250\text{mm}$，主轴外伸部分长度 $l = 120\text{mm}$，直径 $d = 40\text{mm}$。若 $[\sigma] = 60\text{MPa}$，试用第三强度理论校核轴的强度。

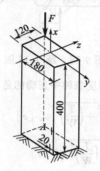

图 9-22 题 9.9 图

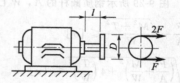

图 9-23 题 9.10 图

9.11 手摇绞车如图 9-24 所示，轴的直径 $d = 30\text{mm}$，材料为 Q235 钢，$[\sigma] = 80\text{MPa}$。试按第三强度理论求绞车的最大起吊重量 P。

9.12 如图 9-25 所示铁道路标的圆信号板装在外径 $D = 60\text{mm}$ 的空心圆柱上。若信号板上作用的最大风载的压强 $p = 2\text{kN/m}^2$，圆柱的许用应力 $[\sigma] = 60\text{MPa}$，试按第三强度理论选择空心圆柱的壁厚 δ。

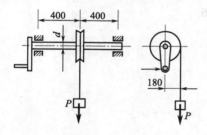

图 9-24 题 9.11 图

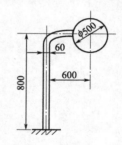

图 9-25 题 9.12 图

9.13 图 9-26 所示皮带轮传动轴传递功率 $P = 7\text{kW}$，转速 $n = 200\text{r/min}$。皮带轮重量 $W = 1.8\text{kN}$。左端齿轮上啮合力 F_n 与齿轮节圆切线的夹角（压力角）为 20°，轴的材料为低碳钢，其许用应力 $[\sigma] = 80\text{MPa}$，试分别在忽略和考虑皮带轮重量的两种情况下，按第三强度理论估算轴的直径。

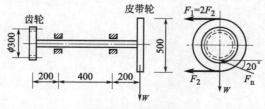

图 9-26 题 9.13 图

9.14 图 9-27 所示传动轴左端伞形齿轮上所受的轴向力 $F_1 = 16.5\text{kN}$，切向力 $F_2 = 4.55\text{kN}$，径向力

$F_3 = 0.414\text{kN}$，右端齿轮上所受的切向力 $F_2' = 14.49\text{kN}$，径向力 $F_3' = 5.28\text{kN}$。若 $d = 40\text{mm}$，$[\sigma] = 300\text{MPa}$，试按第四强度理论对轴进行校核。

9.15　圆截面等直杆受横向力 F 和扭转外力偶 M_e 作用，见图9-28。由实验测得杆表面 A 点处沿轴线方向的线应变 $\varepsilon_0 = 4 \times 10^{-4}$，杆表面 B 点处沿与母线成45°方向的线应变 $\varepsilon_{45°} = 3.75 \times 10^{-4}$，已知材料的弹性模量 $E = 200\text{GPa}$，泊松比 $\nu = 0.25$，许用应力 $[\sigma] = 140\text{MPa}$，试按第三强度理论校核杆的强度。

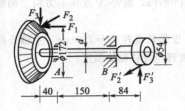
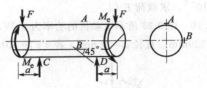

图9-27　题9.14图　　　　　　　　　　　　图9-28　题9.15图

9.16　图9-29所示钢质圆杆的 A，W 已知，受力如图。该杆下列强度条件中正确的是_____。

A. $\dfrac{F}{A} + \dfrac{\sqrt{M^2 + T^2}}{W} \leqslant [\sigma]$　　　　　B. $\sqrt{\left(\dfrac{F}{A}\right)^2 + \left(\dfrac{M}{W}\right)^2 + \left(\dfrac{T}{W}\right)^2} \leqslant [\sigma]$

C. $\sqrt{\left(\dfrac{F}{A} + \dfrac{M}{W}\right)^2 + 4\left(\dfrac{T}{W}\right)^2} \leqslant [\sigma]$　　　　D. $\sqrt{\left(\dfrac{F}{A} + \dfrac{M}{W}\right)^2 + \left(\dfrac{T}{W}\right)^2} \leqslant [\sigma]$

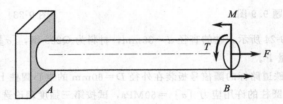

图9-29　题9.16图

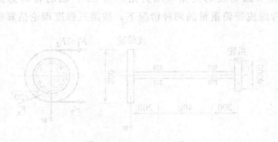

第十章 能 量 法

第一节 概 述

弹性体在外力作用下产生弹性变形，外力作用点也随之发生位移，这时外力便做了功，称为外力功，用 W 表示。弹性体在外力做功同时主要以变形的形式将能量储存起来，卸除外力时这部分能量会释放出来做功。弹性体在载荷作用下因变形而储存的能量称为应变能，用 V_ε 表示，单位为焦耳（J）。

如果忽略弹性体变形过程中的能量损失，那么外力功 W 全部转化为弹性体应变能 V_ε，即

$$V_\varepsilon = W \tag{10.1-1}$$

这个关系称为功能原理。

与能量概念有关的一些定理和原理统称为能量原理。利用能量原理对结构进行分析的方法称为能量法。在对结构进行强度、刚度、稳定性分析中，能量法是比较简便有效的方法，因此得到广泛的应用。本章主要介绍用能量法计算线弹性结构的位移。

第二节 杆件的应变能

一、外力功

图 10-1(a) 所示的拉杆在线弹性范围内的拉伸图如图 10-1(b)。外力由零开始逐渐增大到 F，杆端位移由零逐渐增至 δ，在加载过程中，外力做功为

$$W = \int_0^\delta F \mathrm{d}\delta = \frac{1}{2}F\delta \tag{10.2-1}$$

对于一般的情况，"F"可以理解为广义力（可以是力或力偶），"δ"是与广义力相应的广义位移（可以是线位移或角位移）。这里"相应"的含义有二：一是方向相应，即力作用点处沿着力作用线方向的位移；二是性质相应，即集中力只能在线位移上做功，集中力偶只能在角位移上做功。例如，扭转时（图 10-2），"F"是扭转力偶，"δ"是与扭转力偶相应的扭转角 φ；弯曲时（图 10-3），"F"是产生弯曲的力偶，"δ"是两端截面的相对转角 θ。当杆件或结构上作用着一组广义力 F_i（$i = 1, 2, \cdots, n$）时，与 F_i 相应的广义位移为 δ_i（$i = 1, 2, \cdots, n$），则在线弹性范围内的外力功为

$$W = \sum_{i=1}^{n} \frac{1}{2} F_i \delta_i \tag{10.2-2}$$

例如图 10-4 所示的刚架，外力做的功为

$$W = \frac{1}{2}F_1\delta_1 + \frac{1}{2}F_2\delta_2 + \frac{1}{2}F_3\delta_3$$

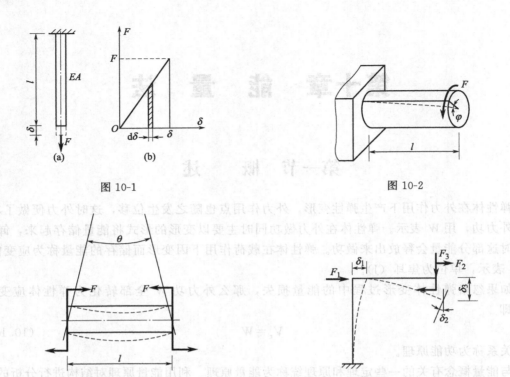

图 10-1

图 10-2

图 10-3

图 10-4

二、杆件的应变能

杆件的应变能可用功能原理计算。在基本变形情况下，杆件的应变能为

$$V_\varepsilon = W = \frac{1}{2}F\delta \tag{10.2-3}$$

对于轴向拉（压）杆[图 10-1(a)]，式(10.2-3)中的 F 等于杆的轴力 F_N，δ 等于杆的轴向变形 $\Delta l = \dfrac{F_N l}{EA}$，所以拉（压）杆的应变能为

$$V_\varepsilon = \frac{F_N^2 l}{2EA} \tag{10.2-4}$$

对于扭转变形的圆轴（图 10-2），式(10.2-3)中的 F 等于横截面上的扭矩 T，δ 等于两端的相对扭转角 $\varphi = \dfrac{Tl}{GI_P}$，所以杆的扭转应变能为

$$V_\varepsilon = \frac{T^2 l}{2GI_p} \tag{10.2-5}$$

对于图 10-3 所示的梁，式(10.2-3)中的 F 等于梁横截面上的弯矩 M，δ 等于两端截面的相对转角 $\theta = \dfrac{l}{\rho} = \dfrac{Ml}{EI}$，所以梁在纯弯曲时的应变能为

$$V_\varepsilon = \frac{M^2 l}{2EI} \tag{10.2-6}$$

在横力弯曲时，梁的横截面上除弯矩外，还有剪力。梁内的应变能包含两部分：与弯曲变形相应的弯曲应变能和与剪切变形相应的剪切应变能。在细长梁的情况下，剪切应变能比弯曲应变能小得多，可以忽略不计。如果从梁中取出长为 dx 的微段来研究，则微段梁内的

应变能为

$$dV_\varepsilon = \frac{M^2(x)dx}{2EI}$$

所以全梁内的弯曲应变能为

$$V_\varepsilon = \int_l \frac{M^2(x)dx}{2EI} \tag{10.2-7}$$

在组合变形的情况下，从杆内取出的微段受力情况如图 10-5(a) 所示。由于变形微小，各内力分量只对自己所对应的位移做功，即轴力 $F_N(x)$ 只对轴向位移 $d(\Delta l)$ 做功，扭矩 $T(x)$ 只对扭转角 $d\varphi$ 做功，弯矩 $M(x)$ 只对转角 $d\theta$ 做功 [图 10-5(b)、(c)、(d)]。应用功能原理，微段的应变能为

$$dV_\varepsilon = \frac{1}{2}F_N(x)d(\Delta l) + \frac{1}{2}T(x)d\varphi + \frac{1}{2}M(x)d\theta$$

$$= \frac{F_N^2(x)dx}{2EA} + \frac{T^2(x)dx}{2GI_p} + \frac{M^2(x)dx}{2EI}$$

全杆的应变能为

$$V_\varepsilon = \int_l dV_\varepsilon = \int_l \frac{F_N^2(x)dx}{2EA} + \int_l \frac{T^2(x)dx}{2GI_p} + \int_l \frac{M^2(x)dx}{2EI} \tag{10.2-8}$$

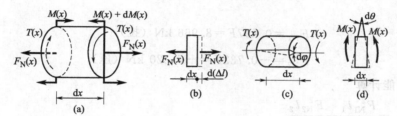

图 10-5

三、应变能密度

弹性体在单位体积内储存的应变能称为应变能密度，用 v_ε 表示，单位为 J/m^3。若弹性体内各点的受力和变形是均匀的，则应变能的分布也是均匀的，例如轴向受拉（压）的直杆，其应变能密度为

$$v_\varepsilon = \frac{V_\varepsilon}{V} = \frac{F_N^2 l}{2EA} \bigg/ (Al) = \frac{1}{2}\sigma\varepsilon \tag{10.2-9}$$

从拉（压）杆内取出的单元体为单向应力状态 [图 10-6(a)]，式(10.2-9) 表示，单位尺寸的单元体内储存的应变能密度等于该单元体上的正应力 σ 对相应的线应变 ε 所做的功。当弹性体内各点受力和变形不均匀时，可以分别研究各点应力单元体的应变能密度，例如三向应力状态下 [图 10-6(b)] 应变能密度为

$$v_\varepsilon = \frac{1}{2}\sigma_1\varepsilon_1 + \frac{1}{2}\sigma_2\varepsilon_2 + \frac{1}{2}\sigma_3\varepsilon_3 \tag{10.2-10}$$

整个弹性体的应变能可以将应变能密度对体积积分求出，即

$$V_\varepsilon = \int_V v_\varepsilon dV \tag{10.2-11}$$

若将式(10.2-10) 中的 ε_1、ε_2、ε_3 应用广义胡克定律式(8.4-1)，则可进一步得到应变能密度 v_ε 作为应力的函数表达式 (8.5-4)，读者可自行验证。

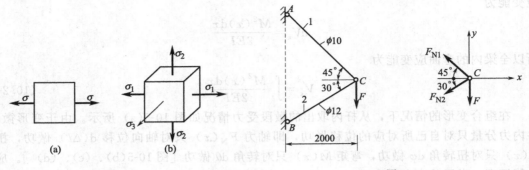

(a)　　　(b)

图 10-6　　　　　　　　　　　　　图 10-7

【**例 10-1**】　图 10-7 中的结构在结点 C 受到铅垂力 F 作用，$F=10\text{kN}$。二杆材料相同，弹性模量 $E=200\text{GPa}$，试计算该结构的应变能，并计算 C 点的铅垂位移 w_C。

解　（1）内力计算

设两杆轴力分别为 F_{N1}、F_{N2}，列结点 C 的平衡方程，有

$$\sum F_x=0，\quad -F_{N2}\cos30°-F_{N1}\cos45°=0$$

$$\sum F_y=0，\quad F_{N1}\sin45°-F_{N2}\sin30°-F=0$$

解出

$$F_{N1}=0.897F=8.966\text{ kN}（拉）$$

$$F_{N2}=-0.732F=-7.320\text{ kN}（压）$$

（2）应变能计算

$$V_\varepsilon=\frac{F_{N1}^2 l_1}{2EA_1}+\frac{F_{N2}^2 l_2}{2EA_2}$$

$$=\frac{8966^2\times2\sqrt{2}}{2\times200\times10^3\times\dfrac{\pi\times10^2}{4}}+\frac{7320^2\times2/\cos30°}{2\times200\times10^3\times\dfrac{\pi\times12^2}{4}}$$

$$=7.238+2.735=9.973（\text{N}\cdot\text{m}）$$

（3）计算 w_C

应用功能原理，有

$$V_\varepsilon=W=\frac{1}{2}F\cdot w_C$$

所以 C 点的铅垂位移为

$$w_C=\frac{2V_\varepsilon}{F}=\frac{2\times9.973}{10\times10^3}=1.99\times10^{-3}（\text{m}）=1.99（\text{mm}）（\downarrow）$$

第三节　单位载荷法　莫尔积分

一、单位载荷法

设杆受任意一组载荷 F_1，F_2，$\cdots$，F_n 的作用而变形；要计算杆轴线上任一点 A 沿任意方向的位移 δ [图 10-8(a)]。若载荷组 F_1，F_2，$\cdots$，F_n 作用下杆内储存的应变能为

$V_{\varepsilon F}$，载荷组做的功为 W_F，则根据功能原理，有

$$V_{\varepsilon F}=W_F \tag{1}$$

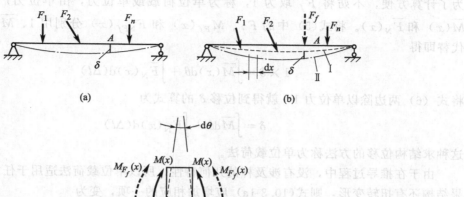

(a)

(b)

(c)

图 10-8

为了计算 A 点的位移 δ，可在 A 点处假想加一个与 δ 相应的力 F_f，并设此力先单独作用在杆上，杆产生变形后其轴线位置如图 10-8(b) 中虚线 Ⅰ 所示。然后再加上载荷组 F_1，F_2，…，F_n，这时杆轴线位置变化至图 10-8(b) 中点划线 Ⅱ 的位置。在变形微小的条件下，弹性体的变形与载荷成正比，所以先加的力 F_f 并不影响载荷组使杆产生的变形，杆轴线从位置 Ⅰ 到位置 Ⅱ 的变形与图 10-8(a) 所示单独加载荷组所产生的变形相同。在杆轴线从位置 Ⅰ 变到位置 Ⅱ 的过程中，载荷组和 F_f 做的功 W 在数值上等于杆内增加的应变能 V_ε，即

$$W=V_\varepsilon \tag{2}$$

在这个过程中，由于力 F_f 已先加在杆上，所以它做的功等于 $F_f \cdot \delta$，而载荷组做的功与它们单独作用时做的功相同，等于 W_F，因此

$$W=F_f \cdot \delta + W_F \tag{3}$$

为了研究这个过程中杆内增加的应变能，从杆内任取一长为 $\mathrm{d}x$ 的微段 ［图 10-8(c)］。该微段杆内增加的应变能 $\mathrm{d}V_\varepsilon$，数值上等于该微段两端的内力对微段两端的相应位移所做的功。设 $M_{F_f}(x)$，$F_{\mathrm{N}F_f}(x)$ 是力 F_f 所产生的内力，$M(x)$、$F_\mathrm{N}(x)$ 是载荷组所产生的内力，$\mathrm{d}\theta$ 和 $\mathrm{d}(\Delta l)$ 分别是载荷组单独作用时使微段两端产生的相对转角和相对线位移。在杆轴线从位置 Ⅰ 变到位置 Ⅱ 的过程中，由于 F_f 已经先加到杆上，$M_{F_f}(x)$ 和 $F_{\mathrm{N}F_f}(x)$ 是常量，所以它们对相应位移做的功分别等于 $M_{F_f}(x)\mathrm{d}\theta$ 和 $F_{\mathrm{N}F_f}(x)\mathrm{d}(\Delta l)$；$M(x)$ 和 $F_\mathrm{N}(x)$ 对相应位移做的功数值上等于载荷组单独作用时使该微段内储存的应变能 $\mathrm{d}V_{\varepsilon F}$。所以

$$\mathrm{d}V_\varepsilon = M_{F_f}(x)\mathrm{d}\theta + F_{\mathrm{N}F_f}(x)\mathrm{d}(\Delta l) + \mathrm{d}V_{\varepsilon F}$$

全杆增加的变形能为

$$V_\varepsilon = \int_l \mathrm{d}V_\varepsilon = \int_l M_{F_f}(x)\mathrm{d}\theta + \int_l F_{\mathrm{N}F_f}(x)\mathrm{d}(\Delta l) + V_{\varepsilon F} \tag{4}$$

将式(1)、式(3)、式(4)代入式(2)，得到

$$F_f \cdot \delta = \int_l M_{F_f}(x)\,\mathrm{d}\theta + \int_l F_{NF_f}(x)\,\mathrm{d}(\Delta l) \tag{5}$$

为了计算方便，不妨将 F_f 取为 1，称为单位荷载或单位力，由单位力产生的内力记为 $\overline{M}(x)$ 和 $\overline{F}_N(x)$。将式(5)中的 F_f、$M_{Ff}(x)$ 和 $F_{NFf}(x)$ 分别用 1、$\overline{M}(x)$ 和 $\overline{F}_N(x)$ 代替即得

$$1 \times \delta = \int \overline{M}(x)\,\mathrm{d}\theta + \int \overline{F}_N(x)\,\mathrm{d}(\Delta l) \tag{6}$$

将式(6)两边除以单位力 1，就得到位移 δ 的算式为

$$\delta = \int \overline{M}\,\mathrm{d}\theta + \int \overline{F}_N(x)\,\mathrm{d}(\Delta l) \tag{10.3-1a}$$

这种求结构位移的方法称为单位载荷法。

由于在推导过程中，没有涉及杆的几何特性，所以单位载荷法适用于任意杆系结构。如果结构还有扭转变形，则式(10.3-1a)应增加相应的一项，变为

$$\delta = \int \overline{F}_N(x)\,\mathrm{d}(\Delta l) + \int \overline{M}(x)\,\mathrm{d}\theta + \int \overline{T}(x)\,\mathrm{d}\varphi \tag{10.3-1b}$$

应该注意，式(6)右边的积分项代表能量量纲为 [力][长度]，而式(10.3-1a)和式(10.3-1b)右边的积分项的量纲是 [长度]，这是因为后者是由式(6)的两边除以单位力而得到的。如果要求杆上某一截面的转角 δ，则应在该截面上加一个力偶，其矩等于 1，称为单位力偶，仿照上面的推导过程，仍可得到式(10.3-1)。

二、莫尔积分

在单位荷载法的计算公式(10.3-1)中，$\mathrm{d}(\Delta l)$、$\mathrm{d}\varphi$、$\mathrm{d}\theta$ 是结构中任一微段由于实际载荷引起的两端相对位移，若结构在线弹性范围内工作，则上述位移可以按材料力学中杆件的基本变形公式确定，即

$$\mathrm{d}(\Delta l) = \frac{F_N(x)\,\mathrm{d}x}{EA}, \quad \mathrm{d}\theta = \frac{M(x)\,\mathrm{d}x}{EI}, \quad \mathrm{d}\varphi = \frac{T(x)\,\mathrm{d}x}{GI_P}$$

将以上各式代入式(10.3-1b)，得到

$$\delta = \int \frac{\overline{F}_N(x)F_N(x)\,\mathrm{d}x}{EA} + \int \frac{\overline{M}(x)M(x)\,\mathrm{d}x}{EI} + \int \frac{\overline{T}(x)T(x)\,\mathrm{d}x}{GI_P} \tag{10.3-2}$$

上式中未考虑剪力对位移的影响。如果是以弯曲变形为主的杆件，例如梁和刚架，还可以忽略轴力的影响。

式(10.3-2)称为莫尔积分，根据它可以计算任何形式的线弹性杆系结构在任意位置、沿任意方向的线位移或角位移。利用莫尔积分求位移的步骤为：

(1) 求在原有外力作用下，结构的内力方程 $F_N(x)$，$M(x)$，$T(x)$；

(2) 在欲求位移的截面处加单位力（单位力是与欲求位移相应的广义力）；

(3) 求在单位力单独作用下，结构的内力方程 $\overline{F}_N(x)$，$\overline{M}(x)$，$\overline{T}(x)$；

(4) 代入莫尔积分式(10.3-2)，计算位移 δ，若结果为正，说明 δ 方向与所加单位力方向一致，否则相反。

【例 10-2】 求图 10-9(a)所示梁 A 截面的挠度 w_A 和 B 截面的转角 θ_B。梁抗弯刚度 EI 为常量。

解 在外力作用下，梁的弯矩方程为

AB 段：$M(x_1) = -\dfrac{q}{2}x_1^2$

BC 段：$M(x_2)=\dfrac{4}{3}qax_2-\dfrac{q}{2}x_2^2$

欲求 w_A，需在 A 截面处加相应的铅垂单位力见图 10-9(b)。在此单位力单独作用下，梁的弯矩方程为

AB 段：$\overline{M}(x_1)=-x_1$

BC 段：$\overline{M}(x_2)=-\dfrac{1}{3}x_2$

代入莫尔积分式(10.3-2)，有

$$w_A=\int\frac{\overline{M}(x)M(x)\mathrm{d}x}{EI}$$

$$=\int_0^a\frac{\overline{M}(x_1)M(x_1)\mathrm{d}x_1}{EI}+\int_0^{3a}\frac{\overline{M}(x_2)M(x_2)\mathrm{d}x_2}{EI}=\frac{1}{EI}\int_0^a(-x_1)\left(-\frac{q}{2}x_1^2\right)\mathrm{d}x_1$$

$$+\frac{1}{EI}\int_0^{3a}\left(-\frac{1}{3}x_2\right)\left(\frac{4}{3}qax_2-\frac{q}{2}x_2^2\right)\mathrm{d}x_2=-\frac{qa^4}{2EI}(\uparrow)$$

所得结果为负，说明 w_A 的方向与所加单位力方向相反，即 w_A 向上。

欲求 θ_B，需在 B 截面处加单位力偶，见图 10-9(c)。在单位力偶单独作用下，梁的弯矩方程为

AB 段：$\overline{M}(x_1)=0$

BC 段：$\overline{M}(x_2)=\dfrac{1}{3a}x_2$

代入莫尔积分式(10.3-2)，有

$$\theta_B=\int\frac{\overline{M}(x)M(x)\mathrm{d}x}{EI}$$

$$=\int_0^a\frac{\overline{M}(x_1)M(x_1)\mathrm{d}x_1}{EI}+\int_0^{3a}\frac{\overline{M}(x_2)M(x_2)\mathrm{d}x_2}{EI}$$

$$=\frac{1}{EI}\int_0^{3a}\left(\frac{1}{3a}x_2\right)\left(\frac{4}{3}qax_2-\frac{q}{2}x_2^2\right)\mathrm{d}x_2$$

$$=\frac{5qa^3}{8EI}(\downarrow)$$

所得结果为正，说明 θ_B 的转向与所加单位力偶一致，即为顺时针转向。

【例 10-3】 等截面刚架如图 10-10(a) 所示。试计算由于荷载作用而使其两自由端 A、D 之间的水平相对位移 Δ_{AD}。

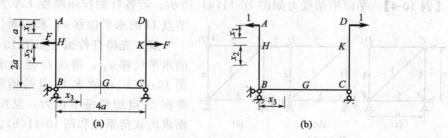

图 10-10

解 由于结构和载荷的对称性，可以只计算半个刚架，在积分时乘上 2。在载荷作用下，刚架的弯矩方程为

AH 段：$\qquad\qquad\qquad\qquad M(x_1)=0$

HB 段：$\qquad\qquad\qquad\qquad M(x_2)=Fx_2$

BG 段：$\qquad\qquad\qquad\qquad M(x_3)=2Fa$

欲求 A、D 的水平相对位移 Δ_{AD}，可在 A、D 处分别加上一对共线反向的水平单位力见图 10-10(b)。在单位力单独作用下，刚架的弯矩方程为

AH 段：$\qquad\qquad\qquad\qquad \overline{M}(x_1)=x_1$

HB 段：$\qquad\qquad\qquad\qquad \overline{M}(x_2)=a+x_2$

BG 段：$\qquad\qquad\qquad\qquad \overline{M}(x_3)=3a$

代入莫尔积分式(10.3-2)，有

$$\Delta_{AD}=\int\frac{\overline{M}(x)M(x)\mathrm{d}x}{EI}=2\left[\int_0^a\frac{\overline{M}(x_1)M(x_1)\mathrm{d}x_1}{EI}+\right.$$

$$\left.\int_0^{2a}\frac{\overline{M}(x_2)M(x_2)\mathrm{d}x_2}{EI}+\int_0^{2a}\frac{\overline{M}(x_3)M(x_3)\mathrm{d}x_3}{EI}\right]$$

$$=\frac{2}{EI}\left[0+\int_0^{2a}(a+x_2)\cdot Fx_2\mathrm{d}x_2+\int_0^{2a}3a\cdot 2Fa\mathrm{d}x_3\right]$$

$$=\frac{100Fa^3}{3EI}$$

计算结果为正，表示自由端 A、D 是离开的。

现在分析轴力对该刚架位移的影响。在载荷作用下，BC 段有轴力 $F_N(x_3)=F$；在单位力单独作用下，BC 段的轴力 $\overline{F}_N(x_3)=1$，于是莫尔积分式中需增加一项

$$\Delta'_{AD}=\int_0^{4a}\frac{\overline{F}_N(x_3)F_N(x_3)\mathrm{d}x_3}{EA}=\int_0^{4a}\frac{F\mathrm{d}x_3}{EA}=\frac{4Fa}{EA}$$

Δ'_{AD} 即为轴力对位移的影响。Δ'_{AD} 与 Δ_{AD} 之比为

$$\frac{\Delta'_{AD}}{\Delta_{AD}}=\frac{3}{25}\frac{I}{Aa^2}=\frac{3}{25}\left(\frac{i}{a}\right)^2$$

通常惯性半径 i 与杆长相比是很小的，例如，对直径为 d 的圆截面，当 BC 段长 $4a=10d$，则 $(i/a)^2=1/100$，上述比值为

$$\frac{\Delta'_{AD}}{\Delta_{AD}}=\frac{3}{25}\times\frac{1}{100}=0.0012$$

显然，Δ'_{AD} 可以忽略。因此在计算以弯曲变形为主的杆或杆系结构的位移时，一般可以不考虑轴力的影响。

【例 10-4】 平面桁架受力如图 10-11(a) 所示。若各杆的拉压刚度 EA 为常量，试计算节点 D 的水平位移 u_D 和铅垂位移 w_D。

解 先将杆件编号如图 10-11。欲求 D 点的水平位移 u_D，需在 D 点加水平单位力，见图 10-11(b)；欲求 D 点的铅垂位移 w_D，则需在 D 点加铅垂单位力，见图 10-11(c)。分别求出载荷系统和图 10-11(b)、(c) 两种单位力系统的轴力，计算结果见下表。

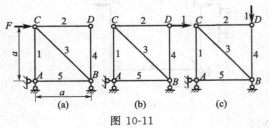

图 10-11

杆号 i	l_i	F_{Ni}	求水平位移 u_D		求铅垂位移 w_D	
			$\overline{F}_{Ni}$	$F_{Ni}\overline{F}_{Ni}l_i$	$\overline{F}_{Ni}$	$F_{Ni}\overline{F}_{Ni}l_i$
1	a	P	1	Fa	0	0
2	a	0	1	0	0	0
3	$\sqrt{2}a$	$-\sqrt{2}F$	$-\sqrt{2}$	$2\sqrt{2}Fa$	0	0
4	a	0	0	0	-1	0
5	a	P	1	Fa	0	0
			$u_D=\sum\dfrac{F_{Ni}\overline{F}_{Ni}l_i}{EA_i}$ $=\dfrac{(2+2\sqrt{2})Fa}{EA}$（向右）		$w_D=\sum\dfrac{F_{Ni}\overline{F}_{Ni}l_i}{EA_i}$ $=0$	

【例 10-5】 用莫尔积分计算图 10-12(a) 所示的等截面开口圆环开口两端截面的相对转角 θ_{AB}。设杆的刚度 EI 为已知常量，圆环为小曲率杆。

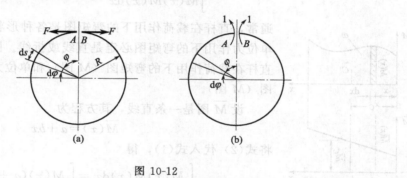

图 10-12

解 利用结构和载荷的对称性，可以只计算半个圆环，然后将结果乘以 2。圆环任一横截面上的内力一般有轴力、剪力和弯矩。由于轴力和剪力对变形的影响远小于弯矩的影响，所以可略去不计。小曲率杆横截面高度远小于轴线曲率半径，其弯曲正应力分布接近于直梁，可把计算直梁变形的莫尔积分式(10.3-2)推广应用于这类曲杆，有

$$\delta=\int_s\frac{\overline{M}(s)M(s)\,\mathrm{d}s}{EI}$$

式中，s 为沿曲杆轴线的弧长。

在载荷作用下，圆环任一横截面上的弯矩为

$$M(\varphi)=-FR(1-\cos\varphi) \qquad (0\leqslant\varphi\leqslant\pi)$$

为了计算开口两端截面的相对转角，应在两端截面加上一对转向相反的单位力偶 [图 10-12(b)]。单位力偶作用下，圆环任一横截面上的弯矩为

$$\overline{M}(\varphi)=-1 \qquad (0<\varphi\leqslant\pi)$$

曲杆横截面上的弯矩使曲率增大者为正值弯矩，故此例中的 $M(\varphi)$ 和 $\overline{M}(\varphi)$ 均为负值。圆环的 $M(s)=M(\varphi)$，$\overline{M}(s)=\overline{M}(\varphi)$，$\mathrm{d}s=R\mathrm{d}\varphi$，于是可求出两端截面的相对转角为

$$\theta_{AB}=\int_s\frac{\overline{M}(s)M(s)\,\mathrm{d}s}{EI}=2\int_0^\pi\frac{\overline{M}(\varphi)M(\varphi)R\,\mathrm{d}\varphi}{EI}$$

$$= \frac{2}{EI} \int_0^\pi (-1)[-FR(1-\cos\varphi)]R\,\mathrm{d}\varphi$$

$$= \frac{2\pi FR^2}{EI}$$

所得结果为正值，说明相对转角 θ_{AB} 与所加单位力偶的转向一致。

第四节　图　乘　法

通常，应用莫尔积分式时的积分运算比较冗繁。对于直杆或由直杆组成的杆系，可以将这种积分运算简化为几何图形的代数运算。下面以受弯杆件为例说明。设轴力 F_N 和剪力 F_S 的影响可以忽略不计。

在莫尔积分式(10.3-2)中，对等截面直杆，其 EI 为常量，可以提到积分号外面，于是只需讨论积分

$$\int M(x)\overline{M}(x)\mathrm{d}x \tag{1}$$

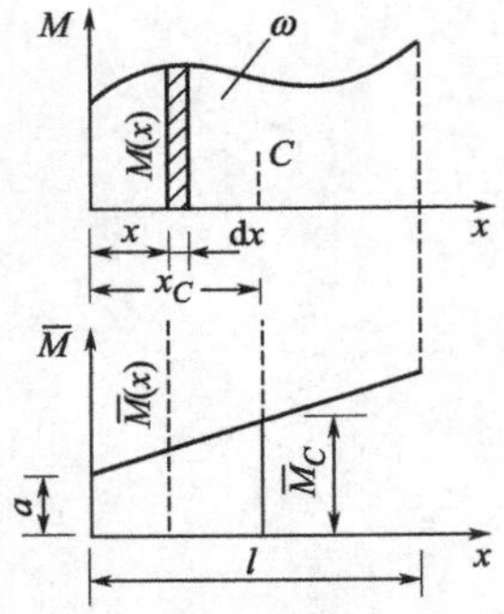

通常，直杆在载荷作用下的弯矩图是各种形状的曲线，而直杆在单位力作用下的弯矩图必定是直线或折线。图 10-13 表示了某段直杆在载荷作用下的弯矩图（M 图）和单位力单独作用下的弯矩图（$\overline{M}$ 图）。

设 $\overline{M}$ 图是一条直线，其方程为

$$\overline{M}(x)=a+bx \tag{2}$$

将式(2)代入式(1)，得

$$\int_l M(x)\overline{M}(x)\mathrm{d}x = \int_l M(x)(a+bx)\mathrm{d}x$$

$$= a\int_l M(x)\mathrm{d}x + b\int_l M(x)x\,\mathrm{d}x \tag{3}$$

图 10-13

式(3)中第一项积分表示 M 图曲线下的面积，记为 ω；第二项积分表示 M 图曲线下的图形对纵轴的静矩，它等于该图形的面积 ω 与其形心到纵轴的距离 x_C 之积，因此式(3)可写成

$$\int_l M(x)\overline{M}(x)\mathrm{d}x = a\omega + b\omega \cdot x_C = \omega(a+bx_C) \tag{4}$$

容易看出式(4)中的乘子 $(a+bx_C)$ 等于 $\overline{M}$ 图中横坐标 x_C 处的纵坐标，记为 $\overline{M}_C$。所以有

$$\int M(x)\overline{M}(x)\mathrm{d}x = \omega \cdot \overline{M}_C \tag{10.4-1}$$

这样，就把莫尔积分中的积分运算化为弯矩图的几何量的乘法运算。这种方法称为图乘法。

应用图乘法时，要计算某些图形的面积和形心位置。为应用方便，表 10-1 中给出了几种常见图形的面积和形心位置的计算公式。

应该注意，只有直杆才能应用图乘法。由于式(10.4-1)是按 $\overline{M}$ 图为一条直线的情况推导出的，所以当 $\overline{M}$ 图是折线时，应当分段计算。此外，若 $\overline{M}$ 图是折线，而 M 图是一条直线时，也可以反过来应用图乘法，即用 $\overline{M}$ 图的面积乘上其形心对应处的 M 图纵坐标，以简化运算。当 M 图与 $\overline{M}$ 图位于 x 轴同侧时，其乘积为正值；当 M 图与 $\overline{M}$ 图位于 x 轴的异

表 10-1

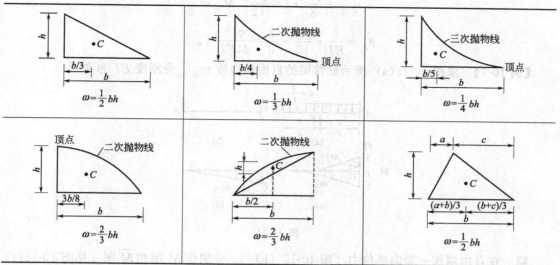

注：表中 C 为各图形的形心。

侧时，其乘积为负值。

【例 10-6】 用图乘法计算图 10-14(a) 所示梁的跨中挠度 w_C 和 A 端截面转角 θ_A。设梁的刚度 EI 为常量。

解 欲求 w_C，需在 C 点加一竖向单位力 [图 10-14(b)]；欲求 θ_A，需在 A 处加相应的单位力偶 [图 10-14(c)]。分别作出梁在荷载作用下的弯矩图 [图 10-14(d)]，梁在 C 处有单位力单独作用时的弯矩图 [图 10-14(e)] 和 A 处有单位力偶单独作用时的弯矩图 [图 10-14(f)]。

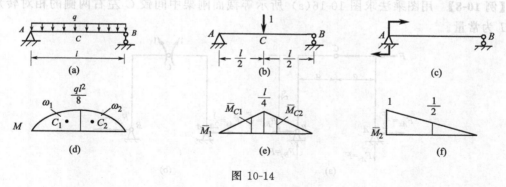

图 10-14

求 w_C　由于 $\overline{M}$ 图是折线，所以分两段计算，相应地 M 图也分成两段。利用表 10-1，有

$$\omega_1 = \omega_2 = \frac{2}{3} \cdot \frac{ql^2}{8} \cdot \frac{l}{2} = \frac{ql^3}{24}$$

$$\overline{M}_{C1} = \overline{M}_{C2} = \frac{5}{8} \cdot \frac{l}{4} = \frac{5l}{32}$$

$$w_C = \frac{1}{EI}(\omega_1 \overline{M}_{C1} + \omega_2 \overline{M}_{C2}) = \frac{5ql^4}{384EI}(\downarrow)$$

求 θ_A　$\overline{M}$ 图是一条直线，所以不必分段图乘。利用表 10-1，有

$$\omega = \frac{2}{3} \cdot \frac{ql^2}{8} \cdot l = \frac{ql^3}{12}, \quad \overline{M}_C = \frac{1}{2}$$

$$\theta_A = \frac{1}{EI} \cdot \frac{ql^3}{12} \cdot \frac{1}{2} = \frac{ql^3}{24EI} \quad (\downarrow)$$

【例 10-7】 求图 10-15(a) 所示悬臂梁的自由端挠度 w_B。设刚度 EI 为常量。

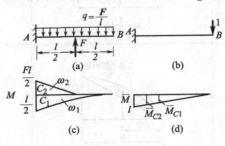

图 10-15

解 在自由端加一竖向单位力 [图 10-15 (b)]。分别作 M 图和 $\overline{M}$ 图 [见图 10-15(c)、(d)]。在作 M 图时，梁上有两种载荷，为便于计算，可分别作出每种载荷单独作用时的弯矩图，不必叠加成总的弯矩图。利用表 10-1，有

$$\omega_1 = \frac{1}{3} \cdot \frac{Fl}{2} \cdot l = \frac{Fl^2}{6}, \quad \overline{M}_{C1} = \frac{3}{4}l$$

$$\omega_2 = \frac{1}{2} \cdot \frac{Fl}{2} \cdot \frac{l}{2} = \frac{Fl^2}{8}, \quad \overline{M}_{C2} = \frac{5}{6}l$$

$$w_C = \frac{1}{EI}\left(\frac{Fl^2}{6} \cdot \frac{3}{4}l - \frac{Fl^2}{8} \cdot \frac{5}{6}l\right) = \frac{Fl^3}{48EI} \quad (\downarrow)$$

【例 10-8】 用图乘法求图 10-16(a) 所示等截面刚架中间铰 C 左右两侧的相对转角 θ。设 EI 为常量。

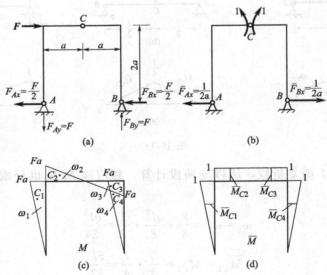

图 10-16

解 在 C 左右两边分别加上转向相反的单位力偶 [图 10-16(b)]。分别作出 M 图和 $\overline{M}$ 图 [图 10-16(c)、(d)]。利用表 10-1，有

$$\omega_1 = \omega_4 = \frac{1}{2} \cdot Fa \cdot 2a = Fa^2, \quad \overline{M}_{C1} = \overline{M}_{C4} = \frac{2}{3}$$

$$\omega_2 = \omega_3 = \frac{1}{2} Fa \cdot a = \frac{Fa^2}{2}, \quad \overline{M}_{C2} = \overline{M}_{C3} = 1$$

$$\theta = \frac{1}{EI}(\omega_1 \overline{M}_{C1} + \omega_2 \overline{M}_{C2} - \omega_3 \overline{M}_{C3} - \omega_4 \overline{M}_{C4})$$

$$= 0$$

习　题

以下习题中，如无特别说明，都假定材料是线弹性的。

10.1　两根圆截面直杆材料相同，尺寸如图 10-17 所示，试比较两根杆件的应变能，并利用功能原理计算各杆的变形。

10.2　计算图 10-18 所示桁架的应变能。各杆 EA 相同。利用功能原理计算结点 D 的水平位移。

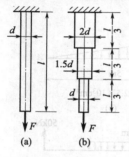

图 10-17　题 10.1 图

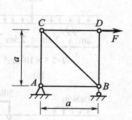

图 10-18　题 10.2 图

10.3　计算图 10-19 所示变截面圆轴的扭转应变能。切变模量 G 为已知。

10.4　试求图 10-20 所示梁的弯曲应变能。EI 为已知。并利用功能原理计算 B 截面的挠度。

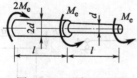

图 10-19　题 10.3 图

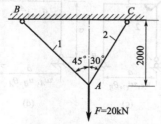

图 10-20　题 10.4 图

10.5　分别用莫尔积分和图乘法计算题 10.4 图所示梁 B 截面的挠度。

10.6　图 10-21 所示结构 AB、AC 两杆材料相同，弹性模量 $E = 200\text{GPa}$，横截面面积分别为 $A_1 = 100\text{mm}^2$，$A_2 = 200\text{mm}^2$。试计算结点 A 的水平位移 u_A，铅垂位移 w_A 和全位移 Δ_A。

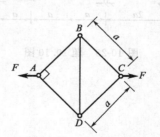

图 10-21　题 10.6 图

图 10-22　题 10.7 图

10.7　用莫尔积分求图 10-22 所示桁架 A、C 两结点的相对线位移 Δ_{AC} 和 B、D 两结点的相对线位移

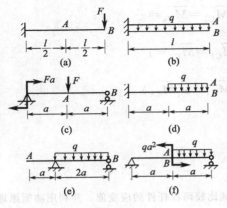

图 10-23 题 10.8 图

Δ_{BD}。已知各杆 EA 相同。

10.8 用莫尔积分求图 10-23 中各梁 A 截面的挠度 w_A 和 B 截面的转角 θ_B。EI 为已知常量。

10.9 试求图 10-24 所示各钢梁自由端的挠度 w_A。已知 $E = 200\text{GPa}$。

10.10 用图乘法求图 10-25 所示梁中间铰链 B 左、右两截面的相对转角。EI 为已知常量。

10.11 试求图 10-26 所示刚架指定截面的线位移和角位移。不计轴力和剪力的影响。EI 为已知常量。

10.12 图 10-27 所示刚架各段 EI 相同。由于自重 q 的作用而使两自由端产生相对位移。欲使该水平相对位移等于零，需要在 A、B 处加什么力？加多大的力？

10.13 求图 10-28 所示小曲率曲杆在力 F 作用下 B 处的线位移和角位移。EI 为已知常量。

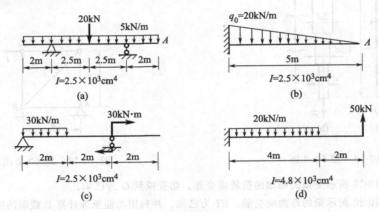

图 10-24 题 10.9 图

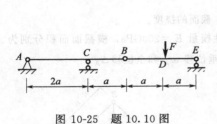

图 10-25 题 10.10 图

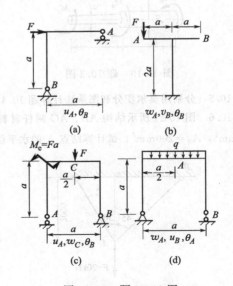

图 10-26 题 10.11 图

10.14 图 10-29 所示圆环开口角度 θ 很小。试问在缺口两端截面上加怎样的载荷才能使开口恰好密合？EI 为已知。

10.15 图 10-30 所示直角折杆 AB 段圆截面直径为 d，CB 段为边长为 d 的正方形截面。两段材料相同，E、G 为已知，且 $G=0.4E$。求在 F 力作用下自由端的线位移 u_C、w_C。

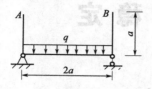

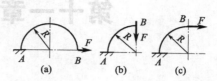

图 10-27 题 10.12 图   图 10-28 题 10.13 图

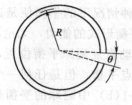

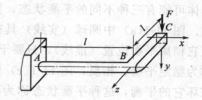

图 10-29 题 10.14 图   图 10-30 题 10.15 图

10.16 图 10-31 所示正方形等截面开口框架位于水平面内，在开口两端作用一对大小相等、方向相反的铅直力 F。试求开口处的张开量。各段 EI，GI_p 为已知。

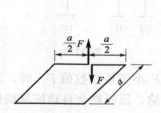

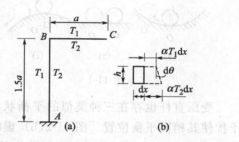

图 10-31 题 10.16 图   图 10-32 题 10.17 图

10.17 刚架 ABC 如图 10-32(a) 所示，由于温度变化产生弯曲变形。已知刚架外侧面温度变化 T_1℃，内侧面温度变化 T_2℃，设温度沿截面高度为直线变化，材料的线膨胀系数为 α。试用单位载荷法求自由端的铅直位移 w_C（设 $T_2 > T_1$）。

提示：$\delta = \int \overline{M}\mathrm{d}\theta$，积分号内 $\overline{M}$ 为微段刚架上单位载荷产生的弯矩，$\mathrm{d}\theta$ 为由温差引起的该微段两端截面的相对转角 [图 10-32(b)]，显然有 $\mathrm{d}\theta = \alpha(T_2 - T_1)\mathrm{d}x/h$。

第十一章 压杆稳定

第一节 概　　述

物体可能有三种不同的平衡状态，圆球在图 11-1 中三种情况下的平衡便是这三种状态的典型。图 11-1(a) 中圆球（实线）具有较强的维持原有平衡形式的能力，无论用什么方式干扰使它稍离平衡位置（虚线），只要干扰消除，圆球便自动恢复到原平衡位置，这种平衡状态称为稳定平衡。相反，图 11-1(c) 中的圆球尽管在 O 点平衡，但是任何一个微小扰动都会破坏它的平衡，这种平衡状态称为不稳定平衡。图 11-1(b) 中圆球的平衡处于稳定平衡和不稳定平衡之间的过渡状态，称为临界平衡。

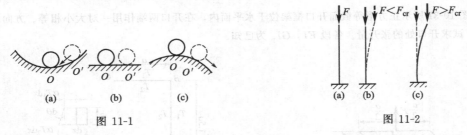

图 11-1　　　　　　　　　　　　图 11-2

受压直杆也存在三种类似的平衡状态。当轴向压力 F 小于某个数值 F_{cr} 时，无论什么干扰使其稍离平衡位置［图 11-2(b) 虚线］，只要干扰消除，压杆就会自动恢复到原平衡位置（实线），这表明压杆的平衡是稳定的。当轴向压力 F 大于 F_{cr} 时，任何微小扰动都会破坏压杆的平衡［图 11-2(c)］，这表明压杆的平衡是不稳定的。当轴向压力 F 等于 F_{cr} 时，压杆的平衡处于稳定平衡和不稳定平衡的中间状态，即临界状态。压杆处于临界状态时的轴向压力 F_{cr} 称为临界压力，简称临界力。

压杆的稳定性是指压杆维持原有平衡形式的能力。很明显，压杆的平衡状态是否稳定，与轴向压力 F 的数值有关，而临界力 F_{cr} 则是判断压杆稳定性的重要指标。不同压杆具有不同的临界力，因此压杆临界力的计算是压杆稳定分析的重要内容。

压杆失去稳定平衡状态的现象称为失稳。失稳是构件破坏形式之一。除压杆可能失稳外，具有压应力的薄壁构件（图 11-3）都有可能失稳。因此对平衡状态稳定性的研究具有

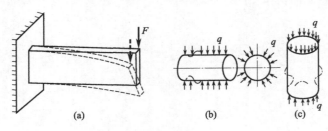

图 11-3

广泛意义。

　　本章只研究理想压杆（杆件轴线笔直、材料均匀，压力 F 作用线恰好与杆件轴线重合）的稳定性问题。

第二节　细长压杆的临界力

　　设等直细长压杆受到临界力 F_{cr} 作用，在稍离原轴线位置的微弯状态下平衡，材料仍为线弹性，按杆端不同约束条件分别计算临界力。

一、两端铰支细长压杆的临界力

　　选坐标如图 11-4，x 截面的弯矩 M 为

$$M = -F_{cr}w$$

式中，负号表示弯矩 M 与挠度 w 的正负号相反。小变形时，压杆满足挠曲线近似微分方程

$$EIw'' = M = -F_{cr}w$$

或

$$w'' + \frac{F_{cr}}{EI}w = 0 \qquad (1)$$

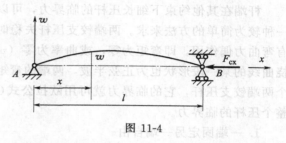

图 11-4

式中，EI 为杆的抗弯刚度，压杆两端为球形铰支座时，I 应取横截面的最小形心主惯性矩。令

$$k^2 = \frac{F_{cr}}{EI} \qquad (2)$$

则式（1）可写成

$$w'' + k^2 w = 0 \qquad (3)$$

这是一个二阶常系数线性微分方程，通解为

$$w = A\sin kx + B\cos kx \qquad (4)$$

式中，A、B 为积分常数。

　　考察压杆左端边界条件，$x = 0$ 时 $w = 0$，代入式（4）得 $B = 0$，于是通解式（4）化为

$$w = A\sin kx \qquad (5)$$

　　将右端边界条件 $x = l$ 时 $w = 0$ 代入式（5）得

$$A\sin kl = 0$$

若 $A = 0$，则由式（5）得 $w \equiv 0$，表示压杆仍为直线，没有微弯，不符合研究条件。因此

$$\sin kl = 0$$

其解为

$$kl = n\pi, \quad n = 0, 1, 2\cdots \qquad (6)$$

将式（2）代入后得

$$F_{cr} = \frac{n^2\pi^2 EI}{l^2}, \quad n = 0, 1, 2\cdots \qquad (7)$$

式中，n 应选压杆失稳时临界力 F_{cr} 的最小值，即取 $n = 1$，于是

$$F_{cr} = \frac{\pi^2 EI}{l^2} \qquad (11.2\text{-}1)$$

这就是两端铰支细长压杆临界力的计算公式，称为欧拉公式。

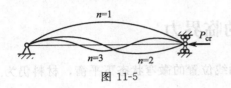

图 11-5

将式（6）代入式（5）得挠曲线方程

$$w = A \sin \frac{n\pi x}{l}, \quad n = 0, 1, 2, \cdots$$

由此可知 n 实际上表示挠曲线所含半个正弦波的数目（图 11-5），$n = 1$ 时，压杆失稳挠曲线形如一个正弦半波，此时临界力最小。

二、其他杆端约束下细长压杆的临界力

杆端在其他约束下细长压杆的临界力，可以仿照两端铰支压杆的方法求得，也可采用另一种较为简单的方法来求。两端铰支压杆失稳时挠曲线形状为半个正弦波（$n = 1$），两端没有弯曲力偶作用，即弯矩为零，或曲率为零（$w'' = 0$）。如果在其他约束下细长压杆失稳时挠曲线的某一段形状也为正弦半波，两端的弯矩为零或者曲率为零，那么这一段就相当于一个两端铰支压杆，它的临界力就可用欧拉公式（11.2-1）计算，而这一段的临界力往往就是整个压杆的临界力。

1. 一端固定另一端自由

对一端固定另一端自由的细长压杆［图 11-6(a)］，将其微弯曲线通过固定端向下对称地延长一倍［图 11-6(b)］，所得曲线 $B'AC$ 形如正弦半波，两端弯矩为零，因此，长为 l 的一端固定另一端自由的细长压杆，其临界力与长为 $2l$ 两端铰支细长压杆的相同，应用欧拉公式（11.2-1）可得

$$F_{cr} = \frac{\pi^2 EI}{(2l)^2} \qquad (11.2\text{-}2)$$

2. 一端固定另一端铰支

A 端固定 B 端铰支细长压杆，微弯挠曲线 C 点曲率为零（图 11-7），曲线 BC 形如正弦半波，因此长为 l 的一端固定另一端铰支细长压杆的临界力，与长为 $0.7l$ 两端铰支细长压杆的临界力数值相等，用欧拉公式（11.2-1）算出为

$$F_{cr} = \frac{\pi^2 EI}{(0.7l)^2} \qquad (11.2\text{-}3)$$

3. 两端固定

两端为固定端约束细长压杆微弯挠曲线中（图 11-8），距两端分别为 $l/4$ 的 C、D 两点的曲率为零，CD 段长为 $l/2$，形如正弦半波，其临界力用欧拉公式（11.2-1）算出为

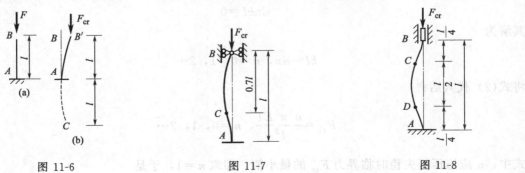

图 11-6　　　　　　　　　　　图 11-7　　　　　　　　　图 11-8

$$F_{cr} = \frac{\pi^2 EI}{(0.5l)^2} \tag{11.2-4}$$

这也是两端固定细长压杆临界力的计算公式。

三、欧拉公式的普遍形式

细长压杆在不同杆端约束下的临界力计算公式可统一写成

$$F_{cr} = \frac{\pi^2 EI}{(\mu l)^2} \tag{11.2-5}$$

这就是欧拉公式的普遍形式。式中 μl 称相当长度，表示与不同约束下压杆临界力相等的两端铰支杆长度，μ 称为长度因数，反映杆端约束对临界力的影响。表 11-1 归纳了上述四种杆端约束下的长度因数。表中约束都是理想化了的，实际应用时须注意查阅有关设计手册或规范。

表 11-1 压杆的长度因数

约束情况	两端铰支	一端固定 一端自由	一端固定 一端铰支	两端固定
失稳挠曲线形状		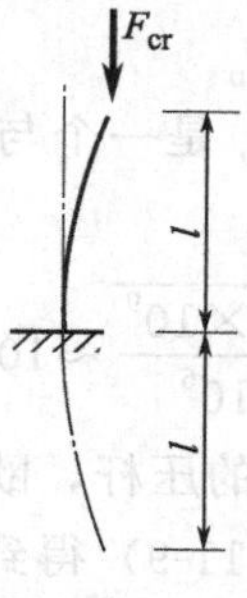	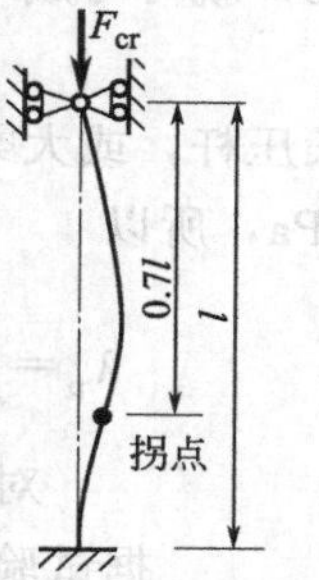	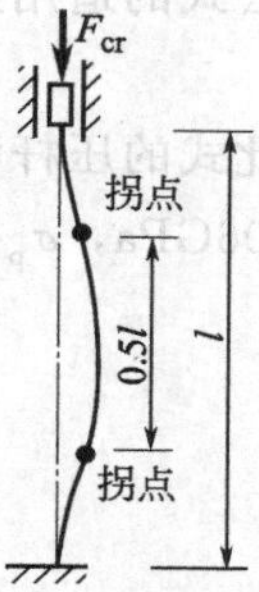
长度因数 μ	1	2	0.7	0.5

第三节 欧拉公式的适用范围

压杆处于临界状态时横截面上的压应力称为临界应力，用 σ_{cr} 表示。细长压杆的临界应力可用欧拉公式(11.2-5) 除以压杆横截面积 A 求得

$$\sigma_{cr} = \frac{F_{cr}}{A} = \frac{\pi^2 EI}{(\mu l)^2 A} \tag{1}$$

引入

$$i^2 = \frac{I}{A}$$

i 为截面的惯性半径（参阅附录Ⅰ第二节），则式(1) 可写成

$$\sigma_{cr} = \frac{\pi^2 E}{\left(\frac{\mu l}{i}\right)^2} \tag{2}$$

定义

$$\lambda = \frac{\mu l}{i} \tag{11.3-1}$$

式（2）就可写成

$$\sigma_{cr} = \frac{\pi^2 E}{\lambda^2} \tag{11.3-2}$$

这是欧拉公式(11.2-5)的另一形式。式中 λ 称为压杆的柔度，是一个无量纲量，较全面地反映了压杆长度、截面尺寸及形状和约束条件等因素对临界应力 σ_{cr} 的影响，是压杆稳定计算中的一个重要参数。

欧拉公式是以挠曲线近似微分方程为基础推导出来的，该方程成立的条件之一是材料服从胡克定律，因此，只有当 $\sigma_{cr} \leqslant \sigma_p$ 时欧拉公式才适用，即

$$\sigma_{cr} = \frac{\pi^2 E}{\lambda^2} \leqslant \sigma_p \quad \text{或} \quad \lambda \geqslant \sqrt{\frac{\pi^2 E}{\sigma_p}} \tag{3}$$

记

$$\lambda_p = \sqrt{\frac{\pi^2 E}{\sigma_p}} \tag{4}$$

欧拉公式的适用条件式(3)就可写成

$$\lambda \geqslant \lambda_p \tag{11.3-3}$$

满足此式的压杆称为细长压杆，或大柔度杆。λ_p 是一个与材料性质有关的量，对 Q235 钢，$E = 206\text{GPa}$，$\sigma_p = 200\text{MPa}$，所以

$$\lambda_p = \sqrt{\frac{\pi^2 \times 206 \times 10^9}{200 \times 10^6}} \approx 100$$

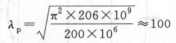

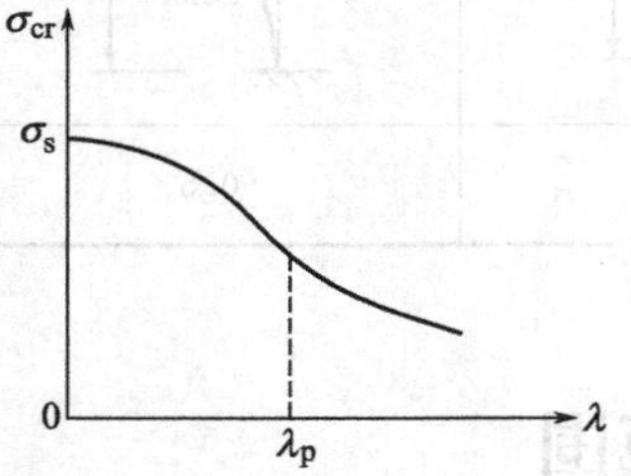

图 11-9

对于 $\lambda < \lambda_p$ 的压杆，欧拉公式不再适用，一般多采用根据试验曲线（图 11-9）得到的经验公式，比较简单而且常用的有直线公式和抛物线公式。

直线公式形如

$$\sigma_{cr} = a - b\lambda \tag{11.3-4}$$

式中，a、b 为与材料性质有关的常数，单位都是 MPa。对塑性材料压杆，此式算出的临界应力 σ_{cr} 数值不应高于材料的屈服极限 σ_s，即

$$\sigma_{cr} = a - b\lambda \leqslant \sigma_s$$

或

$$\lambda \geqslant \frac{a - \sigma_s}{b}$$

若记

$$\lambda_0 = \frac{a - \sigma_s}{b} \tag{11.3-5}$$

则直线公式(11.3-4)的适用范围为 $\lambda_0 \leqslant \lambda < \lambda_p$。这类压杆称为中长杆或中等柔度杆。表 11-2 中列出了一些材料的 a、b、λ_0、λ_p 值。

$\lambda < \lambda_0$ 的压杆，一般不会失稳，只会出现强度方面的破坏（屈服或断裂），这类压杆称为粗短杆或小柔度杆。不过习惯上也把其极限应力称为临界应力，如塑性材料

$$\sigma_{cr} = \sigma_s \tag{11.3-6}$$

表 11-2　直线经验公式的 a、b 及柔度 λ_p、λ_0

材料	a/MPa	b/MPa	λ_p	λ_0
Q235 钢，10，25 号钢	304	1.12	100	61
35 号钢	461	2.568	100	60
45，55 号钢	578	3.744	100	60
铬钼钢	980.7	5.296	55	
硬铝	392	3.26	50	
铸铁	332.2	1.454		
松木	28.7	0.19	59	

把临界应力 σ_{cr} 与不同柔度 λ 之间的关系画在 σ_{cr}-λ 直角坐标系内，所得图线称为临界应力总图。塑性材料直线公式的临界应力总图如图 11-10。

抛物线公式的形式一般为

$$\sigma_{cr}=a_1-b_1\lambda^2 \qquad (11.3\text{-}7)$$

式中，a_1、b_1 是与材料性质有关的常数。其适用条件可写成 $\lambda\leqslant\lambda_c$，$\lambda_c$ 也是与材料有关的常数。适用此公式的压杆称中小柔度压杆。

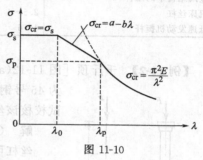

图 11-10

从临界应力总图（图 11-10）中可以看出，压杆的柔度越大，临界应力越低。当压杆的工作应力低于图中曲线时，平衡状态是稳定的，高于图中曲线则是不稳定的，位于曲线上则处于临界状态。由于曲线是分段的，因此计算临界应力应根据压杆的柔度大小选择正确的公式。

临界力大小一般是由压杆的整体变形决定的，截面的局部削弱（如孔）对整体变形影响很小，因此用欧拉公式和经验公式计算临界力，可采用未削弱的横截面面积 A 和惯性矩 I。而用式(11.3-6)计算强度，则应采用削弱后的横截面面积。

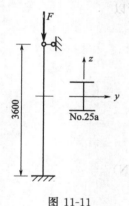

图 11-11

【例 11-1】　一端固定另一端铰支的立柱由一根 25a 号工字钢制成（图 11-11），求此柱的临界力。

解　(1) 计算柔度 λ

柱的 $\mu=0.7$，$l=3.6\text{m}$，25a 号工字钢可由型钢表中查得 $i_z=2.4\text{cm}=24\text{mm}$，$I_z=280\text{cm}^4$，因此

$$\lambda=\frac{\mu l}{i_z}=\frac{0.7\times3600}{24}=105$$

由表 11-2 查得 Q235 钢 $\lambda_p=100$，$\lambda_0=61$，所以 $\lambda>\lambda_p$，属细长杆。

(2) 计算临界力

由欧拉公式(11.2-3) 得

$$F_{cr}=\frac{\pi^2 EI_z}{(0.7l)^2}=\frac{\pi^2\times200\times10^9\times280\times10^{-8}}{(0.7\times3.6)^2}$$
$$=870\times10^3\text{ N}=870\text{ kN}$$

第四节　压杆的稳定校核

针对理想压杆建立的临界力公式不能直接用于实际压杆，这是因为实际压杆很难处于理

想状态，压杆的微小初弯曲、材料不均匀和缺陷、压力微小偏心等都会严重影响压杆的稳定性。因此，实际压杆应规定较高的安全因数 n_{st}，称为规定稳定安全因数。若定义压杆的稳定工作安全因数为 $n=\dfrac{F_{cr}}{F}$，则压杆的稳定条件为

$$n=\frac{F_{cr}}{F}\geqslant n_{st} \tag{11.4-1}$$

表 11-3 列出了几种钢制压杆的 n_{st} 值。

表 11-3　钢制压杆的 n_{st} 值

金属结构中的压杆	1.8～3.0	高速发动机挺杆	$n_{st}=2\sim5$
机床丝杠	2.5～4	矿山和冶金设备中的压杆	$n_{st}=4\sim8$
低速发动机挺杆	4～6	起重螺旋	$n_{st}=3.5\sim5$

【例 11-2】　千斤顶［图 11-12(a)］丝杠长度为 $l=375\text{mm}$，有效直径 $d=40\text{mm}$，材料为 45 号钢，最大起重量 $F=80\text{kN}$，规定稳定安全因数为 $n_{st}=4$。试校核该丝杠的稳定性。

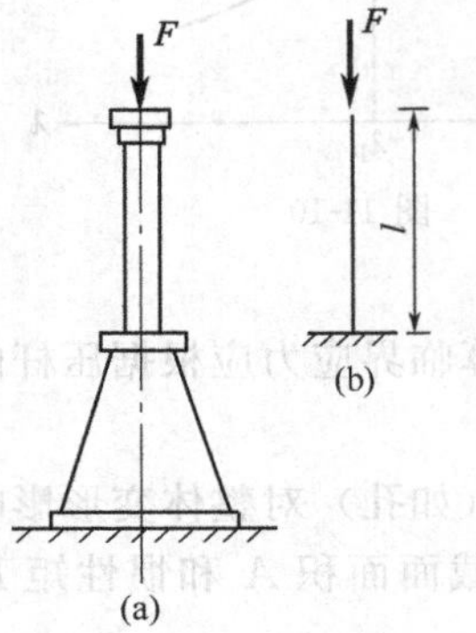

图 11-12

解　（1）计算丝杠柔度 λ

丝杠可简化为一端固定另一端自由的压杆［图 11-12(b)］，长度因数 $\mu=2$。圆截面的惯性半径为

$$i=\sqrt{\frac{I}{A}}=\frac{d}{4}=\frac{40}{4}=10\ (\text{mm})$$

按式（11.3-1）计算柔度为

$$\lambda=\frac{\mu l}{i}=\frac{2\times375}{10}=75$$

由表 11-2 查得 45 号钢 $\lambda_p=100$，$\lambda_0=60$，所以

$$\lambda_0<\lambda<\lambda_p$$

此杆属于中等柔度杆。

（2）计算临界力 F_{cr}

45 号钢 $a=578\text{MPa}$，$b=3.744\text{MPa}$（表 11-2），所以

$$\begin{aligned}
F_{cr}&=\sigma_{cr}A=(a-b\lambda)A\\
&=(578-3.744\times75)\times\frac{\pi\times40^2}{4}\\
&=373.5\times10^3\ (\text{N})=373.5\ (\text{kN})
\end{aligned}$$

（3）稳定校核

$$n=\frac{F_{cr}}{F}=\frac{373.5}{80}=4.67>n_{st}$$

丝杠满足稳定条件。

第五节　提高压杆稳定性的措施

影响压杆临界力大小的因素主要是压杆的柔度和材料的性质，其中柔度又与压杆的长度，约束条件和截面的形状有关，因此，可从这几方面考虑如何提高压杆的稳定性。

一、选择合理的截面形状

柔度与截面的惯性半径成反比，因此，在不增加截面面积的条件下，采用惯性半径尽可能大的空心截面形状将有助于提高压杆的临界力。如图 11-13 中两种截面，在截面面积相等和其他条件相同的情况下，内外直径之比 $\dfrac{d}{D} = 0.8$ 的圆管的临界力是实心圆杆的 4.5 倍。

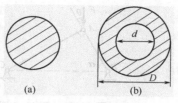

图 11-13

如果压杆在各方向的约束情况相同，那么采用对各形心轴的惯性半径相等的截面形状是合理的，这可以使压杆在不同纵向平面内有相同的稳定性；如果压杆在截面两个形心主惯性轴方向的约束不同，则应使截面对各形心主惯性轴有相等的柔度值。

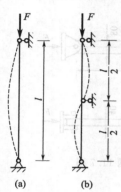

图 11-14

二、改变压杆的约束条件

增加压杆的约束，降低相当长度，使压杆不容易发生弯曲变形，可以提高压杆的临界力。如图 11-14(a) 所示两端铰支细长压杆，中间加一可动铰支座后，相当长度减半 [图 11-14(b)]，即使仍为细长杆，临界力也增至原来的 4 倍。

三、合理选择材料

材料的性质对压杆稳定的影响，通常需要作具体分析。以钢材为例，大柔度杆的临界力与弹性模量 E 有关，与材料的强度指标无关，而各种钢材的 E 大致相等，因此选用高强钢对提高细长压杆的临界力没有多大意义。但中小柔度压杆则不同，临界力与材料的强度指标有关，选用高强钢自然能够提高压杆的临界力。

习　　题

11.1　用 22a 号工字钢制成的两端铰支压杆，长 $l = 5\text{m}$，材料的弹性模量 $E = 200\text{GPa}$，用欧拉公式求其临界力 F_{cr}。

11.2　图 11-15 所示四根细长压杆的横截面面积及材料都相同，试比较它们的临界力大小。

11.3　图 11-16 所示结构中 AB、AC 均为细长压杆，两杆材料及横截面都相同。若此结构由于杆在 ABC 平面内失稳破坏，试确定当 θ 角为多大时载荷 F 可达最大（$0° < \theta < \pi/2$）？

11.4　直径 $d = 50\text{mm}$ 的铸铁细长压杆一端固定，另一端自由，材料的弹性模量 $E = 117\text{GPa}$，杆长 $l = 1\text{m}$，求该杆临界力 F_{cr}。

11.5　20a 工字钢两端固定，安装时不受力，如图 11-17 所示。材料的线膨胀系数 $\alpha = 12.5 \times 10^{-6} \, 1/℃$，试求当温度升高多少度时杆将失稳？

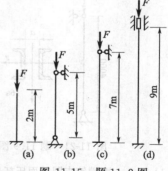

图 11-15　题 11.2 图

11.6　求图 11-18 所示两端铰支角钢压杆的临界力，压杆材料为 Q235 钢。

11.7　图 11-19 所示矩形截面压杆，在图（a）所示平面内两端铰支，$\mu = 1$；在图（b）所示俯视平面内采用 $\mu = 0.8$，材料为 Q235 钢，弹性模量 $E = 200\text{GPa}$，求杆的临界力。

11.8　求图 11-20 所示结构的临界力 F_{cr}。已知两杆材料为 Q235 钢，$E = 200\text{GPa}$。

11.9　如图 11-21 所示，两根 16a 号槽钢组成的立柱两端铰支，材料为 Q235 钢，规定的稳定安全因数 $n_{\text{st}} = 1.8$，杆的横截面对 y、z 轴的惯性矩相等。试校核立柱的稳定性，并确定两槽钢的间距 a。

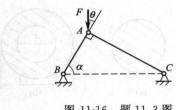

图 11-16 题 11.3 图

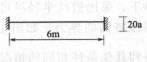

图 11-17 题 11.5 图

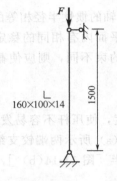

图 11-18 题 11.6 图

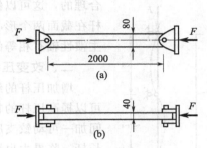

图 11-19 题 11.7 图

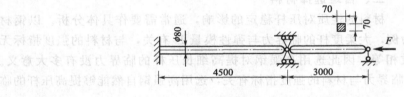

图 11-20 题 11.8 图

11.10 图 11-22 所示油缸油压 $p=32$MPa，柱塞为优质碳钢，工作段最大长度 $l=1600$mm，直径 $d=120$mm，$E=210$GPa，求柱塞的工作稳定安全因数。

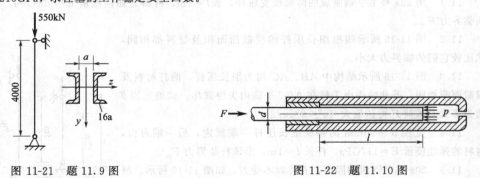

图 11-21 题 11.9 图　　　　图 11-22 题 11.10 图

11.11 一两端铰支圆截面压杆长 $l=257$mm，直径 $d=8$mm，材料的 $E=210$GPa，$\sigma_p=240$MPa，受到轴向压力 $F=1.76$kN，规定稳定安全因数 $n_{st}=3.5$。试校核压杆的稳定性。

11.12 如图 11-23 所示钢管穿孔机顶杆由 45 号钢制成，弹性模量 $E=210$GPa，规定的稳定安全因数 $n_{st}=3.5$。求顶杆的许可载荷（两端视为铰支）。

11.13 图 11-24 所示起重架压杆 CD 为 20 号槽钢，材料为 Q235 钢。若规定稳定安全因数 $n_{st}=5$，求结构许可载荷。

11.14 长 $l=3.5$m 的柱两端铰支，由外直径 $D=76$mm，内直径 $d=68$mm 的 Q235 钢钢管制成，$E=200$GPa，若柱的轴向压力 $F=50$kN，规定稳定安全因数 $n_{st}=1.8$，试校核其稳定性。

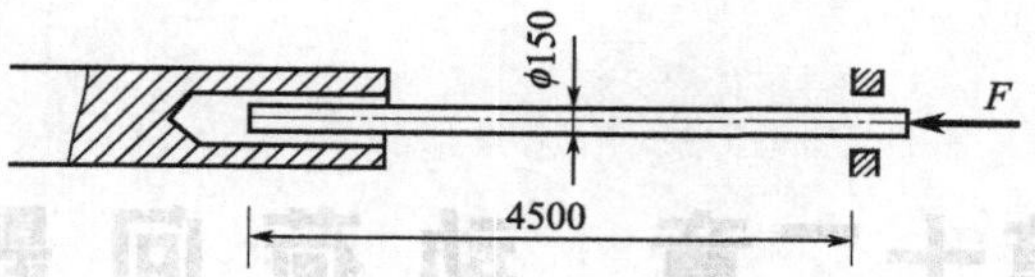

图 11-23　题 11.12 图

11.15　图 11-25 所示托架 CD 为圆截面松木杆，直径 $d=200\text{mm}$，若稳定工作安全因数 $n=2.67$，求均布载荷 q。

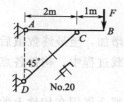

图 11-24　题 11.13 图

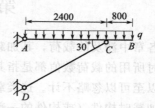

图 11-25　题 11.15 图

11.16　图 11-26 中压杆材料为 Q235 钢，规定稳定安全因数 $n_{st}=1.8$，求许用载荷 $[F]$。

11.17　长 $l=5\text{m}$ 的 22a 号工字钢两端铰支，材料为 Q235 钢，$E=200\text{GPa}$，若规定稳定安全因数 $n_{st}=1.6$，求许用轴向压力 $[F]$。

11.18　图 11-27 所示柱由四个 $45\times45\times4$ 的等边角钢组成，柱长 $l=8\text{m}$，两端铰支。材料为 Q235 钢，$\sigma_s=235\text{MPa}$，规定稳定安全因数 $n_{st}=1.6$，当受到轴向压力为 $F=200\text{kN}$ 时，试校核其稳定性。

11.19*　图 11-28 所示结构中 AB 为刚性杆，①、②为相同的细长压杆，抗弯刚度均为 EI，试求结构的许可载荷 $[F]$。

（提示：小变形下先达到临界状态的压杆所承受的压力之后不再变化，直至另一压杆也达到临界状态，此时的载荷值即为结构的许可载荷）

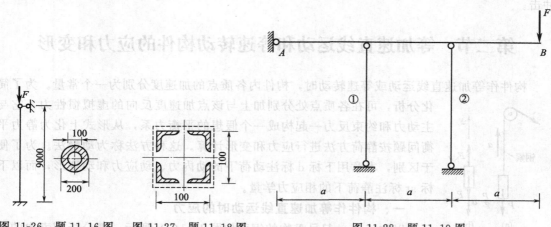

图 11-26　题 11.16 图　　图 11-27　题 11.18 图　　图 11-28　题 11.19 图

第十二章 动 荷 问 题

第一节 概 述

前面各章中涉及的载荷，其加载方式均为由零开始缓慢增加，至最终数值后基本保持不变。计算时所用的载荷数值都是指其最终数值。这种方式加载过程中，构件各点的加速度为零或很小以至可以忽略不计。这类载荷称为静载荷。

如果加载时构件（或构件的一部分）有明显的加速度，那么作用在构件上的载荷就称为动载荷。加速升降的起重吊索、高速旋转的飞轮、工作汽锤的锤杆、紧急制动的转动轴、受到运动物体撞击的结构、受到数值随时间有很大变化的载荷作用（如爆炸）的构件等，它们所受到的载荷都属动载荷。

构件中由动载荷引起的应力和变形，称为动应力和动变形。研究动载荷作用下结构的强度、变形等问题称为动荷问题。动荷问题中，构件中的动应力和动变形，材料的力学性质等都与静荷问题有所不同。实验表明，当动应力不超过材料的比例极限时，胡克定律仍然成立，且弹性模量与静载荷作用时相同。同时，把静载荷作用时材料的许用应力用于动荷问题中，结果将偏于安全。

本章讨论线弹性范围内两类动荷问题：（1）构件作等加速直线运动和等速转动；（2）冲击。

第二节 等加速直线运动和等速转动构件的应力和变形

构件作等加速直线运动或等速转动时，构件内各质点的加速度分别为一个常量。为了简化分析，可在各质点处分别加上与该点加速度反向的虚拟惯性力，它与主动力和约束反力一起构成一个假想的平衡力系，从形式上化为静力平衡问题按静荷方法进行应力和变形计算。这种方法称为动静法。为了便于区别，本章用下标 d 标注动荷下的动内力、动应力和动变形，而以下标 st 标注静荷下的相应力学量。

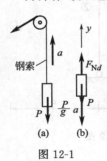

图 12-1

一、构件作等加速直线运动时的应力

以加速度 a 起吊重物的钢索如图 12-1(a) 所示，现分析钢索中的动应力。取重物为研究对象如图 12-1(b) 所示，重物上的作用力有钢索拉力 F_{Nd}，重力 P 和惯性力 $\dfrac{P}{g}a$（与加速度方向相反）。上述三力构成一个平衡力系，可建立平衡方程

$$\sum F_y = 0, \ F_{Nd} - P - \frac{P}{g}a = 0$$

解出钢索拉力为

$$F_{\text{Nd}}=\left(1+\frac{a}{g}\right)P=K_{\text{d}}P=K_{\text{d}}F_{\text{Nst}}$$

利用式（2.3-1）可求出动应力为

$$\sigma_{\text{d}}=\frac{F_{\text{Nd}}}{A}=K_{\text{d}}\frac{F_{\text{Nst}}}{A}=K_{\text{d}}\sigma_{\text{st}}$$

式中，$K_{\text{d}}=1+\dfrac{a}{g}$ 称为动荷因数，表示构件受到的动载荷与相应的静载荷之比，或动应力与静应力之比。钢索的强度条件为

$$\sigma_{\text{d}}=K_{\text{d}}\sigma_{\text{st}}\leqslant[\sigma]$$

式中 $[\sigma]$ 是静荷作用下材料的许用应力。

【例 12-1】 矩形截面钢筋混凝土梁如图 12-2(a) 所示，自重 $P=24\text{kN}$，长 $l=6\text{m}$，截面宽 $b=0.35\text{m}$，高 $h=0.5\text{m}$。用横截面面积 $A=108\text{mm}^2$ 的两根吊索以加速度 $a=10\text{m/s}^2$ 起吊，试求吊索横截面上和梁内的最大动应力。

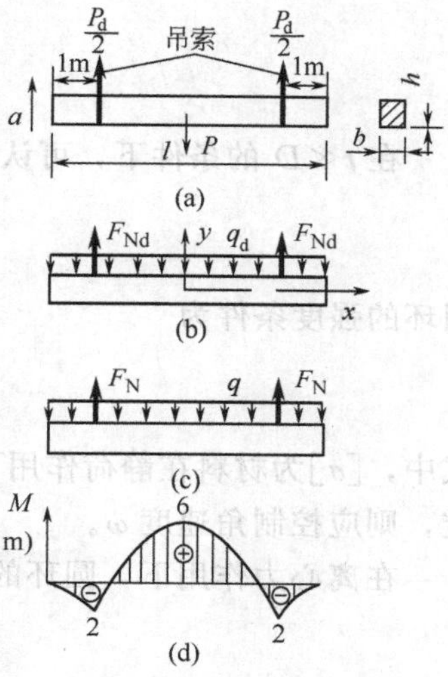

解 （1）求动荷因数 K_{d}

将梁视为均质材料，原问题的受力如图 12-2(b)。

构件在相应的静载荷作用下的受力如图 12-2(c)。由梁自重引起的均布载荷集度为

$$q=\frac{P}{l}=\frac{24}{6}=4\ (\text{kN/m})$$

当以加速度 a 起吊时，梁的均布动载荷集度为

$$q_{\text{d}}=q+\frac{q}{g}a=\left(1+\frac{a}{g}\right)q=K_{\text{d}}q$$

动荷因数 K_{d} 为

$$K_{\text{d}}=1+\frac{a}{g}=1+\frac{10}{9.8}=2.02$$

（2）计算静应力

由图 12-2(c) 求得吊索静拉力作用下的应力为

$$\sigma_{\text{st}}=\frac{F_{\text{Nst}}}{A}=\frac{ql}{2A}=\frac{4\times6\times10^3}{2\times108}=111.1\ (\text{MPa})$$

梁的最大静弯矩为 6kN·m ［图 12-2(d)］，最大静应力为

$$\sigma_{\text{st max}}=\frac{M_{\text{max}}}{W}=\frac{6\times10^3\times10^{-6}}{\dfrac{0.35\times0.5^2}{6}}=0.411\ (\text{MPa})$$

（3）计算动应力

吊索：$\qquad\sigma_{\text{d}}=K_{\text{d}}\sigma_{\text{st}}=2.02\times111.1=224.4\ (\text{MPa})$

梁：$\qquad\sigma_{\text{d max}}=K_{\text{d}}\sigma_{\text{st max}}=2.02\times0.411=0.83\ (\text{MPa})$

二、构件等速转动时的应力和变形

图 12-3(a) 所示的飞轮可简化为薄壁均质圆环。静止时，圆环无应力作用。当圆环以等角速度 ω 转动时，环上各点产生向心加速度。按照动静法，化为在静止圆环上加上离心惯

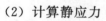

图 12-2

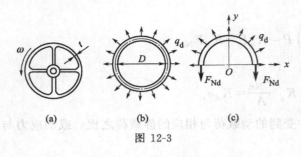

图 12-3

性力的平衡问题，如图 12-3(b) 所示。若圆环平均直径为 D，横截面面积为 A，单位体积的重量为 γ，壁厚为 t，由于环壁很薄，环内各点的向心加速度用圆环截面轴线处的值代替，其值为 $a_n = D\omega^2/2$，沿圆环轴线均匀分布的惯性力集度为

$$q_d = ma_n = \frac{A\gamma D\omega^2}{g\ 2} = \frac{AD\gamma}{2g}\omega^2$$

由于 q_d 的出现，圆环内将产生环向拉力 F_{Nd}，根据半圆环的平衡条件 [图 12-3(c)]，得 $\sum F_y = 0$

$$2F_{Nd} - q_d D = 0$$

$$F_{Nd} = \frac{q_d D}{2} = \frac{AD^2\gamma}{4g}\omega^2$$

在 $t \ll D$ 的条件下，可认为正应力在横截面上是均匀分布的，其值为

$$\sigma_d = \frac{F_{Nd}}{A} = \frac{D^2\gamma}{4g}\omega^2$$

圆环的强度条件为

$$\sigma_d = \frac{D^2\gamma}{4g}\omega^2 \leqslant [\sigma]$$

式中，$[\sigma]$ 为材料在静荷作用下的许用应力。因 σ_d 与 A 无关，为满足强度条件，若 D 已确定，则应控制角速度 ω。

在离心力作用下，圆环的平均直径 D 将增大至 D_d，此时环向线应变 ε_d 为

$$\varepsilon_d = \frac{D_d - D}{D}$$

于是有

$$D_d = D\ (1 + \varepsilon_d)$$

利用胡克定律，可得

$$\varepsilon_d = \frac{\sigma_d}{E} = \frac{D^2\gamma\omega^2}{4gE}$$

$$D_d = D\ (1 + \frac{D^2\gamma\omega^2}{4gE})$$

此式表明，如果圆环是轮箍，当角速度 ω 过大时，D_d 的增大使连接松动，轮箍有可能从轴上自行脱落。

第三节 冲击应力和变形

以一定速度运动着的物体与构件相撞后速度急剧降低，这种现象称为冲击。落锤打桩是一个典型的冲击问题。某些高速运动中的构件被紧急制动，也可以化为冲击问题。

由于冲击过程是在极短时间内发生的，冲击加速度难以精确测定，因而动静法不再适用。对于这类问题，通常采用能量法求得近似解。

能量法的计算原理是：在冲击过程中，由冲击物与被冲击构件组成的系统保持机械能守

恒，或冲击物失去的动能 T 和势能 V 全部转化为被冲击构件的弹性应变能 $V_{\varepsilon d}$，即

$$T+V=V_{\varepsilon d} \tag{12.3-1}$$

这里采用了如下假设：

(1) 将冲击物视为刚体；

(2) 被冲击构件的自重与冲击物相比较小可略去不计；

(3) 冲击过程中的能量损失可略去不计。

这样，当冲击物与被冲击构件接触后，可看做是一个附着在一起的系统，在任一时刻都满足式(12.3-1)。冲击载荷 P_d 与相应的静载荷 P 的比值称为冲击动荷因数，以 K_d 表示，即

$$K_d=\frac{P_d}{P} \tag{12.3-2}$$

在线弹性范围内，构件的应力和位移都与载荷成正比，因此有

$$\sigma_d=K_d\sigma_{st} \tag{12.3-3}$$

$$\Delta_d=K_d\Delta_{st} \tag{12.3-4}$$

式中，Δ_d 表示在冲击过程中系统的速度降为零时被冲击构件在冲击作用点的最大位移。用式(12.3-1) 求解冲击问题时，可通过式(12.3-2) 和式(12.3-4) 写成动荷因数 K_d 的方程，然后求解。

【例 12-2】 图 12-4 中重为 P 的物体从高度 H 自由下落至悬臂梁自由端 B。设梁长 l，梁的抗弯刚度 EI 和抗弯截面系数 W 均为已知，求梁内最大正应力和最大挠度。

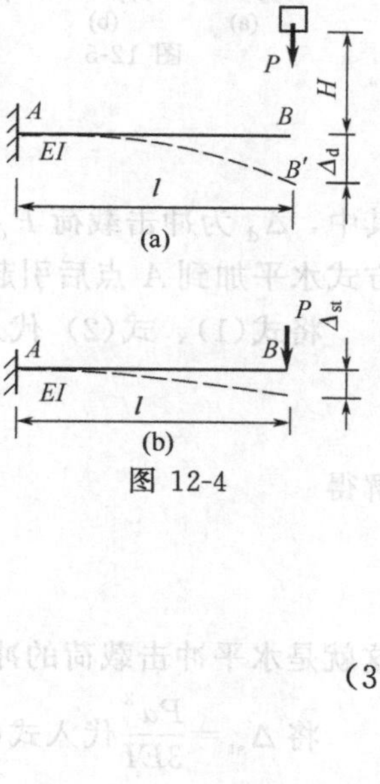

解 这是一个自由落体冲击问题。设梁 B 端的最大挠度为 Δ_d，重物在下落前和落到 B' 位置时速度都为零。因此，重物在冲击过程中所减少的动能和势能总和为

$$T+V=P\ (H+\Delta_d) \tag{1}$$

而梁增加的应变能为

$$V_{\varepsilon d}=\frac{1}{2}P_d\Delta_d \tag{2}$$

图 12-4

将式(1) 和式(2) 代入式(12.3-1)，得

$$P(H+\Delta_d)=\frac{1}{2}P_d\Delta_d \tag{3}$$

再将式(12.3-2) 和式(12.3-4) 式代入式(3)，化简后得

$$\Delta_{st}K_d^2-2\Delta_{st}K_d-2H=0 \tag{4}$$

这个方程的正根对应冲击动荷因数的最大值，即

$$K_d=1+\sqrt{1+\frac{2H}{\Delta_{st}}} \tag{12.3-5}$$

这就是自由落体冲击的动荷因数公式。式中的静位移 Δ_{st} 可看作将自由落体的重量 P 作为静载荷加到冲击点时引起的该点挠度 [图 12-4(b)]，本例中根据第七章的公式，有

$$\Delta_{st}=\frac{Pl^3}{3EI}$$

代入式(12.3-5) 得

$$K_d = 1 + \sqrt{1 + \frac{6EIH}{Pl^3}}$$

由式（12.3-5）可知，即使 $H=0$，也有 $K_d=2$，这说明自由落体的冲击载荷引起的冲击应力和变形至少为静荷作用时的 2 倍。

最大弯曲正应力发生在固定端，其值为

$$\sigma_{d\,max} = K_d(\sigma_{st})_{max} = \left[1 + \sqrt{1 + \frac{6EIH}{Pl^3}} \right] \frac{Pl}{W}$$

最大挠度发生在自由端，为

$$\Delta_d = K_d \Delta_{st} = \left[1 + \sqrt{1 + \frac{6EIH}{Pl^3}} \right] \frac{Pl^3}{3EI}(\downarrow)$$

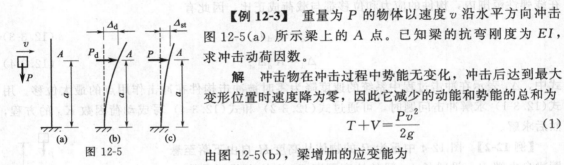

图 12-5

【例 12-3】 重量为 P 的物体以速度 v 沿水平方向冲击图 12-5（a）所示梁上的 A 点。已知梁的抗弯刚度为 EI，求冲击动荷因数。

解 冲击物在冲击过程中势能无变化，冲击后达到最大变形位置时速度降为零，因此它减少的动能和势能的总和为

$$T + V = \frac{Pv^2}{2g} \tag{1}$$

由图 12-5（b），梁增加的应变能为

$$V_\varepsilon = \frac{1}{2}P_d\Delta_d = \frac{1}{2}K_d^2 P\Delta_{st} \tag{2}$$

其中，Δ_d 为冲击载荷 P_d 的作用点 A 的最大水平位移，Δ_{st} 为把重物按其重量 P 以静载荷方式水平加到 A 点后引起该点的水平位移 [图 12-5（c）]。

将式（1）、式（2）代入式（12.3-1），得

$$\frac{Pv^2}{2g} = \frac{1}{2}K_d^2 P\Delta_{st}$$

解得

$$K_d = \sqrt{\frac{v^2}{g\Delta_{st}}} \tag{12.3-6}$$

这就是水平冲击载荷的冲击动荷因数公式。

将 $\Delta_{st} = \dfrac{Pa^3}{3EI}$ 代入式（12.3-6）得

$$K_d = \sqrt{\frac{3EIv^2}{gPa^3}}$$

【例 12-4】 如图 12-6 所示，吊索随着重物 P 以速度 v 匀速下降，当吊索长度为 l 时滑轮突然卡住，求吊索受到的冲击动荷因数。

解 滑轮卡住时，重物速度由 v 突然变到零，吊索受到重物的冲击作用，这是又一类冲击问题。求解时设吊索重量远小于重物故可略去。

设滑轮卡住瞬间重物的实际位置在 C，吊索已有静伸长 Δ_{st}，它储存的应变能为 $V_{\varepsilon 1} = \frac{1}{2}P\Delta_{st}$，冲击后重物位置在 B，吊索总伸长为 Δ_d，储存应变能为 $V_{\varepsilon 2} = \frac{1}{2}P_d\Delta_d$，重物从位

置 C 到位置 B 时应变能的增加量为

$$V_\varepsilon = V_{\varepsilon 2} - V_{\varepsilon 1} = \frac{1}{2} P_d \Delta_d - \frac{1}{2} P \Delta_{st} \qquad (1)$$

对应这两个位置冲击载荷的动能和势能共减少

$$T + V = \frac{P v^2}{2g} + P (\Delta_d - \Delta_{st}) \qquad (2)$$

将式（1）、式（2）代入式（12.3-1）并化简得

$$\frac{1}{2} P_d \Delta_d - P \Delta_d + \frac{P}{2} \Delta_{st} - \frac{P v^2}{2g} = 0 \qquad (3)$$

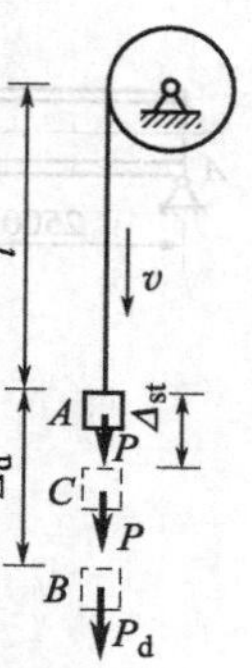

将 $P_d = K_d P$，$\Delta_d = K_d \Delta_{st}$ 代入式（3）并化简得

$$\Delta_{st} K_d^2 - 2 \Delta_{st} K_d + \left(\Delta_{st} - \frac{v^2}{g} \right) = 0$$

解出

$$K_d = 1 + \sqrt{\frac{v^2}{g \Delta_{st}}} \qquad (12.3\text{-}7)$$

图 12-6

从强度方面考虑，提高构件的抗冲击能力，就是要降低冲击应力。由冲击强度条件

$$\sigma_d = K_d \sigma_{st} \leqslant [\sigma]$$

可知，在保证满足冲击强度条件的前提下，应尽量降低冲击动荷因数。主要方法是增加载荷作用点的静位移 Δ_{st}。从式(12.3-5)、式(12.3-6) 和式(12.3-7) 可见，Δ_{st} 越大，则动荷因数 K_d 越小。通常可采用设置缓冲器的措施增加静位移。例如在车辆底架与轮轴之间装设叠板弹簧，在某些机器零件的受冲击部位加弹性垫圈等，都可起到降低动应力的缓冲作用。

在某些情况下改变构件的尺寸，也能降低动应力。如图 12-7 所示，重物 P 以速度 v 水平冲击一水平杆，动荷因数由式(12.3-6) 表示为

$$K_d = \sqrt{v^2 / g \Delta_{st}}$$

其中

$$\Delta_{st} = Pl / EA$$

动应力为 $\sigma_d = \sqrt{\dfrac{E P v^2}{g A l}}$，可见动应力与杆件的体积 Al 有关，Al 越大，σ_d 就越小。图 12-8 (b) 就是用长的汽缸盖螺栓代替图 12-8(a) 中的短螺栓而提高了抗冲击能力的。

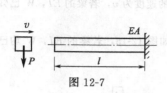

图 12-7

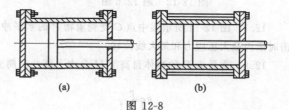

(a)   (b)

图 12-8

习　　题

12.1　钢索容重 $\gamma = 70 \text{kN/m}^3$，许用应力 $[\sigma] = 60 \text{MPa}$，现以长 $l = 60 \text{m}$ 的钢索从地面提升 $P = 50 \text{kN}$ 的重物，3 秒内提升了 9m，若提升是等加速的，试求钢索的横截面面积为多少？

12.2　图 12-9 所示吊车横梁由两根 32b 号工字钢组成，起重机 C 的重量为 20kN，今用钢索以等加速度起吊 $P = 60 \text{kN}$ 的重物，在 3 秒时提升了 11.25m，试求吊索内的拉力和梁内最大正应力（分别以不考

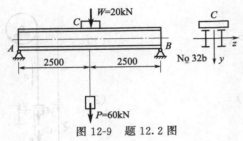

图 12-9　题 12.2 图

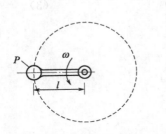

图 12-10　题 12.3 图

梁自重和考虑梁自重两种情形计算，钢索重量不计）。

12.3　图 12-10 所示杆长 l，重 P_1，横截面面积 A，一端固定在竖直轴上，另一端连接一重量为 P 的重物。当此杆绕竖直轴在水平面内以匀角速度 ω 转动时，试求杆的伸长。

12.4　图 12-11 所示飞轮材料容重 $\gamma = 73\text{kN/m}^3$，平均直径 $D = 500\text{mm}$，以等角速度 $\omega = 100 \text{ 1/s}$ 绕轴转动，求轮缘内最大正应力（忽略轮辐影响）。

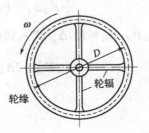

图 12-11　题 12.4 图

12.5　图 12-12 所示桥式吊车由 2 根 No16 工字钢组成，现吊重物 $P = 50\text{kN}$ 水平移动，速度为 $v = 1\text{m/s}$，若吊车突然停止，求停止瞬间梁内最大正应力和吊索内应力将增加多少？吊索截面面积 $A = 500\text{mm}^2$，重量不计。

12.6　悬臂梁 AB 在两种情况下受到自由落体冲击，试问图 12-13(a) 情况下梁内最大正应力是否为图 12-13(b) 情况下的 2 倍？为什么？

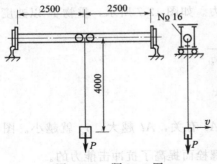

图 12-12　题 12.5 图

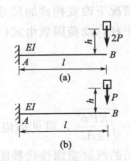

图 12-13　题 12.6 图

12.7　图 12-14 所示梁中点 C 受到重物 P 的水平冲击，冲击时的速度为 v，若梁的 EI，W 已知，求冲击时梁内最大正应力和最大线位移。

12.8　重量为 P 的物体自高度 H 自由下落冲击简支梁上 C 点如图 12-15，若梁的 EI，W 均已知，试

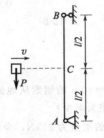

图 12-14　题 12.7 图

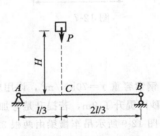

图 12-15　题 12.8 图

求梁内最大正应力及梁中点的挠度。

12.9 图 12-16 所示重量 $P=5\text{kN}$ 的重物自由下落到直杆下端，若杆的弹性模量 $E=200\text{GPa}$，横截面面积 $A=900\text{mm}^2$，求冲击时杆内最大正应力。

12.10 上题中若在杆的下端置一弹簧如图 12-17，其刚度为 $k=1.6\text{kN/mm}$，则杆的最大冲击正应力又是多少？

12.11 重量 $P=1\text{kN}$ 的物体自由下落到悬臂梁自由端，梁的 $E=10\text{GPa}$，分别求竖放 [图 12-18(a)] 和横放 [图 12-18(b)] 梁内最大正应力。

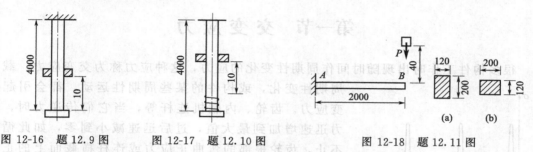

图 12-16 题 12.9 图　　图 12-17 题 12.10 图　　　　图 12-18 题 12.11 图

12.12 重量为 P 的物体自由下落到图 12-19 所示刚架 C 端，若刚架的抗弯刚度 EI 处处相同，抗弯截面系数 W 也已知，试求刚架内的最大正应力（不计轴力）。

12.13 重量为 P 的物体自高度 H 处自由下落在图 12-20 所示曲拐的自由端，试按第三强度理论写出曲拐危险点的相当应力。设 E、G 及图 12-20 中尺寸均已知。

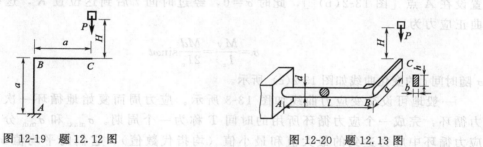

图 12-19 题 12.12 图　　　　　　　　图 12-20 题 12.13 图

12.14 重量为 P 的物体自图 12-21 所示位置绕 A 端自由下落到梁 AB 中点，设梁的 EI、W 及 l 均已知，求梁内最大冲击正应力。

12.15 图 12-22 所示矩形截面梁，材料弹性模量 $E=80\text{GPa}$，两端由相同的弹簧支承，弹簧刚度为 $k=9\text{kN/m}$，当重物 P 从图示高度自由落到梁中点时，求冲击动荷因数。

若将此梁的 A 端改为固定铰支座，动荷因数有何变化？

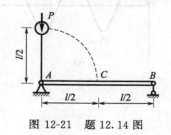

图 12-21 题 12.14 图

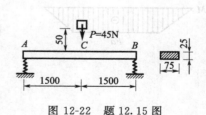

图 12-22 题 12.15 图

第十三章 疲 劳

第一节 交 变 应 力

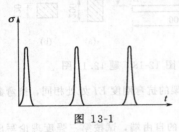

图 13-1

很多构件工作时出现随时间作周期性变化的应力，这种应力称为交变应力。载荷周期性变化，或构件的某些周期性运动，都会引起交变应力。齿轮、内燃机连杆等，当它们传递力时，应力迅速增加到最大值，过后迅速减小到零，如此循环不止，齿轮根部的弯曲正应力或连杆横截面上的正应力随时间变化的曲线如图 13-1 所示。火车轮轴受力如图 13-2（a）所示，载荷 F 的数值和方向基本不变，轴以等角速度 ω 转动，轴的横截面外边缘上某点初始位置设在 A 点 [图 13-2（b）]，此时 $\sigma = 0$，经过时间 t 后到达位置 K，这时此点的弯曲正应力为

$$\sigma = \frac{My}{I_z} = \frac{Md}{2I_z}\sin\omega t$$

σ 随时间 t 的变化曲线如图 13-2（c）所示。

一般地可设交变应力曲线如图 13-3 所示。应力周而复始地循环一次称为一个应力循环，完成一个应力循环所用的时间 T 称为一个周期。σ_{max} 和 σ_{min} 分别表示一个应力循环中应力达到的最大值和最小值（均指代数值），它们的平均值 σ_m 称为平均应力，即

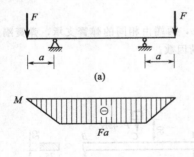

(a)

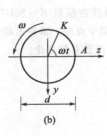

(b)

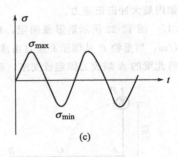

(c)

图 13-2

$$\sigma_m = \frac{\sigma_{max} + \sigma_{min}}{2} \tag{13.1-1}$$

定义 σ_a 为应力幅，其值为

$$\sigma_a = \frac{\sigma_{max} - \sigma_{min}}{2} \tag{13.1-2}$$

比值
$$r = \frac{\sigma_{\min}}{\sigma_{\max}} \qquad (13.1\text{-}3)$$

称为交变应力的循环特征。

若 $r = -1$，如图 13-2(c) 称为对称循环。

若 $r = 0$，如图 13-1，或 $r = -\infty$（$\sigma_{\max} = 0$，$\sigma_{\min} < 0$），称为脉动循环。

静应力可看作是交变应力的特例，其循环特征 $r = 1$。

$r \neq \pm 1$ 时称为非对称循环。非对称循环可以看作在平均应力 σ_{m} 上叠加一个应力幅度为 σ_{a} 的对称循环（图 13-3）。

上述概念对切应力交变应力也适用，记号相应地把 σ 改为 τ。

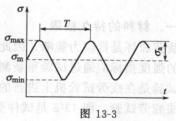

图 13-3

第二节 疲 劳

金属构件经过一段时间交变应力的作用后发生的断裂现象，称为疲劳。

疲劳破坏具有很大的危害性。首先，它广泛地发生在车船、飞机和各种机械工程中，据统计，机械断裂事故中有 80% 以上是金属疲劳引起的，可见其危害面有多大；其次疲劳断裂通常是突然发生的，几乎没有什么明显的前兆，这给人们采取预防措施带来很大的困难；再次，疲劳破坏的后果是非常严重的，往往是灾难性事故。因此，对疲劳问题的研究越来越受到人们的重视。

疲劳破坏与静应力引起的破坏有明显的不同。无论是脆性材料还是塑性材料，疲劳破坏都是脆性断裂，断裂前无明显的塑性变形。发生疲劳断裂时最大应力 $\sigma_{\max}$ 一般都低于材料的强度极限，有时甚至低于屈服极限。如 Q275 钢，强度极限 $\sigma_{\mathrm{b}} = 520\mathrm{MPa}$，屈服极限 $\sigma_{\mathrm{s}} = 275\mathrm{MPa}$，对称循环时最大应力达到 220MPa 之上时经过有限次应力循环就会发生疲劳破坏。

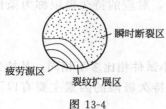

瞬时断裂区

疲劳源区

裂纹扩展区

图 13-4

不同材料、不同构件发生疲劳破坏时的最大应力 $\sigma_{\max}$ 各不相同，经历过的应力循环数也不相同，与多种因素有关，这使得考虑疲劳的强度设计变得更为复杂。疲劳破坏还有一个不同于静力破坏的明显标志是其断口特征。疲劳断口一般可分成三个区（图 13-4）：疲劳源区、裂纹扩展区（光滑区）和瞬时断裂区（粗糙区）。根据断口的这些特征，可以判断是否为疲劳断裂。

疲劳破坏的过程一般可以分成三个阶段。第一阶段为裂纹形成阶段，在交变应力作用下，最高应力区（如表面应力集中区，材料缺陷处）金属晶体滑移带开裂成微观裂纹，形成疲劳源区。疲劳源区很小，放大 500 倍后能看到明显的疲劳条纹，可用来分析裂纹产生的原因。第二阶段为裂纹扩展阶段，在交变应力作用下，裂纹尖端因应力集中而逐渐扩展，裂纹两面不断研磨形成光滑区，即裂纹扩展区。第三阶段为瞬时断裂阶段，随着裂纹的不断扩展，截面削弱直至强度不足而突然断裂，形成断口的粗糙区，塑性材料表现为纤维状，脆性材料表现为结晶状。

疲劳问题研究早期，曾有人认为疲劳破坏是金属材料长期工作后结构发生改变造成的，因而称为疲劳，现已证明该解释是不正确的，但"疲劳"一词仍沿用至今。

第三节 持久极限

一、材料的持久极限

疲劳破坏是低应力脆断，因此静载下测定的屈服极限或强度极限已不能作为强度指标，材料的强度指标应通过试验重新测定。

试验是在疲劳试验机上进行的，被试材料要制成光滑小试件。最常见的试验是对称循环纯弯曲疲劳试验，图 13-5 是试件受力示意图，试件不停地绕轴线转动，各点受对称循环交变应力作用［图 13-2(c)］。在某个最大交变应力 $\sigma_{\max}$ 下进行试验，记录下疲劳断裂时试件经历过的应力循环数 N，N 称为应力为 $\sigma_{\max}$ 时的疲劳寿命。一组试件经过不同 $\sigma_{\max}$ 下的试验，最后可得到应力和疲劳寿命之间的关系曲线如图 13-6，称为 S-N 曲线（S 代表应力 σ 或 τ，也可代表应变 ε）。

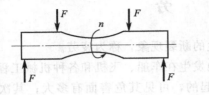

图 13-5

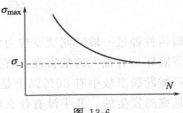

图 13-6

钢试件的 S-N 曲线有一水平渐近线（图 13-6），它是持久寿命 N 为无限时最大交变应力 $\sigma_{\max}$ 的上限值，称为材料的持久极限记为 σ_r，这里 r 为循环特征，如对称循环的持久极限记为 σ_{-1}。

钢试件经历 10^7 次应力循环后若未疲劳，可认为再不会疲劳，因此可把循环次数为 10^7 时仍未疲劳的最大应力规定为持久极限，$N_0 = 10^7$ 称为循环基数。铝合金等有色金属的 S-N 曲线无渐近线，一般可规定一个循环基数 $N_0 = 2 \times 10^7 \sim 10^8$，对应的持久极限称为条件持久极限。

二、构件的持久极限

实际构件在外形、尺寸、表面质量等方面与试验用的光滑小试件相比多不相同，其持久极限（称为构件的持久极限）自然也不相同。一般影响构件的持久极限的因素主要有以下几个。

1. 构件外形

构件上槽、孔、轴肩等尺寸突变处都有应力集中，易形成疲劳裂纹，降低构件的持久极限。构件外形对持久极限的这种影响可用有效应力集中因数 K_σ 表示，对称循环时它是材料的持久极限 σ_{-1} 与同尺寸构件的持久极限 $(\sigma_{-1})_K$ 之比，即

$$K_\sigma = \frac{\sigma_{-1}}{(\sigma_{-1})_K} \tag{13.3-1}$$

K_σ 值大于 1，可在有关手册中查到。

2. 构件尺寸

构件横向尺寸大于光滑小试件的以后，构件内高应力区范围扩大（图 13-7），形成疲劳裂纹的机会增加，持久极限降低。这种尺寸效应的影响可用尺寸因数 ε_σ 表示，对称循环时

它是实际构件的持久极限 $(\sigma_{-1})_d$ 与材料的持久极限 σ_{-1} 之比，即

$$\varepsilon_\sigma = \frac{(\sigma_{-1})_d}{\sigma_{-1}} \qquad (13.3\text{-}2)$$

ε_σ 数值小于 1，可在有关手册中查到。

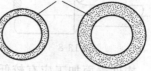

高应力区

图 13-7

3. 构件表面质量

弯曲、扭转变形时构件内最大应力发生于表层，疲劳裂纹也多在表层形成。若构件的表面比光滑小试件差，如粗糙不平、擦伤、划痕等，形成疲劳裂纹的可能性增加，持久极限就会降低。相反若构件表面质量优于光滑小试件，持久极限则会提高。表面质量对持久极限的影响可用表面质量因数 β 表示，对称循环时它是构件的持久极限 $(\sigma_{-1})_\beta$ 与光滑小试件的持久极限 σ_{-1} 之比，即

$$\beta = \frac{(\sigma_{-1})_\beta}{\sigma_{-1}} \qquad (13.3\text{-}3)$$

β 值可在有关手册中查到。

除以上三种因素外，影响构件的持久极限的因素还有很多，应用时应注意查阅有关资料。

第四节 对称循环构件疲劳强度校核

综合考虑式(13.3-1)、式(13.3-2) 和式(13.3-3) 三式，对称循环时构件的持久极限 σ_{-1}^0 为

$$\sigma_{-1}^0 = \frac{\varepsilon_\sigma \beta}{K_\sigma} \sigma_{-1} \qquad (13.4\text{-}1)$$

式中，σ_{-1} 为光滑小试件的持久极限。对于扭转情形则应写成

$$\tau_{-1}^0 = \frac{\varepsilon_\tau \beta}{K_\tau} \tau_{-1} \qquad (13.4\text{-}2)$$

各符号的意义与正应力的类似。

若定义工作安全因数 n_σ 为

$$n_\sigma = \frac{\sigma_{-1}^0}{\sigma_{\max}}$$

式中，$\sigma_{\max}$ 为构件危险点的最大工作应力，则疲劳强度条件为

$$n_\sigma = \frac{\sigma_{-1}^0}{\sigma_{\max}} = \frac{\sigma_{-1}}{\dfrac{K_\sigma}{\varepsilon_\sigma \beta} \sigma_{\max}} \geqslant n \qquad (13.4\text{-}3)$$

n 为规定的安全因数，扭转交变应力时应改写为

$$n_\tau = \frac{\tau_{-1}^0}{\tau_{\max}} = \frac{\tau_{-1}}{\dfrac{K_\tau}{\varepsilon_\tau \beta} \tau_{\max}} \geqslant n \qquad (13.4\text{-}4)$$

第五节 提高构件疲劳强度的措施

疲劳裂纹多于应力集中部位和构件表面等高应力部位形成，因此应从这些方面考虑如何

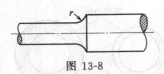

图 13-8

提高构件的疲劳强度。

构件外形设计应注意尽量避免应力集中，如带有尖角的孔和槽都应避免采用。对于常用的阶梯轴，在截面尺寸突变处应采用半径足够大的过渡圆角（图 13-8）。

构件表面加工应有较低的粗糙度，并应注意避免各种机械损伤（如划痕、打印）或其他损伤（如锈蚀）。对于高强度钢一类对应力集中比较敏感的材料，更需要保持较高的表面质量。

对构件表层进行强化处理，如高频淬火、氮化、渗碳、滚压、喷丸等，可减少形成疲劳裂纹的机会，也有助于提高构件的疲劳强度。

习　　题

13.1 计算图 13-9 所示各交变应力的平均应力、应力幅及循环特征。

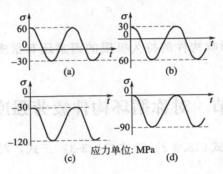

应力单位: MPa

图 13-9　题 13.1 图

13.2 旋转圆轴受横向和轴向力同时作用如图 13-10 所示，轴的角速度为 ω。求 C-C 截面 A 点的正应力随时间变化的表达式。已知 $F=10\text{kN}$，$l=2\text{m}$，$F_1=20\text{kN}$，轴直径 $d=8\text{cm}$，试求 $\sigma_{\max}$、$\sigma_{\min}$、σ_a、σ_m，循环特征 r，并作应力随时间变化曲线。

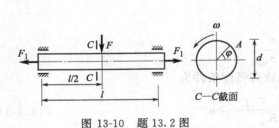

图 13-10　题 13.2 图

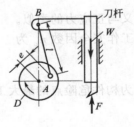

图 13-11　题 13.3 图

13.3 插床刀杆传动如图 13-11，偏心轮 D 带动连杆 AB 摆动，使刀杆作直线往复运动，已知刀杆自重 $W=400\text{N}$，刀杆向下运动时，切削力 $F=1\text{kN}$，刀杆向上时 $F=0$，连杆长 $l=500\text{mm}$，截面积为 10mm^2，偏心距 $e=50\text{mm}$，试求连杆的 $\sigma_{\max}$、$\sigma_{\min}$、σ_a、σ_m，循环特征 r。

附录 I 截面图形的几何性质

计算杆件的应力和变形，要用到反映杆件横截面的形状和尺寸的一些几何量，如杆件的横截面面积，截面的静矩、惯性矩、极惯性矩和惯性积等。这些量称为截面图形的几何性质。

本章将介绍这些截面几何性质的定义及计算方法。

第一节 静矩和形心

一、静矩和形心

任意截面图形如图 I-1 所示，设面积为 A，y 轴和 z 轴为截面图形所在平面内的任意直角坐标轴。在坐标 (y, z) 处取一微面积 dA，则 zdA 和 ydA 在整个截面面积 A 上的积分

$$S_y = \int_A z \, dA , \quad S_z = \int_A y \, dA \qquad (\text{I}.1\text{-}1)$$

分别定义为截面图形对 y 轴和 z 轴的静矩，或一次矩。

静矩不仅与图形面积有关，而且与所选坐标轴的位置有关。静矩可能为正值、负值，也可能为零，常用单位为米^3（m^3）或毫米^3（mm^3）。

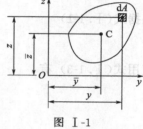

图 I-1

利用静矩可确定截面图形的形心位置。设想有一个形状与图 I-1 所示图形完全相同的均质薄板，在 yz 坐标系中，该均质薄板的重心与此图形的形心坐标 $(\bar{y}, \bar{z})$ 相同。由合力矩定理可知，薄板重心的坐标 $\bar{y}$ 和 $\bar{z}$ 分别为

$$\bar{y} = \frac{\int_A y \, dA}{A} , \quad \bar{z} = \frac{\int_A z \, dA}{A} \qquad (\text{I}.1\text{-}2)$$

这就是求薄板平面图形形心的公式。将式（I.1-1）代入上式，可得

$$\bar{y} = \frac{S_z}{A} , \quad \bar{z} = \frac{S_y}{A} \qquad (\text{I}.1\text{-}3)$$

若把上式写作

$$S_z = A \cdot \bar{y} , \quad S_y = A \cdot \bar{z} \qquad (\text{I}.1\text{-}4)$$

则表明：截面图形对 z 轴和对 y 轴的静矩，分别等于截面图形的面积 A 乘以其形心的坐标 $\bar{y}$ 和 $\bar{z}$。

由式（I.1-3）可见，若截面图形对坐标轴之静矩 S_z，S_y 为零，必有 $\bar{y}=0$，$\bar{z}=0$，则该坐标轴一定通过形心。同样，由式（I.1-4）可见，若坐标轴 y 或 z 通过截面图形的形心，即 $\bar{y}=0$ 或 $\bar{z}=0$，则图形对该轴的静矩 S_z，S_y 也一定为零。如图 I-2 所示的一些截面图形，z 轴均为其截面对称轴，整个面积对 z 轴的静矩 S_z 等于零，故 $\bar{y}=0$，即形心在 z 轴上。也就是说当截面图形具有对称轴时，形心必在此对称轴上。

如果图形有一对对称轴 y 和 z，则形心必在此对对称轴的交点上。

【例Ⅰ-1】 试计算图Ⅰ-3所示三角形对底边 y 轴的静矩，并确定其形心位置。

解 取与 y 轴平行的狭长条作为微面积，$dA = b(z)dz$。

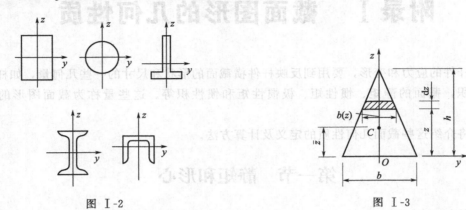

图Ⅰ-2　　　　　　　　　　　　图Ⅰ-3

由相似三角形关系可得

$$b(z) = \frac{b(h-z)}{h}$$

根据式（Ⅰ.1-1）

$$S_y = \int_A z\,dA = \int_0^h z\frac{b(h-z)}{h}dz = \frac{bh^2}{6}$$

应用式（Ⅰ.1-3）有

$$\bar{z} = \frac{S_y}{A} = \frac{\dfrac{bh^2}{6}}{\dfrac{bh}{2}} = \frac{h}{3}$$

因 z 是对称轴，故

$$\bar{y} = 0$$

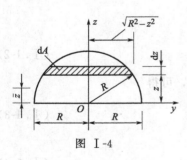

图Ⅰ-4

【例Ⅰ-2】 求半径为 R 的半圆形截面对 y 轴的静矩及形心坐标（图Ⅰ-4）。

解 在坐标为 z 处，取平行于 y 轴的狭长条为微面积

$$dA = 2\sqrt{R^2 - z^2}\,dz$$

应用式（Ⅰ.1-1），截面对 y 轴的静矩为

$$S_y = \int_A z\,dA = \int_0^R 2z\sqrt{R^2 - z^2}\,dz$$

$$= \frac{2}{3}R^3$$

应用式（Ⅰ.1-3），有

$$\bar{z} = \frac{S_y}{A} = \frac{\dfrac{2}{3}R^3}{\dfrac{\pi}{2}R^2} = \frac{4R}{3\pi}$$

由于 z 轴为对称轴，故

$$\bar{y} = 0$$

二、组合截面图形的静矩和形心

由若干个简单图形组合而成的截面，称为组合截面图形。

由静矩定义可知，截面各组成部分对某一轴的静矩的代数和等于此组合截面图形对该轴的静矩。因此求组合截面图形的静矩时，可将该截面图形分成若干个简单图形，每个简单图形的面积和形心位置是已知的，于是整个截面图形的静矩为

$$S_y = \sum_{i=1}^{n} A_i \bar{z}_i, \quad S_z = \sum_{i=1}^{n} A_i \bar{y}_i \qquad （I.1-5）$$

式中，A_i、$\bar{y}_i$、$\bar{z}_i$ 分别代表第 i 个简单图形的面积和形心坐标，n 表示简单图形的个数。

将式（I.1-5）代入式（I.1-3），即可得到组合截面图形形心坐标的计算公式

$$\bar{y} = \frac{\sum_{i=1}^{n} A_i \bar{y}_i}{\sum_{i=1}^{n} A_i}, \quad \bar{z} = \frac{\sum_{i=1}^{n} A_i \bar{z}_i}{\sum_{i=1}^{n} A_i} \qquad （I.1-6）$$

【例 I-3】 试确定图 I-5 所示 L 形截面的形心位置。

解 将截面分为 I、II 两个矩形，选取参考坐标系如图示。

I、II 两个矩形的面积与形心坐标分别为

$$A_1 = （150-10） \times 10$$
$$= 1400 （\text{mm}^2）$$
$$\bar{y}_1 = 5\text{mm}, \quad \bar{z}_1 = 80\text{mm}$$
$$A_2 = 100 \times 10 = 1000 （\text{mm}^2）$$
$$\bar{y}_2 = 50\text{mm}, \quad \bar{z}_2 = 5\text{mm}$$

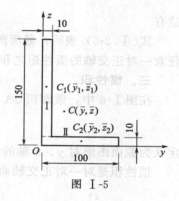

图 I-5

应用式（I.1-6）得

$$\bar{y} = \frac{A_1 \bar{y}_1 + A_2 \bar{y}_2}{A_1 + A_2} = \frac{1400 \times 5 + 1000 \times 50}{1400 + 1000} = 23.8 （\text{mm}）$$

$$\bar{z} = \frac{A_1 \bar{z}_1 + A_2 \bar{z}_2}{A_1 + A_2} = \frac{1400 \times 80 + 1000 \times 5}{1400 + 1000} = 48.8 （\text{mm}）$$

第二节 惯性矩 惯性积

一、惯性矩

设 y、z 轴为截面图形所在平面内的坐标轴，在图形中坐标为 (y, z) 处取微面积 dA（图 I-6），对整个截面图形面积 A 上的积分

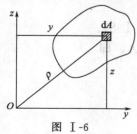

图 I-6

$$I_y = \int_A z^2 dA, \quad I_z = \int_A y^2 dA \qquad （I.2-1）$$

分别定义为截面图形对 y 轴和 z 轴的惯性矩。惯性矩 I_y 和 I_z 是面积的二次矩，恒为正值，常用单位为米^4（m^4）或毫米^4（mm^4）。

有时把惯性矩表示成截面图形的面积 A 与某一长度 i 平方的乘积，即

$$I_y = i_y^2 A, \quad I_z = i_z^2 A \qquad （I.2-2）$$

或写作

$$i_y = \sqrt{\frac{I_y}{A}} , \quad i_z = \sqrt{\frac{I_z}{A}} \tag{I.2-3}$$

i_y、i_z 分别称为截面图形对 y 轴和对 z 轴的惯性半径，常用单位为米（m）或毫米（mm）。

二、极惯性矩

在图 I-6 中，若微面积 dA 到坐标原点 O 的距离为 ρ，则对整个截面图形面积 A 的积分

$$I_p = \int_A \rho^2 dA \tag{I.2-4}$$

定义为截面图形对坐标原点的极惯性矩。极惯性矩总是正值，常用单位米^4（m^4）或毫米^4（mm^4）。

由图 I-6 可见 $\rho^2 = y^2 + z^2$，代入（I.2-4）式，则有

$$I_p = \int_A \rho^2 dA = \int_A (y^2 + z^2) dA = \int_A y^2 dA + \int_A z^2 dA$$

因

$$\int_A y^2 dA = I_z , \quad \int_A z^2 dA = I_y$$

故有

$$I_p = I_y + I_z \tag{I.2-5}$$

式（I.2-5）表明：截面图形对其所在平面内任一点的极惯性矩等于此图形对过该点的任意一对正交轴的惯性矩之和。

三、惯性积

在图 I-6 中，微面积 dA 与 y、z 两坐标的乘积 $yz dA$ 对整个截面图形面积 A 的积分

$$I_{yz} = \int_A yz dA \tag{I.2-6}$$

定义为截面图形对 y、z 轴的惯性积。

惯性积是对一对正交轴而言的，可能为正值、负值，也可能为零。常用单位米^4（m^4）或毫米^4（mm^4），它也是面积的二次矩。

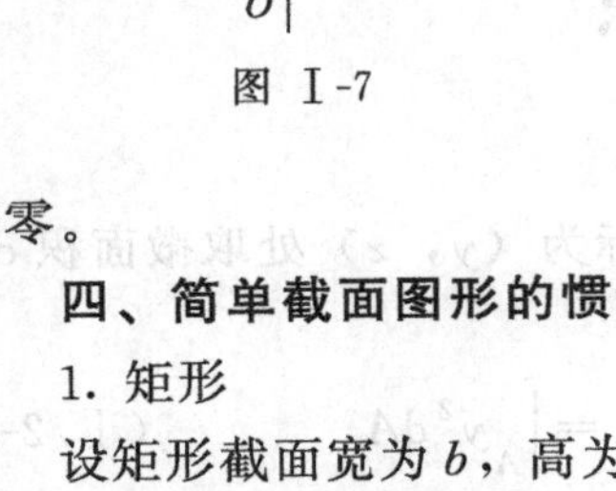

图 I-7

如果截面图形有一根对称轴，则截面图形对包含此对称轴的任一对正交轴的惯性积均为零。如图 I-7 中，z 轴为截面图形的对称轴，位于 z 轴两侧对称位置的任意两个微面积 dA 与其坐标的乘积 $yz dA$，大小相等、正负号相反，积分求和时抵消，故有

$$I_{yz} = \int_A yz dA = 0$$

所以图形对包含对称轴 z 在内的任一对正交轴的惯性积等于零。

四、简单截面图形的惯性矩、惯性积

1. 矩形

设矩形截面宽为 b，高为 h，取截面的对称轴为 y 轴和 z 轴（图 I-8）。

求对 y 轴的惯性矩 I_y 时，可取平行于 y 轴的狭长条为微面积 dA，即

$$dA = b dz$$

应用式（I.2-1），有

$$I_y = \int_A z^2 dA = \int_{-\frac{h}{2}}^{\frac{h}{2}} z^2 b dz = \frac{bh^3}{12}$$

同理可求得对 z 轴的惯性矩

$$I_z = \int_A y^2 \mathrm{d}A = \int_{-\frac{b}{2}}^{\frac{b}{2}} y^2 b \,\mathrm{d}y = \frac{hb^3}{12}$$

因 y、z 轴均为矩形截面的对称轴，故

$$I_{yz} = 0$$

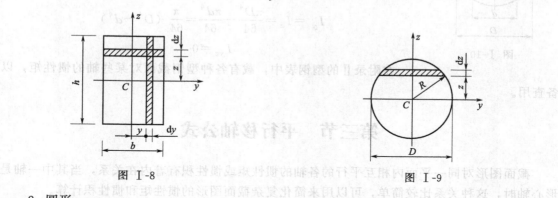

图 I-8   图 I-9

2. 圆形

设圆形截面直径为 D，坐标轴如图 I-9 所示，首先求截面图形对通过形心的 y 轴的惯性矩 I_y，在坐标为 z 处取一微面积 $\mathrm{d}A$，则

$$\mathrm{d}A = 2\sqrt{R^2 - z^2}\,\mathrm{d}z$$

应用式（I.2-1），有

$$I_y = \int_A z^2 \mathrm{d}A = 2\int_{-R}^{R} z^2 \sqrt{R^2 - z^2}\,\mathrm{d}z$$

$$= \frac{\pi R^4}{4} = \frac{\pi D^4}{64}$$

z 轴与 y 轴都是圆的对称轴，必有

$$I_z = I_y = \frac{\pi D^4}{64}$$

圆形截面对圆心 C 的极惯性矩，可应用式（I.2-5）计算，即

$$I_p = I_y + I_z = \frac{\pi D^4}{32}$$

圆形截面对 y，z 轴的惯性积 $I_{yz} = 0$。

五、组合截面图形的惯性矩、惯性积

当一个截面图形由若干个简单图形组成时，根据定义，组合截面图形对于平面上某一轴的惯性矩等于每个简单图形对同一轴的惯性矩之和，组合截面对于某一对正交轴的惯性积等于每个简单图形对同一对正交轴的惯性积之和，即

$$\left.\begin{aligned} I_y &= \sum_{i=1}^{n} (I_y)_i \\ I_z &= \sum_{i=1}^{n} (I_z)_i \\ I_{yz} &= \sum_{i=1}^{n} (I_{yz})_i \end{aligned}\right\} \qquad (\text{I}.2\text{-}7)$$

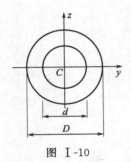

图 Ⅰ-10

式中，$(I_y)_i$、$(I_z)_i$、$(I_{yz})_i$ 分别为第 i 个简单图形对 y 轴和 z 轴的惯性矩和惯性积。

例如，图 Ⅰ-10 所示的空心圆截面可看作是由直径为 D 的圆截面和直径为 d 的圆截面组合而成的。利用式（Ⅰ.2-7）可求得空心圆截面对 y、z 轴的惯性矩

$$I_y = I_z = \frac{\pi D^4}{64} - \frac{\pi d^4}{64} = \frac{\pi}{64}(D^4 - d^4)$$

$$I_{yz} = 0$$

在附录Ⅱ的型钢表中，载有各种型钢截面对某些轴的惯性矩，以备查用。

第三节 平行移轴公式

截面图形对同一平面内相互平行的各轴的惯性矩或惯性积有着内在关系，当其中一轴是形心轴时，这种关系比较简单，可以用来简化复杂截面图形的惯性矩和惯性积计算。

设图 Ⅰ-11 所示的任意截面图形的面积为 A，在图形平面内有通过其形心 C 的一对形心轴 y_C、z_C，以及与它们平行的另一对轴 y、z。图形的形心在 y、z 坐标系内的坐标为 b、a。

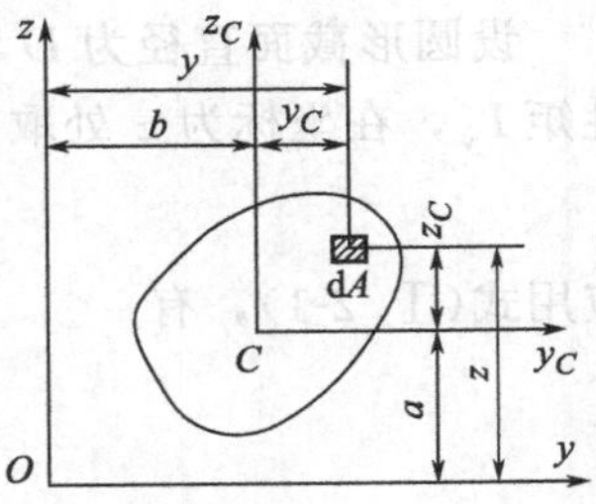

根据定义，截面图形对其形心轴 y_C、z_C 的惯性矩、惯性积分别为

$$I_{y_C} = \int_A z_C^2 \, dA, \quad I_{z_C} = \int_A y_C^2 \, dA, \quad I_{y_C z_C} = \int_A y_C z_C \, dA \quad (1)$$

对 y，z 轴的惯性矩和惯性积为

$$I_y = \int_A z^2 \, dA, \quad I_z = \int_A y^2 \, dA, \quad I_{yz} = \int_A yz \, dA \quad (2)$$

图 Ⅰ-11

由图 Ⅰ-11 可知

$$y = y_C + b, \quad z = z_C + a \quad (3)$$

将式(3)代入式(2)的第一式可得

$$I_y = \int_A z^2 \, dA = \int_A (z_C + a)^2 \, dA$$

$$= \int_A z_C^2 \, dA + 2a \int_A z_C \, dA + a^2 \int_A dA = I_{y_C} + 2a S_{y_C} + a^2 A \quad (4)$$

由于 y_C、z_C 轴是形心轴，所以有 $S_{y_C} = 0$，因此式(4)可写作下式的第一式，同理可得下式的二、三式，即

$$\left. \begin{array}{l} I_y = I_{y_C} + a^2 A \\ I_z = I_{z_C} + b^2 A \\ I_{yz} = I_{y_C z_C} + ab A \end{array} \right\} \quad （Ⅰ.3-1）$$

式（Ⅰ.3-1）称为惯性矩和惯性积的平行移轴公式。利用平行移轴公式可根据图形对形心轴的惯性矩和惯性积，来计算图形对其他与形心轴平行的坐标轴的惯性矩和惯性积，或进行相反的计算。

【例 Ⅰ-4】 求图 Ⅰ-12 所示矩形截面对 y、z 轴的惯性矩和惯性积。

解　作平行于 y、z 轴的形心轴 y_C、z_C，图形对 y_C、z_C 轴的惯性矩和惯性积分别为

$$I_{y_C}=\frac{bh^3}{12},\quad I_{z_C}=\frac{hb^3}{12},\quad I_{y_C z_C}=0$$

应用式（I.3-1），图形对 y、z 轴的惯性矩、惯性积分别为

$$I_y=\frac{bh^3}{12}+\left(\frac{h}{2}\right)^2\cdot bh=\frac{bh^3}{3}$$

$$I_z=\frac{hb^3}{12}+\left(\frac{b}{2}\right)^2\cdot bh=\frac{hb^3}{3}$$

$$I_{yz}=0+\left(\frac{h}{2}\right)\cdot\left(\frac{b}{2}\right)\cdot bh=\frac{b^2 h^2}{4}$$

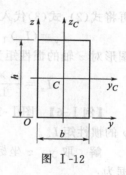

图 I-12

【例 I-5】　试求图 I-13 所示截面图形对形心轴的惯性矩。

解　此图形是由两个半圆和一个矩形组成。设矩形对 y 轴的惯性矩为 $(I_y)_{\mathrm{I}}$，第一个半圆对 y 轴的惯性矩为 $(I_y)_{\mathrm{II}}$，则图形对 y 轴的惯性矩为

$$I_y=(I_y)_{\mathrm{I}}+2(I_y)_{\mathrm{II}}\tag{1}$$

矩形对于 y 轴的惯性矩为

$$(I_y)_{\mathrm{I}}=\frac{d(2a)^3}{12}=\frac{80\times200^3}{12}=5330\times10^4\,(\mathrm{mm}^4)\tag{2}$$

半圆对 y 轴的惯性矩可以利用平行移轴公式求得。但首先应求得半圆对过形心 C_2 的 y_C 轴的惯性矩 $(I_{y_C})_{\mathrm{II}}$，半圆形对其底边 y' 轴的惯性矩为圆形对直径轴惯性矩的一半，写作 $I_{y'}$，形心 C_2 到 O 点的距离为 $\dfrac{2d}{3\pi}$，利用平行移轴公式可求得

$$(I_{y_C})_{\mathrm{II}}=I_{y'}-\left(\frac{2d}{3\pi}\right)^2\times\frac{\pi d^2}{8}=\frac{\pi d^4}{128}-\left(\frac{2d}{3\pi}\right)^2\times\frac{\pi d^2}{8}$$

则

$$(I_y)_{\mathrm{II}}=(I_{y_C})_{\mathrm{II}}+\left(a+\frac{2d}{3\pi}\right)^2\times\frac{\pi d^2}{8}$$

$$=\frac{\pi d^4}{128}-\left(\frac{2d}{3\pi}\right)^2\times\frac{\pi d^2}{8}+\left(a+\frac{2d}{3\pi}\right)^2\times\frac{\pi d^2}{8}$$

将 $d=80\,\mathrm{mm}$，$a=100\,\mathrm{mm}$ 代入，可得

$$(I_y)_{\mathrm{II}}=3467\times10^4\,\mathrm{mm}^4\tag{3}$$

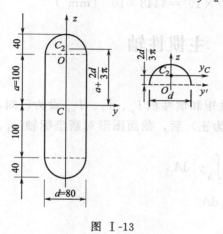

图 I-13

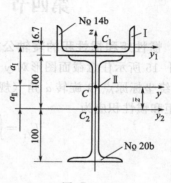

图 I-14

再将式（2）、式（3）代入式（1）中，便得

$$I_y = (I_y)_I + 2(I_y)_{II} = 5330 \times 10^4 + 2 \times 3467 \times 10^4 = 12260 \times 10^4 \; (\text{mm}^4)$$

图形对 z 轴的惯性矩为

$$I_z = \frac{2a \times d^3}{12} + \frac{\pi d^4}{64} = \frac{2 \times 100 \times 80^3}{12} + \frac{\pi \times 80^4}{64} = 1054.0 \times 10^4 \; (\text{mm}^4)$$

【例 I-6】 图 I-14 所示截面图形由 14b 槽钢和 20b 工字钢组合而成。试求对其形心轴 y 的惯性矩 I_y。

解 取 y、z 坐标系如图 I-14 所示，将截面分为 I，II 两部分。由型钢表查得有关数据为：

14b 槽钢　截面积为 $A_I = 21.316\text{cm}^2$，槽钢对通过其形心 C_1 的 y_1 轴的惯性矩为

$$(I_{y_1})_I = 61.1\text{cm}^4$$

20b 工字钢　截面积为 $A_{II} = 39.578\text{cm}^2$，工字钢对通过其形心 C_2 的 y_2 轴的惯性矩为

$$(I_{y_2})_{II} = 2500\text{cm}^4$$

(1) 确定形心位置

由式（I.1-6）可得形心坐标为

$$\bar{z} = \frac{\sum\limits_{i=1}^{2} A_i \bar{z}_i}{\sum\limits_{i=1}^{2} A_i} = \frac{21.316 \times 10^2 \times 116.7 + 39.578 \times 10^2 \times 0}{21.316 \times 10^2 + 39.578 \times 10^2} = 40.9 \; (\text{mm})$$

$$\bar{y} = 0$$

(2) 求组合截面对通过其形心的 y 轴的惯性矩

设 I、II 两部分截面对 y 轴的惯性矩分别为 $(I_y)_I$、$(I_y)_{II}$，应用惯性矩的平行移轴公式（I.3-1）得

$$(I_y)_I = (I_{y_1})_I + a_I^2 A_I = 61.1 \times 10^4 + (75.8)^2 \times 21.316 \times 10^2$$
$$= 1286 \times 10^4 \; (\text{mm}^4)$$

$$(I_y)_{II} = (I_{y_2})_{II} + a_{II}^2 A_{II} = 2500 \times 10^4 + 40.9^2 \times 39.578 \times 10^2$$
$$= 3162 \times 10^4 \; (\text{mm}^4)$$

整个截面图形对 y 轴的惯性矩为

$$I_y = (I_y)_I + (I_y)_{II} = 1286 \times 10^4 + 3162 \times 10^4 = 4448 \times 10^4 \; (\text{mm}^4)$$

第四节　转轴公式　主惯性轴

一、惯性矩和惯性积的转轴公式

图 I-15 所示任意截面图形对 y 轴和 z 轴的惯性矩和惯性积 I_y、I_z、I_{yz} 设为已知，将 y、z 轴绕坐标原点 O 旋转 α 角（规定逆时针转向为正）后，截面图形对新坐标轴 y_1、z_1 的惯性矩和惯性积应为

$$I_{y_1} = \int_A z_1^2 \mathrm{d}A, \quad I_{z_1} = \int_A y_1^2 \mathrm{d}A,$$

$$I_{y_1 z_1} = \int_A y_1 z_1 \mathrm{d}A \tag{1}$$

微面积 $\mathrm{d}A$ 的新旧坐标转换关系为

$$\left. \begin{array}{l} y_1 = y\cos\alpha + z\sin\alpha \\ z_1 = z\cos\alpha - y\sin\alpha \end{array} \right\} \tag{2}$$

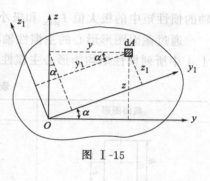

图 I-15

将式(2)代入式(1)，并利用三角函数半角公式整理，便得到截面图形对新旧坐标轴的惯性矩和惯性积之间的关系

$$\left. \begin{array}{l} I_{y_1} = \dfrac{I_y + I_z}{2} + \dfrac{I_y - I_z}{2}\cos2\alpha - I_{yz}\sin2\alpha \\[2mm] I_{z_1} = \dfrac{I_y + I_z}{2} - \dfrac{I_y - I_z}{2}\cos2\alpha + I_{yz}\sin2\alpha \\[2mm] I_{y_1 z_1} = \dfrac{I_y - I_z}{2}\sin2\alpha + I_{yz}\cos2\alpha \end{array} \right\} \tag{I.4-1}$$

上式称为惯性矩和惯性积的转轴公式。公式表明：I_{y_1}，I_{z_1}，$I_{y_1 z_1}$ 随 α 角的变化而改变，它们都是 α 角的函数。

若将式(I.4-1)前两式相加，可得

$$I_{y_1} + I_{z_1} = I_y + I_z = I_P = 常数 \tag{3}$$

由此式可以得出结论：截面图形对过同一点的任意一对正交轴的两惯性矩之和恒为常数。这与式(I.2-5)的结论相同。

二、主惯性轴和主惯性矩

1. 主惯性轴

若截面图形对正交轴 y_0、z_0 的惯性积 $I_{y_0 z_0} = 0$，则 y_0、z_0 轴称为主惯性轴。设主惯性轴与 y 轴正向夹角为 α_0，则由式(I.4-1)中第三式可得

$$\frac{I_y - I_z}{2}\sin2\alpha_0 + I_{yz}\cos2\alpha_0 = 0$$

即

$$\tan2\alpha_0 = -\frac{2I_{yz}}{I_y - I_z} \tag{I.4-2}$$

由上式解出的 α_0 有两个值（相差 90°），它们就是主惯性轴 y_0、z_0 的方位。

2. 主惯性矩

截面图形对主惯性轴的惯性矩称为主惯性矩。

将由式(I.4-2)解出的 α_0 角代入式(I.4-1)的前两式，化简后便可得到主惯性矩 I_{y_0} 和 I_{z_0} 的计算公式为

$$\left. \begin{array}{l} I_{y_0} = \dfrac{I_y + I_z}{2} + \dfrac{1}{2}\sqrt{(I_y - I_z)^2 + 4I_{yz}^2} \\[3mm] I_{z_0} = \dfrac{I_y + I_z}{2} - \dfrac{1}{2}\sqrt{(I_y - I_z)^2 + 4I_{yz}^2} \end{array} \right\} \tag{I.4-3}$$

设 $\alpha = \alpha_1$ 时惯性矩取得极值，在式(I.4-1)中可令

$$\frac{dI_{y_1}}{d\alpha}\bigg|_{\alpha=\alpha_1} = -(I_y - I_z)\sin2\alpha_1 - 2I_{yz}\cos2\alpha_1 = 0$$

得

$$\tan2\alpha_1 = -\frac{2I_{yz}}{I_y - I_z} \tag{I.4-4}$$

比较上式与式(I.4-2)可见 $\alpha_1 = \alpha_0$。因此主惯性矩之值，就是截面图形对通过一点的所有

轴的惯性矩中的极大值 I_{max} 和极小值 I_{min}。式（Ⅰ.4-3）中的 $I_{y_0}=I_{max}$ 而 $I_{z_0}=I_{min}$。

通过截面图形形心的主惯性轴称为形心主惯性轴，相应地惯性矩称为形心主惯性矩，表Ⅰ-1 中所列惯性矩均为形心主惯性矩。

表 Ⅰ-1　常用截面的几何性质

截面图形	形心位置	惯性矩 I_y	惯性半径
	$e=\dfrac{h}{2}$	$I_y=\dfrac{bh^3}{12}$	$i_y=\dfrac{h}{2\sqrt{3}}$ $=0.289h$
	$e=\dfrac{H}{2}$	$I_y=\dfrac{BH^3-bh^3}{12}$	$i_y=\sqrt{\dfrac{BH^3-bh^3}{12\,(BH-bh)}}$
	$e=\dfrac{d}{2}$	$I_y=\dfrac{\pi d^4}{64}$	$i_y=\dfrac{d}{4}$
	$e=\dfrac{D}{2}$	$I_y=\dfrac{\pi\,(D^4-d^4)}{64}$ $=\dfrac{\pi D^4}{64}\,(1-\alpha^4)$ $\left(\alpha=\dfrac{d}{D}\right)$	$i_y=\dfrac{1}{4}\sqrt{D^2+d^2}$
	$e=\dfrac{h}{3}$	$I_y=\dfrac{bh^3}{36}$	$i_y=\dfrac{h}{3\sqrt{2}}$
	$e=\dfrac{h\,(2a+b)}{3\,(a+b)}$	$I_y=\dfrac{h^3\,(a^2+4ab+b^2)}{36\,(a+b)}$	$i_y=\sqrt{\dfrac{I_y}{A}}$
	$e=a$	$I_y=\dfrac{\pi}{4}a^3b$	$i_y=\dfrac{a}{2}$
	$e=\dfrac{4R}{3\pi}$	$I_y=\left(\dfrac{\pi}{8}-\dfrac{8}{9\pi}\right)R^4$ $=0.1098R^4$	$i_y=0.264R$

只要截面具有一根对称轴，则该对称轴就是形心主惯性轴之一，因此截面图形对于对称轴和与对称轴垂直的形心轴的惯性矩就是形心主惯性矩。

第五节 组合截面图形的形心主惯性矩

在计算组合截面图形的形心主惯性矩时，首先应确定其形心位置，然后通过形心选择一对便于计算惯性矩和惯性积的坐标轴，计算出组合截面图形对于这一对轴的惯性矩和惯性积 I_y、I_z 和 I_{yz}，然后将它们代入式（I.4-2）和式（I.4-3）便可确定形心主惯性轴的方位和形心主惯性矩的数值。

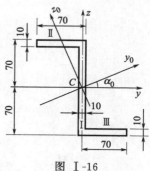

图 I-16

【例 I-7】 试确定图 I-16 所示截面图形的形心主惯性轴，并计算形心主惯性矩。

解 （1）确定形心位置

由于截面图形是反对称的，所以形心在其反对称中心 C 处。选取通过形心的一对 y、z 轴如图。

（2）计算 I_y、I_z 和 I_{yz} 值

将图形看作是由 I、II 和 III 三个矩形组合而成。利用平行移轴公式可分别算出图形对 y、z 轴的惯性矩和惯性积。

$$
I_y = (I_y)_I + (I_y)_{II} + (I_y)_{III} = \frac{10 \times 140^3}{12} + \left[\frac{60 \times 10^3}{12} + (70-5)^2 \times 60 \times 10 \right] \times 2
$$
$$
= 736.7 \times 10^4 \ (\text{mm}^4)
$$

$$
I_z = (I_z)_I + (I_z)_{II} + (I_z)_{III} = \frac{140 \times 10^3}{12} + \left[\frac{10 \times 60^3}{12} + (30+5)^2 \times 60 \times 10 \right] \times 2
$$
$$
= 184.2 \times 10^4 \ (\text{mm}^4)
$$

$$
I_{yz} = (I_{yz})_I + (I_{yz})_{II} + (I_{yz})_{III}
$$
$$
= 0 + (-35 \times 65)(60 \times 10) + [35 \times (-65)(60 \times 10)]
$$
$$
= -273 \times 10^4 \ (\text{mm}^4)
$$

（3）确定形心主惯性轴的位置

将求得的 I_y、I_z 和 I_{yz} 代入式（I.4-2）得

$$
\tan 2\alpha_0 = -\frac{2I_{yz}}{I_y - I_z} = -\frac{2 \times (-273 \times 10^4)}{736.7 \times 10^4 - 184.2 \times 10^4} = 0.988
$$

解得

$$
2\alpha_0 = 44°39' \text{ 或 } 224°39'
$$
$$
\alpha_0 = 22°19' \text{ 或 } 112°19'
$$

α_0 的两个值确定了 y_0 和 z_0 两个形心主惯性轴的位置。

（4）计算形心主惯性矩

由式（I.4-3）求得

$$
\left. \begin{array}{r} I_{y_0} \\ I_{z_0} \end{array} \right\} = \frac{I_y + I_z}{2} \pm \frac{1}{2}\sqrt{(I_y - I_z)^2 + 4I_{yz}^2} = \frac{736.7 \times 10^4 + 184.2 \times 10^4}{2}
$$
$$
\pm \frac{1}{2}\sqrt{(736.7 \times 10^4 - 184.2 \times 10^4)^2 + 4 \ (-273 \times 10^4)^2} = \left\{ \begin{array}{l} 848.8 \times 10^4 \\ 72.1 \times 10^4 \end{array} \right. (\text{mm}^4)
$$

当确定形心主惯性轴位置 y_0、z_0 时，如约定 I_y 代表较大的惯性矩，即 $I_y > I_z$，则由

公式（Ⅰ.4-2）算出的两个 α_0 角度中，由绝对值较小的 α_0 确定的形心主惯性轴对应的形心主惯性矩为最大值。本例题中，由 $\alpha_0 = 22°19'$ 所确定的形心主惯性轴为 y_0，对应的形心主惯性矩为 $I_{y_0} = 848.8 \times 10^4 \text{ mm}^4$。

习　　题

Ⅰ.1　求图Ⅰ-17所示图形对 y 轴的静矩及形心坐标。

Ⅰ.2　试求图Ⅰ-18各图形的形心坐标。

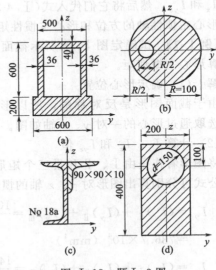

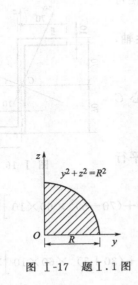

图Ⅰ-17　题Ⅰ.1图　　　　　　　　图Ⅰ-18　题Ⅰ.2图

Ⅰ.3　试用积分法求图Ⅰ-19图形的 I_y 值。

Ⅰ.4　试求图Ⅰ-20所示截面的 S_{y_1}，S_{z_1}，I_{y_1}，I_{z_1}，$I_{y_1 z_1}$。

Ⅰ.5　试求图Ⅰ-21所示各图形对 y、z 轴的惯性矩。

Ⅰ.6　由两个 No28a 槽钢组成的截面图形，C 为组合截面图形的形心，见图Ⅰ-22。试求：（1）当 $a = 180\text{mm}$ 时 $I_y = ?$ $I_z = ?$（2）为使 $I_y = I_z$，$a = ?$

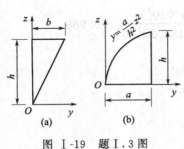

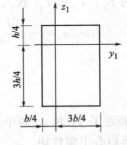

图Ⅰ-19　题Ⅰ.3图　　　　　　　　图Ⅰ-20　题Ⅰ.4图

Ⅰ.7　求图Ⅰ-23所示花键轴截面的形心主惯性矩。

Ⅰ.8　试求图Ⅰ-24所示各组合截面的形心主惯性矩。

Ⅰ.9　试求图Ⅰ-25所示矩形截面过 A 点的主惯性轴位置和主惯性矩。

Ⅰ.10　试确定图Ⅰ-26所示组合截面的形心主惯性轴位置，并求形心主惯性矩。

Ⅰ.11　欲使通过矩形截面长边中点 A 的任意轴 u 都是主惯性轴见图Ⅰ-27，则此矩形截面的高、宽之比 $h/b = ?$

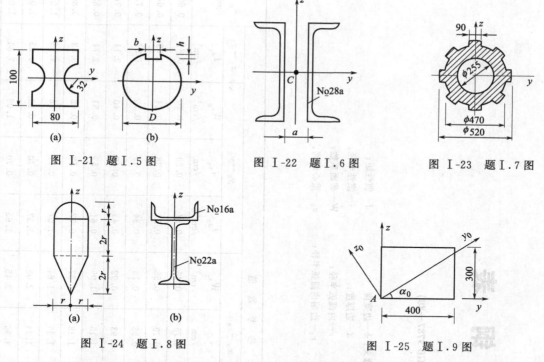

图 I-21 题I.5图   图 I-22 题I.6图   图 I-23 题I.7图

图 I-24 题I.8图   图 I-25 题I.9图

I.12 试证明通过正方形及等边三角形形心的任一轴均为形心主惯性轴见图I-28，并由此得出一般性的结论。

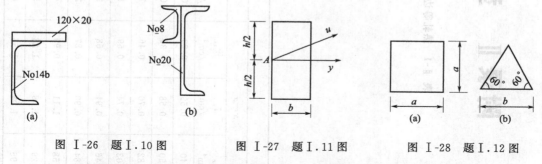

图 I-26 题I.10图   图 I-27 题I.11图   图 I-28 题I.12图

I.13 试画出图I-29图形形心主惯性轴的大致位置，并指出对哪个轴的惯性矩最大。

I.14 求证图I-30所示矩形以其对角线划分成的两个三角形I及II的 I_{yz} 相等且等于矩形 I_{yz} 的一半。

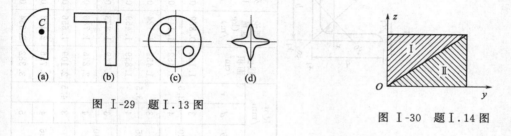

图 I-29 题I.13图   图 I-30 题I.14图

附录Ⅱ 型钢表

表Ⅱ-1 热轧等边角钢 (GB 9787—88)

符号意义:
b—边宽度;
d—边厚度;
r—内圆弧半径;
r_1—边端内圆弧半径;
I—惯性矩;
i—惯性半径;
W—截面系数;
z_0—重心距离。

| 角钢号数 | 尺寸/mm | | | 截面面积/cm² | 理论重量/(kg/m) | 外表面积/(m²/m) | 参考数值 | | | | | | | | | | |
| | b | d | r | | | | x—x | | | x_0—x_0 | | | y_0—y_0 | | | x_1—x_1 | z_0/cm |
							I_x/cm⁴	i_x/cm	W_x/cm³	I_{x_0}/cm⁴	i_{x_0}/cm	W_{x_0}/cm³	I_{y_0}/cm⁴	i_{y_0}/cm	W_{y_0}/cm³	I_{x_1}/cm⁴	
2	20	3	3.5	1.132	0.889	0.078	0.40	0.59	0.29	0.63	0.75	0.45	0.17	0.39	0.20	0.81	0.60
		4		1.459	1.145	0.077	0.50	0.58	0.36	0.78	0.73	0.55	0.22	0.38	0.24	1.09	0.64
2.5	25	3	3.5	1.432	1.124	0.098	0.82	0.70	0.46	1.29	0.95	0.73	0.34	0.49	0.33	1.57	0.73
		4		1.859	1.459	0.097	1.03	0.74	0.59	1.62	0.93	0.92	0.43	0.48	0.40	2.11	0.76
3.0	30	3	4.5	1.749	1.373	0.117	1.46	0.91	0.68	2.31	1.15	1.09	0.61	0.59	0.51	2.71	0.85
		4		2.276	1.786	0.117	1.84	0.90	0.87	2.92	1.13	1.37	0.77	0.58	0.62	3.63	0.89
3.6	36	3	4.5	2.109	1.656	0.141	2.58	1.11	0.99	4.09	1.39	1.61	1.07	0.71	0.76	4.68	1.00
		4		2.756	2.163	0.141	3.29	1.09	1.28	5.22	1.38	2.05	1.37	0.70	0.93	6.25	1.04
		5		3.382	2.654	0.141	3.95	1.08	1.56	6.24	1.36	2.45	1.65	0.70	1.09	7.84	1.07

续表

角钢号数	b	d	r	截面面积/cm²	理论重量/(kg/m)	外表面积/(m²/m)	I_x/cm⁴	i_x/cm	W_x/cm³	I_{x_0}/cm⁴	i_{x_0}/cm	W_{x_0}/cm³	I_{y_0}/cm⁴	i_{y_0}/cm	W_{y_0}/cm³	I_{x_1}/cm⁴	z_0/cm
4.0	40	3	5	2.359	1.852	0.157	3.59	1.23	1.23	5.69	1.55	2.01	1.49	0.79	0.96	6.41	1.09
		4		3.086	2.422	0.157	4.60	1.22	1.60	7.29	1.54	2.58	1.91	0.79	1.19	8.56	1.13
		5		3.791	2.976	0.156	5.53	1.21	1.96	8.76	1.52	3.10	2.30	0.78	1.39	10.74	1.17
4.5	45	3	5	2.659	2.088	0.177	5.17	1.40	1.58	8.20	1.76	2.58	2.14	0.89	1.24	9.12	1.22
		4		3.486	2.736	0.177	6.65	1.38	2.05	10.56	1.74	3.32	2.75	0.89	1.54	12.18	1.26
		5		4.292	3.369	0.176	8.04	1.37	2.51	12.74	1.72	4.00	3.33	0.88	1.81	15.25	1.30
		6		5.076	3.985	0.176	9.33	1.36	2.95	14.76	1.70	4.64	3.89	0.88	2.06	18.36	1.33
5	50	3	5.5	2.971	2.332	0.197	7.18	1.55	1.96	11.37	1.96	3.22	2.98	1.00	1.57	12.50	1.34
		4		3.897	3.059	0.197	9.26	1.54	2.56	14.70	1.94	4.16	3.82	0.99	1.96	16.69	1.38
		5		4.803	3.770	0.196	11.21	1.53	3.13	17.79	1.92	5.03	4.64	0.98	2.31	20.90	1.42
		6		5.688	4.465	0.196	13.05	1.52	3.68	20.68	1.91	5.85	5.42	0.98	2.63	25.14	1.46
5.6	56	3	6	3.343	2.624	0.221	10.19	1.75	2.48	16.14	2.20	4.08	4.24	1.13	2.02	17.56	1.48
		4		4.390	3.446	0.220	13.18	1.73	3.24	20.92	2.18	5.28	5.46	1.11	2.52	23.43	1.58
		5		5.415	4.251	0.220	16.02	1.72	3.97	25.42	2.17	6.42	6.61	1.10	2.98	29.33	1.57
		8		8.367	6.568	0.219	23.63	1.68	6.03	37.37	2.11	9.44	9.89	1.09	4.16	47.24	1.68
6.3	63	4	7	4.978	3.907	0.248	19.03	1.96	4.13	30.17	2.46	6.78	7.89	1.26	3.29	33.35	1.70
		5		6.143	4.822	0.248	23.17	1.94	5.08	36.77	2.45	8.25	9.57	1.25	3.90	41.73	1.74
		6		7.288	5.721	0.247	27.12	1.93	6.00	43.03	2.43	9.66	11.20	1.24	4.46	50.14	1.78
		8		9.515	7.469	0.247	34.46	1.90	7.75	54.56	2.40	12.25	14.33	1.23	5.47	67.11	1.85
		10		11.657	9.151	0.246	41.09	1.88	9.39	64.85	2.36	14.56	17.33	1.22	6.36	84.31	1.93
7	70	4	8	5.570	4.372	0.275	26.39	2.18	5.14	41.80	2.74	8.44	10.99	1.40	4.17	45.74	1.86
		5		6.875	5.397	0.275	32.21	2.16	6.32	51.08	2.73	10.32	13.34	1.39	4.95	57.21	1.91

续表

角钢号数	尺寸/mm			截面面积/cm²	理论重量/(kg/m)	外表面积/(m²/m)	参考数值											
							x-x			x₀-x₀			y₀-y₀			x₁-x₁	z₀
	b	d	r				I_x/cm⁴	i_x/cm	W_x/cm³	I_{x_0}/cm⁴	i_{x_0}/cm	W_{x_0}/cm³	I_{y_0}/cm⁴	i_{y_0}/cm	W_{y_0}/cm³	I_{x_1}/cm⁴	/cm
7	70	6	8	8.160	6.406	0.275	37.77	2.15	7.48	59.93	2.71	12.11	15.61	1.38	5.67	68.73	1.95
		7		9.424	7.398	0.275	43.09	2.14	8.59	68.35	2.69	13.81	17.82	1.38	6.34	80.29	1.99
		8		10.667	8.373	0.274	48.17	2.12	9.68	76.37	2.68	15.43	19.98	1.37	6.98	91.92	2.03
7.5	75	5	9	7.412	5.818	0.295	39.97	2.33	7.32	63.30	2.92	11.94	16.63	1.50	5.77	70.56	2.04
		6		8.797	6.905	0.294	46.95	2.31	8.64	74.38	2.90	14.02	19.51	1.49	6.67	84.55	2.07
		7		10.160	7.976	0.294	53.57	2.30	9.93	84.96	2.89	16.82	22.18	1.48	7.44	98.71	2.11
		8		11.503	9.030	0.294	59.96	2.28	11.20	95.07	2.88	17.93	24.86	1.47	8.19	112.97	2.15
		10		14.126	11.089	0.293	71.98	2.26	13.64	113.92	2.84	21.48	30.05	1.46	9.56	141.71	2.22
8	80	5	9	7.912	6.211	0.315	48.79	2.48	8.34	77.33	3.13	13.67	20.25	1.60	6.66	85.36	2.15
		6		9.397	7.376	0.314	57.35	2.47	9.87	90.98	3.11	16.08	23.72	1.59	7.65	102.50	2.19
		7		10.860	8.525	0.314	65.58	2.46	11.37	104.07	3.10	18.40	27.09	1.58	8.58	119.70	2.23
		8		12.303	9.658	0.314	73.49	2.44	12.83	116.60	3.08	20.61	30.39	1.57	9.46	136.97	2.27
		10		15.126	11.874	0.313	88.43	2.42	15.64	140.09	3.04	24.76	36.77	1.56	11.08	171.74	2.35
9	90	6	10	10.637	8.350	0.354	82.77	2.79	12.61	131.26	3.51	20.63	34.28	1.80	9.95	145.87	2.44
		7		12.301	9.656	0.354	94.83	2.78	14.54	150.47	3.50	23.64	39.18	1.78	11.19	170.30	2.48
		8		13.944	10.946	0.353	106.47	2.76	16.42	168.97	3.48	26.55	43.97	1.78	12.35	194.80	2.52
		10		17.167	13.476	0.353	128.58	2.74	20.07	203.90	3.45	32.04	53.26	1.76	14.52	244.07	2.59
		12		20.306	15.940	0.352	149.22	2.71	23.57	236.21	3.41	37.12	62.22	1.75	16.49	293.76	2.67
10	100	6	12	11.932	9.366	0.393	114.95	3.10	15.68	181.98	3.90	25.74	47.92	2.00	12.69	200.07	2.67
		7		13.796	10.830	0.393	131.86	3.09	18.10	208.97	3.89	29.55	54.74	1.99	14.26	233.54	2.71
		8		15.638	12.276	0.393	148.24	3.08	20.47	235.07	3.88	33.24	61.41	1.98	15.75	267.09	2.76
		10		19.261	15.120	0.392	179.51	3.05	25.06	284.68	3.84	40.26	74.35	1.96	18.54	334.48	2.84

角钢号数	尺寸/mm b	尺寸/mm d	尺寸/mm r	截面面积/cm²	理论重量/(kg/m)	外表面积/(m²/m)	I_x/cm⁴	i_x/cm	W_x/cm³	I_{x_0}/cm⁴	i_{x_0}/cm	W_{x_0}/cm³	I_{y_0}/cm⁴	i_{y_0}/cm	W_{y_0}/cm³	I_{x_1}/cm⁴	z_0/cm
10	100	12	12	22.800	17.898	0.391	208.90	3.03	29.48	330.95	3.81	46.80	86.84	1.95	21.08	402.34	2.91
		14		26.256	20.611	0.391	236.53	3.00	33.73	374.06	3.77	52.90	99.00	1.94	23.44	470.75	2.99
		16		29.627	23.257	0.390	262.53	2.98	37.82	414.16	3.74	58.57	110.89	1.94	25.63	539.80	3.06
11	110	7	12	15.196	11.928	0.433	177.16	3.41	22.05	280.94	4.30	36.12	73.38	2.20	17.51	310.64	2.96
		8		17.238	13.532	0.433	199.46	3.40	24.95	316.49	4.28	40.69	82.42	2.19	19.39	355.20	3.01
		10		21.261	16.690	0.432	242.19	3.38	30.60	384.39	4.25	49.42	99.98	2.17	22.91	444.65	3.09
		12		25.200	19.782	0.431	282.55	3.35	36.05	448.17	4.22	57.62	116.93	2.15	26.15	534.60	3.16
		14		29.056	22.809	0.431	320.71	3.32	41.31	508.01	4.18	65.31	133.40	2.14	29.14	625.16	3.24
12.5	125	8	14	19.750	15.504	0.492	297.03	3.88	32.52	470.89	4.88	53.28	123.16	2.50	25.86	521.01	3.37
		10		24.373	19.133	0.491	361.67	3.85	39.97	573.89	4.85	64.93	149.46	2.48	30.62	651.93	3.45
		12		28.912	22.696	0.491	423.16	3.83	41.17	671.44	4.82	75.96	174.88	2.46	35.03	783.42	3.53
		14		33.367	26.193	0.490	481.65	3.80	54.16	763.73	4.78	86.41	199.57	2.45	39.13	915.61	3.61
14	140	10	14	27.373	21.488	0.551	514.65	4.34	50.58	817.27	5.46	82.56	212.04	2.78	39.20	915.11	3.82
		12		32.512	25.522	0.551	603.68	4.31	59.80	958.79	5.43	96.85	248.57	2.76	45.02	1099.28	3.90
		14		37.567	29.490	0.550	688.81	4.28	68.75	1093.56	5.40	110.47	284.06	2.75	50.45	1284.22	3.98
		16		42.539	33.393	0.549	770.24	4.26	77.46	1221.81	5.36	123.42	318.67	2.74	55.55	1470.07	4.06
16	160	10	16	31.502	24.729	0.630	779.53	4.98	66.70	1237.30	6.27	109.36	321.76	3.20	52.76	1365.33	4.31
		12		37.441	29.391	0.630	916.58	4.95	78.98	1455.68	6.24	128.67	377.49	3.18	60.74	1639.57	4.39
		14		43.296	33.987	0.629	1048.36	4.92	90.95	1665.02	6.20	147.17	431.70	3.16	68.24	1914.68	4.47
		16		49.067	38.518	0.629	1175.08	4.89	102.63	1865.57	6.17	164.89	484.59	3.14	75.31	2190.82	4.55
18	180	12	16	42.241	33.159	0.710	1321.35	5.59	100.82	2100.10	7.05	165.00	542.61	3.58	78.41	2332.80	4.89
		14		48.896	38.383	0.709	1514.48	5.56	116.25	2407.42	7.02	189.14	621.53	3.56	88.38	2723.48	4.97

续表

角钢号数	尺寸/mm			截面面积 /cm²	理论重量 /(kg/m)	外表面积 /(m²/m)	参考数值											
	b	d	r				$x-x$			x_0-x_0			y_0-y_0			x_1-x_1	z_0
							I_x /cm⁴	i_x /cm	W_x /cm³	I_{x_0} /cm⁴	i_{x_0} /cm	W_{x_0} /cm³	I_{y_0} /cm⁴	i_{y_0} /cm	W_{y_0} /cm³	I_{x_1} /cm⁴	/cm
18	180	16	16	55.467	43.542	0.709	1700.99	5.54	131.13	2703.37	6.98	212.40	698.60	3.55	97.83	3115.29	5.05
		18		61.955	48.634	0.708	1875.12	5.50	145.64	2988.24	6.94	234.78	762.01	3.51	105.14	3502.43	5.13
20	200	14	18	54.642	42.894	0.788	2103.55	6.20	144.70	3343.26	7.82	286.40	863.83	3.98	111.82	3734.10	5.46
		16		62.013	48.680	0.788	2366.15	6.18	163.65	3760.89	7.79	265.93	971.41	3.96	123.96	4270.39	5.54
		18		69.301	54.401	0.787	2620.64	6.15	182.22	4164.54	7.75	294.48	1076.74	3.94	135.52	4808.13	5.62
		20		76.505	60.056	0.787	2867.30	6.12	200.42	4554.55	7.72	322.06	1180.04	3.93	146.55	5347.51	5.69
		24		90.661	71.168	0.785	3338.25	6.07	236.17	5294.97	7.64	374.41	1381.53	3.90	166.65	6457.16	5.87

注：截面图中的 $r_1=1/3d$ 及表中 r 值的数据用于孔型设计，不做交货条件。

表 Ⅱ-2 热轧不等边角钢（GB 9788—88）

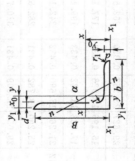

符号意义：

B—长边宽度；　　b—短边宽度；
d—边厚度；　　r—内圆弧半径；
r_1—边端内圆弧半径；　　I—惯性矩；
i—惯性半径；　　W—截面系数；
x_0—重心距离；　　y_0—重心距离。

角钢号数	尺寸/mm				截面面积 /cm²	理论重量 /(kg/m)	外表面积 /(m²/m)	参考数值													
	B	b	d	r				$x-x$			$y-y$			x_1-x_1		y_1-y_1		$n-n$			
								I_x /cm⁴	i_x /cm	W_x /cm³	I_y /cm⁴	i_y /cm	W_y /cm³	I_{x_1} /cm⁴	y_0 /cm	I_{y_1} /cm⁴	x_0 /cm	I_n /cm⁴	i_n /cm	W_n /cm³	tanα
2.5/1.6	25	16	3	3.5	1.162	0.912	0.080	0.70	0.78	0.43	0.22	0.44	0.19	1.56	0.86	0.43	0.42	0.14	0.34	0.16	0.392
			4		1.499	1.176	0.079	0.88	0.77	0.55	0.27	0.43	0.24	2.09	0.90	0.59	0.46	0.17	0.34	0.20	0.381
3.2/2	32	20	3	3.5	1.492	1.171	0.102	1.53	1.01	0.72	0.46	0.55	0.30	3.27	1.08	0.82	0.49	0.28	0.43	0.25	0.382
			4		1.939	1.522	0.101	1.93	1.00	0.93	0.57	0.54	0.39	4.37	1.12	1.12	0.53	0.35	0.42	0.32	0.374

续表

角钢号数	尺寸/mm				截面面积/cm²	理论重量/(kg/m)	外表面积/(m²/m)	参考数值													
								x—x			y—y			x₁—x₁		y₁—y₁		n—n			
	B	b	d	r				I_x/cm⁴	i_x/cm	W_x/cm³	I_y/cm⁴	i_y/cm	W_y/cm³	I_{x_1}/cm⁴	y_0/cm	I_{y_1}/cm⁴	x_0/cm	I_n/cm⁴	i_n/cm	W_n/cm³	tanα
4/2.5	40	25	3	4	1.890	1.484	0.127	3.08	1.28	1.15	0.93	0.70	0.49	5.39	1.32	1.59	0.59	0.56	0.54	0.40	0.385
			4	4	2.467	1.936	0.127	3.93	1.26	1.49	1.18	0.69	0.63	8.53	1.37	2.14	0.63	0.71	0.54	0.52	0.381
4.5/2.8	45	28	3	5	2.149	1.687	0.143	4.45	1.44	1.47	1.34	0.79	0.62	9.10	1.47	2.23	0.64	0.80	0.61	0.51	0.383
			4		2.806	2.203	0.143	5.69	1.42	1.91	1.70	0.78	0.80	12.13	1.51	3.00	0.68	1.02	0.60	0.66	0.380
5/3.2	50	32	3	5.5	2.431	1.908	0.161	6.24	1.60	1.84	2.02	0.91	0.82	12.49	1.60	3.31	0.73	1.20	0.70	0.68	0.404
			4		3.177	2.494	0.160	8.02	1.59	2.39	2.58	0.90	1.06	16.65	1.65	4.45	0.77	1.53	0.69	0.87	0.402
5.6/3.6	56	36	3	6	2.743	2.153	0.181	8.88	1.80	2.32	2.92	1.03	1.05	17.54	1.78	4.70	0.80	1.73	0.79	0.87	0.408
			4		3.590	2.818	0.180	11.45	1.79	3.03	3.76	1.02	1.37	23.39	1.82	6.33	0.85	2.23	0.79	1.13	0.408
			5		4.415	3.466	0.180	13.86	1.77	3.71	4.49	1.01	1.65	29.25	1.87	7.94	0.88	2.67	0.78	1.36	0.404
6.3/4	63	40	4	7	4.058	3.185	0.202	16.49	2.02	3.87	5.23	1.14	1.70	33.30	2.04	8.63	0.92	3.12	0.88	1.40	0.398
			5		4.993	3.920	0.202	20.02	2.00	4.74	6.31	1.12	2.71	41.63	2.08	10.86	0.95	3.76	0.87	1.71	0.396
			6		5.908	4.638	0.201	23.36	1.96	5.59	7.29	1.11	2.43	49.98	2.12	13.12	0.99	4.34	0.86	1.99	0.393
			7		6.802	5.339	0.201	26.53	1.98	6.40	8.24	1.10	2.78	58.07	2.15	15.47	1.03	4.97	0.86	2.29	0.389
7/4.5	70	45	4	7.5	4.547	3.570	0.226	23.17	2.26	4.86	7.55	1.29	2.17	45.92	2.24	12.26	1.02	4.40	0.98	1.77	0.410
			5		5.609	4.403	0.225	27.95	2.23	5.92	9.13	1.28	2.65	57.10	2.28	15.39	1.06	5.40	0.98	2.19	0.407
			6		6.647	5.218	0.225	32.54	2.21	6.95	10.62	1.26	3.12	68.35	2.32	18.58	1.09	6.35	0.98	2.59	0.404
			7		7.657	6.011	0.225	37.22	2.20	8.03	12.01	1.25	3.57	79.99	2.36	21.84	1.13	7.16	0.97	2.94	0.402
(7.5/5)	75	50	5	8	6.125	4.808	0.245	34.86	2.39	6.83	12.61	1.44	3.30	70.00	2.40	21.04	1.17	7.41	1.10	2.74	0.435
			6		7.260	5.699	0.245	41.12	2.38	8.12	14.70	1.42	3.88	84.30	2.44	25.37	1.21	8.54	1.08	3.19	0.435
			8		9.467	7.431	0.244	52.39	2.35	10.52	18.53	1.40	4.99	112.50	2.52	34.23	1.29	10.87	1.07	4.10	0.429
			10		11.590	9.098	0.244	62.71	2.33	12.79	21.96	1.38	6.04	140.80	2.60	43.43	1.36	13.10	1.06	4.99	0.423
8/5	80	50	5	8	6.375	5.005	0.255	41.96	2.56	7.78	12.82	1.42	3.32	85.21	2.60	21.06	1.14	7.66	1.10	2.74	0.388

续表

角钢号数	尺寸/mm				截面面积/cm²	理论重量/(kg/m)	外表面积/(m²/m)	参考数值														
								$x-x$			$y-y$			x_1-x_1		y_1-y_1		$n-n$			
	B	b	d	r				I_x/cm⁴	i_x/cm	W_x/cm³	I_y/cm⁴	i_y/cm	W_y/cm³	I_{x_1}/cm⁴	y_0/cm	I_{y_1}/cm⁴	x_0/cm	I_n/cm⁴	i_n/cm	W_n/cm³	$\tan\alpha$
8/5	80	50	6	8	7.560	5.935	0.255	49.49	2.56	9.25	14.95	1.41	3.91	102.53	2.65	25.41	1.18	8.85	1.08	3.20	0.387
			7		8.724	6.848	0.255	56.16	2.54	10.58	16.96	1.39	4.48	119.33	2.69	29.82	1.21	10.18	1.08	3.70	0.384
			8		9.867	7.745	0.254	62.83	2.52	11.92	18.85	1.38	5.03	136.41	2.73	34.32	1.25	11.38	1.07	4.16	0.381
9/5.6	90	56	5	9	7.212	5.661	0.287	60.45	2.90	9.92	18.32	1.59	4.21	121.32	2.91	29.53	1.25	10.98	1.23	3.49	0.385
			6		8.557	6.717	0.286	71.03	2.88	11.74	21.42	1.58	4.96	145.59	2.95	35.58	1.29	12.90	1.23	4.13	0.384
			7		9.880	7.756	0.286	81.01	2.86	13.49	24.36	1.57	5.70	169.60	3.00	41.71	1.33	14.67	1.22	4.72	0.382
			8		11.183	8.779	0.286	91.03	2.85	15.27	27.15	1.56	6.41	194.17	3.04	47.93	1.36	16.34	1.21	5.29	0.380
10/6.3	100	63	6	10	9.617	7.550	0.320	99.06	3.21	14.64	30.94	1.79	6.35	199.71	3.24	50.50	1.43	18.42	1.38	5.25	0.394
			7		11.111	8.722	0.320	113.45	3.20	16.88	35.26	1.78	7.29	233.00	3.28	59.14	1.47	21.00	1.38	6.02	0.394
			8		12.584	9.878	0.319	126.37	3.18	19.08	39.39	1.77	8.21	266.32	3.32	67.88	1.50	23.50	1.37	6.78	0.391
			10		15.467	12.142	0.319	153.81	3.15	23.32	47.12	1.74	9.98	333.06	3.40	85.73	1.58	28.33	1.35	8.24	0.387
10/8	100	80	6	10	10.637	8.350	0.354	107.04	3.17	15.19	61.24	2.40	10.16	199.83	2.95	102.68	1.97	31.65	1.72	8.37	0.627
			7		12.301	9.656	0.354	122.73	3.16	17.52	70.08	2.39	11.71	233.20	3.00	119.98	2.01	36.71	1.72	9.60	0.626
			8		13.944	10.946	0.353	137.92	3.14	19.81	78.58	2.37	13.21	266.61	3.04	137.37	2.05	40.58	1.71	10.80	0.625
			10		17.167	13.476	0.353	166.87	3.12	24.24	94.65	2.35	16.12	333.63	3.12	172.48	2.13	49.10	1.69	13.12	0.622
11/7	110	70	6	10	10.637	8.350	0.354	133.37	3.54	17.85	42.92	2.01	7.90	265.78	3.53	69.08	1.57	25.36	1.54	6.53	0.403
			7		12.301	9.656	0.354	153.00	3.53	20.60	49.01	2.00	9.09	310.07	3.57	80.82	1.61	28.95	1.53	7.50	0.402
			8		13.944	10.946	0.353	172.04	3.51	23.30	54.87	1.98	10.25	354.39	3.62	92.70	1.65	32.45	1.53	8.45	0.401
			10		17.167	13.476	0.353	208.39	3.48	28.54	65.88	1.96	12.48	443.13	3.70	116.83	1.72	39.20	1.51	10.29	0.397
12.5/8	125	80	7	11	14.096	11.066	0.403	227.98	4.02	26.86	74.42	2.30	12.01	454.99	4.01	120.32	1.80	43.81	1.76	9.92	0.408
			8		15.989	12.551	0.403	256.77	4.01	30.41	83.49	2.28	13.56	519.99	4.06	137.85	1.84	49.15	1.75	11.18	0.407
			10		19.712	15.474	0.402	312.04	3.98	37.33	100.67	2.26	16.56	650.09	4.14	173.40	1.92	59.45	1.74	13.64	0.404

续表

角钢号数	尺寸/mm					截面面积/cm²	理论重量/(kg/m)	外表面积/(m²/m)	参考数值													
									$x-x$			$y-y$			x_1-x_1		y_1-y_1		$n-n$			
	B	b	d	r	r_1				I_x/cm⁴	i_x/cm	W_x/cm³	I_y/cm⁴	i_y/cm	W_y/cm³	I_{x_1}/cm⁴	y_0/cm	I_{y_1}/cm⁴	x_0/cm	I_n/cm⁴	i_n/cm	W_n/cm³	$\tan\alpha$
12.5/8	125	80	12	11		23.351	18.330	0.402	364.41	3.95	44.01	116.67	2.24	19.43	780.39	4.22	209.67	2.00	69.35	1.72	16.01	0.400
14/9	140	90	8	12		18.038	14.160	0.453	365.64	4.50	38.48	120.69	2.59	17.34	730.53	4.50	195.79	2.04	70.83	1.98	14.31	0.411
			10			22.261	17.475	0.452	445.50	4.47	47.31	140.03	2.56	21.22	913.20	4.58	245.92	2.12	85.82	1.96	17.48	0.409
			12			26.400	20.724	0.451	521.59	4.44	55.87	169.79	2.54	24.95	1096.09	4.66	296.89	2.19	100.21	1.95	20.54	0.406
			14	13		30.456	23.908	0.451	594.10	4.42	64.18	192.10	2.51	28.54	1279.26	4.74	348.82	2.27	114.13	1.94	23.52	0.403
16/10	160	100	10			25.315	19.872	0.512	668.69	5.14	62.13	205.03	2.85	26.56	1362.89	5.24	336.59	2.28	121.74	2.19	21.92	0.390
			12			30.054	23.592	0.511	784.91	5.11	73.49	239.06	2.82	31.28	1635.56	5.32	405.94	2.36	142.33	2.17	25.79	0.388
			14			34.709	27.247	0.510	896.30	5.08	84.56	271.20	2.80	35.83	1908.50	5.40	476.42	2.43	162.23	2.16	29.56	0.385
			16	14		39.281	30.835	0.510	1003.04	5.05	95.33	301.60	2.77	40.24	2181.79	5.48	548.22	2.51	182.57	2.16	33.44	0.382
18/11	180	110	10			28.373	22.273	0.571	956.25	5.80	78.96	278.11	3.13	32.49	1940.40	5.89	447.22	2.44	166.50	2.42	26.88	0.379
			12			33.712	26.464	0.571	1124.72	5.78	93.53	325.03	3.10	38.32	2328.38	5.98	538.94	2.52	194.87	2.40	31.66	0.374
			14			38.967	30.589	0.570	1286.91	5.75	107.76	369.55	3.08	43.97	2716.60	6.06	631.95	2.59	222.30	2.39	36.32	0.373
			16	14		44.139	34.649	0.569	1443.06	5.72	121.64	411.85	3.06	49.44	3105.15	6.14	726.46	2.67	248.94	2.38	40.87	0.369
20/12.5	200	125	12			37.912	29.761	0.641	1570.90	6.44	116.73	483.16	3.57	49.99	3193.85	6.54	787.74	2.83	285.79	2.74	41.23	0.392
			14			43.867	34.436	0.640	1800.97	6.41	134.65	550.83	3.54	57.44	3726.17	6.62	922.47	2.91	326.58	2.73	47.34	0.390
			16			49.739	39.045	0.639	2023.35	6.38	152.18	615.44	3.52	64.69	4258.86	6.70	1058.86	2.99	366.21	2.71	53.32	0.383
			18			55.526	43.588	0.639	2238.30	6.35	169.33	677.19	3.49	71.74	4792.00	6.78	1197.13	3.06	404.83	2.70	59.18	0.385

注: 1. 括号内型号不推荐使用。
2. 截面图中的 $r_1=1/3d$ 及表中 r 的数据用于孔型设计，不做交货条件。

表 Ⅱ-3　热轧槽钢（GB 707—88）

符号意义：

h—高度；　r₁—腿端圆弧半径；
b—腿宽度；　I—惯性矩；
d—腰厚度；　W—截面系数；
t—平均腿厚度；　i—惯性半径；
r—内圆弧半径；　z₀—y—y轴与y₁—y₁轴间距。

型号	尺寸/mm						截面面积 /cm²	理论重量 /(kg/m)	参考数值							
									x—x			y—y			y₁—y₁	z₀ /cm
	h	b	d	t	r	r_1			W_x /cm³	I_x /cm⁴	i_x /cm	W_y /cm³	I_y /cm⁴	i_y /cm	I_{y_1} /cm⁴	
5	50	37	4.5	7	7.0	3.5	6.928	5.438	10.4	26.0	1.94	3.55	8.30	1.10	20.9	1.35
6.3	63	40	4.8	7.5	7.5	3.8	8.451	6.634	16.1	50.8	2.45	4.50	11.9	1.19	28.4	1.36
8	80	43	5.0	8	8.0	4.0	10.248	8.045	25.3	101	3.15	5.79	16.6	1.27	37.4	1.43
10	100	48	5.3	8.5	8.5	4.2	12.748	10.007	39.7	198	3.95	7.8	25.6	1.41	54.9	1.52
12.6	126	53	5.5	9	9.0	4.5	15.692	12.318	62.1	391	4.95	10.2	38.0	1.57	77.1	1.59
14a	140	58	6.0	9.5	9.5	4.8	18.516	14.535	80.5	564	5.52	13.0	53.2	1.70	107	1.71
14b	140	60	8.0	9.5	9.5	4.8	21.316	16.733	87.1	609	5.35	14.1	61.1	1.69	121	1.67
16a	160	63	6.5	10	10.0	5.0	21.962	17.240	108	866	6.28	16.3	73.3	1.83	144	1.80
16	160	65	8.5	10	10.0	5.0	25.162	19.752	117	935	6.10	17.6	83.4	1.82	161	1.75
18a	180	68	7.0	10.5	10.5	5.2	25.699	20.174	141	1270	7.04	20.0	98.6	1.96	190	1.88
18	180	70	9.0	10.5	10.5	5.2	29.299	23.000	152	1370	6.84	21.5	111	1.95	210	1.84
20a	200	73	7.0	11	11.0	5.5	28.837	22.637	178	1780	7.86	24.2	128	2.11	244	2.01
20	200	75	9.0	11	11.0	5.5	32.837	25.777	191	1910	7.64	25.9	144	2.09	268	1.95
22a	220	77	7.0	11.5	11.5	5.8	31.846	24.999	218	2390	8.67	28.2	158	2.23	298	2.10
22	220	79	9.0	11.5	11.5	5.8	36.246	28.453	234	2570	8.42	30.1	176	2.21	326	2.03
a	250	78	7.0	12	12.0	6.0	34.917	27.410	270	3370	9.82	30.6	176	2.24	322	2.07
25b	250	80	9.0	12	12.0	6.0	39.917	31.335	282	3530	9.41	32.7	196	2.22	353	1.98
c	250	82	11.0	12	12.0	6.0	44.917	35.260	295	3690	9.07	35.9	218	2.21	384	1.92
a	280	82	7.5	12.5	12.5	6.2	40.034	31.427	340	4760	10.9	35.7	218	2.33	388	2.10

续表

型号	尺寸/mm						截面面积/cm²	理论重量/(kg/m)	参考数值								
	h	b	d	t	r	r₁			x—x			y—y			y₁—y₁	z₀/cm
									W_x/cm³	I_x/cm⁴	i_x/cm	W_y/cm³	I_y/cm⁴	i_y/cm	I_{y_1}/cm⁴	
28b	280	84	9.5	12.5	12.5	6.2	45.634	35.823	366	5130	10.6	37.9	242	2.30	428	2.02
c	280	86	11.5	12.5	12.5	6.2	51.234	40.219	393	5500	10.4	40.3	268	2.29	463	1.95
a	320	88	8.0	14	14.0	7.0	48.513	38.083	475	7600	12.5	46.5	305	2.50	552	2.24
32b	320	90	10.0	14	14.0	7.0	54.913	43.107	509	8140	12.2	49.2	336	2.47	593	2.16
c	320	92	12.0	14	14.0	7.0	61.313	48.131	543	8690	11.9	52.6	374	2.47	643	2.09
a	360	96	9.0	16	16.0	8.0	60.910	47.814	660	11900	14.0	63.5	455	2.73	818	2.44
36b	360	98	11.0	16	16.0	8.0	68.110	53.466	703	12700	13.6	66.9	497	2.70	880	2.37
c	360	100	13.0	16	16.0	8.0	75.310	59.118	746	13400	13.4	70.0	536	2.67	948	2.34
a	400	100	10.5	18	18.0	9.0	75.068	58.928	879	17600	15.3	78.8	592	2.81	1070	2.49
40b	400	102	12.5	18	18.0	9.0	83.068	65.208	932	18600	15.0	82.5	640	2.78	1140	2.44
c	400	104	14.5	18	18.0	9.0	91.068	71.488	986	19700	14.7	86.2	688	2.75	1220	2.42

注：截面图和表中标注的圆弧半径 r、r₁ 的数据用于孔型设计，不做交货条件。

表 Ⅱ-4 热轧工字钢（GB 706—88）

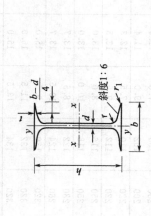

符号意义：
h—高度；
b—腿宽度；
d—腰厚度；
t—平均腿厚度；
r—内圆弧半径；
r_1—腿端圆弧半径；
I—惯性矩；
W—截面系数；
i—惯性半径；
S—半截面的静力矩；

型号	尺寸/mm						截面面积/cm²	理论重量/(kg/m)	参考数值						
	h	b	d	t	r	r₁			x—x				y—y		
									I_x/cm⁴	W_x/cm³	i_x/cm	$I_x:S_x$/cm	I_y/cm⁴	W_y/cm³	i_y/cm
10	100	68	4.5	7.6	6.5	3.3	14.345	11.261	245	49.0	4.14	8.59	33.0	9.72	1.52
12.6	126	74	5.0	8.4	7.0	3.5	18.118	14.223	488	77.5	5.20	10.8	46.9	12.7	1.61
14	140	80	5.5	9.1	7.5	3.8	21.516	16.890	712	102	5.76	12.0	64.4	16.1	1.73

续表

型号	\(h\)	\(b\)	\(d\)	\(t\)	\(r\)	\(r_1\)	截面面积 /cm²	理论重量 /(kg/m)	\(I_x\) /cm⁴	\(W_x\) /cm³	\(i_x\) /cm	\(I_x:S_x\) /cm	\(I_y\) /cm⁴	\(W_y\) /cm³	\(i_y\) /cm
				尺寸/mm						参 考 数 值					
16	160	88	6.0	9.9	8.0	4.0	26.131	20.513	1130	141	6.58	13.8	93.1	21.2	1.89
18	180	94	6.5	10.7	8.5	4.3	30.756	24.143	1660	185	7.36	15.4	122	26.0	2.00
20a	200	100	7.0	11.4	9.0	4.5	35.578	27.929	2370	237	8.15	17.2	158	31.5	2.12
20b	200	102	9.0	11.4	9.0	4.5	39.578	31.069	2500	250	7.96	16.9	169	33.1	2.06
22a	220	110	7.5	12.3	9.5	4.8	42.128	33.070	3400	309	8.99	18.9	225	40.9	2.31
22b	220	112	9.5	12.3	9.5	4.8	46.528	36.524	3570	325	8.78	18.7	239	42.7	2.27
25a	250	116	8.0	13.0	10.0	5.0	48.541	38.105	5020	402	10.2	21.6	280	48.3	2.40
25b	250	118	10.0	13.0	10.0	5.0	53.541	42.030	5280	423	9.94	21.3	309	52.4	2.40
28a	280	122	8.5	13.7	10.5	5.3	55.404	43.492	7110	508	11.3	24.6	345	56.6	2.50
28b	280	124	10.5	13.7	10.5	5.3	61.004	47.888	7480	534	11.1	24.2	379	61.2	2.49
32a	320	130	9.5	15.0	11.5	5.8	67.156	52.717	11100	692	12.8	27.5	460	70.8	2.62
32b	320	132	11.5	15.0	11.5	5.8	73.556	57.741	11600	726	12.6	27.1	502	76.0	2.61
32c	320	134	13.5	15.0	11.5	5.8	79.956	62.765	12200	760	12.3	26.8	544	81.2	2.61
36a	360	136	10.0	15.8	12.0	6.0	76.480	60.037	15800	875	14.4	30.7	552	81.2	2.69
36b	360	138	12.0	15.8	12.0	6.0	83.680	65.689	16500	919	14.1	30.3	582	84.3	2.64
36c	360	140	14.0	15.8	12.0	6.0	90.880	71.341	17300	962	13.8	29.9	612	87.4	2.60
40a	400	142	10.5	16.5	12.5	6.3	86.112	67.598	21700	1090	15.9	34.1	660	93.2	2.77
40b	400	144	12.5	16.5	12.5	6.3	94.112	73.878	22800	1140	15.6	33.6	692	96.2	2.71
40c	400	146	14.5	16.5	12.5	6.3	102.112	80.158	23900	1190	15.2	33.2	727	99.6	2.65
45a	450	150	11.5	18.0	13.5	6.8	102.446	80.420	32200	1430	17.7	38.6	855	114	2.89
45b	450	152	13.5	18.0	13.5	6.8	111.446	87.485	33800	1500	17.4	38.0	894	118	2.84
45c	450	154	15.5	18.0	13.5	6.8	120.446	94.550	35300	1570	17.1	37.6	938	122	2.79
50a	500	158	12.0	20.0	14.0	7.0	119.304	93.654	46500	1860	19.7	42.8	1120	142	3.07
50b	500	160	14.0	20.0	14.0	7.0	120.304	101.504	48600	1940	19.4	42.4	1170	146	3.01
50c	500	162	16.0	20.0	14.0	7.0	139.304	109.354	50600	2080	19.0	41.8	1220	151	2.96
56a	560	166	12.5	21.0	14.5	7.3	135.435	106.316	65600	2340	22.0	47.7	1370	165	3.18
56b	560	168	14.5	21.0	14.5	7.3	146.635	115.108	68500	2450	21.6	47.2	1490	174	3.16
56c	560	170	16.5	21.0	14.5	7.3	157.835	123.900	71400	2550	21.3	46.7	1560	183	3.16
63a	630	176	13.0	22.0	15.0	7.5	154.658	121.407	93900	2980	24.5	54.2	1700	193	3.31
63b	630	178	15.0	22.0	15.0	7.5	167.258	131.298	98100	3160	24.2	53.5	1810	204	3.29
63c	630	180	17.0	22.0	15.0	7.5	179.858	141.189	102000	3300	23.8	52.9	1920	214	3.27

注：截面图和表中标注的圆弧半径 \(r\)、\(r_1\) 的数据用于孔型设计，不做交货条件。

主要常用量的公制单位与国际单位换算表

主要几何量、物理量	公制单位	国际制单位	备注
力	1kg（1t）	9.8×10^{-3}kN（9.8kN）	N 代表牛顿 $1kN=10^3N$
应力、压强	$1kg/cm^2$（$1kg/mm^2$）	9.8×10^{-2}MPa （9.8MPa）	Pa 代表帕斯卡， $1Pa=1N/m^2$， $1MPa=10^6Pa$
弹性模量	$10^6kg/cm^2$（$10^4kg/mm^2$）	98GPa	$1GPa=10^9Pa$
应力强度因子，平面应变断裂韧度	$1kg\text{-}mm^{-3/2}$	$0.31MPa\sqrt{m}$	
荷载集度	1kg/cm（1t/m）	0.98kN/m（9.8kN/m）	
力矩	1kg-cm（1t—m）	9.8×10^{-5}kN・m （9.8kN・m）	
功、余功、应变能、总位能、余能	1kg-cm（1kg-mm）	9.8×10^{-2}J （9.8×10^{-3}J）	J 代表焦耳， $1J=1N・m$
比能	$1kg\text{-}cm/cm^3$（$1kg\text{-}mm/mm^3$）	$9.8\times10^{-5}J/mm^3$ 或 $9.8\times10^4J/m^3$（$9.8\times10^{-3}J/mm^3$ 或 $9.8\times10^6J/m^3$）	
功率	1PS	0.7355kW	$1PS=75kg・m/s$ $1kW=102kg・m/s$

部 分 习 题 答 案

第 一 章

1.5 $F_R = \dfrac{ql}{2}$, $x_C = \dfrac{3}{4}l$

1.6 $F_R = 400\text{N}$, 铅直向下, $d = 52.5\text{cm}$

1.7 $F_{x1} = -40\text{N}$, $F_{y1} = 30\text{N}$, $F_{z1} = 0$

$F_{x2} = 56.6\text{N}$, $F_{y2} = 42.4\text{N}$, $F_{z2} = 70.7\text{N}$

$F_{x3} = 43.7\text{N}$, $F_{y3} = 0$, $F_{z3} = -54.7\text{N}$

$M_x(\boldsymbol{F}_1) = -15\text{N} \cdot \text{m}$, $M_y(\boldsymbol{F}_1) = -20\text{N} \cdot \text{m}$, $M_z(\boldsymbol{F}_1) = 12\text{N} \cdot \text{m}$

$M_x(\boldsymbol{F}_2) = 0$, $M_y(\boldsymbol{F}_2) = 0$, $M_z(\boldsymbol{F}_2) = 0$

$M_x(\boldsymbol{F}_3) = -16.4\text{N} \cdot \text{m}$, $M_y(\boldsymbol{F}_3) = 21.9\text{N} \cdot \text{m}$, $M_z(\boldsymbol{F}_3) = -13.1\text{N} \cdot \text{m}$

1.8 $F = 2.45\text{kN}$, $\cos\alpha = 0.408$, $\cos\beta = -0.816$, $\cos\gamma = 0.408$

$M_x(\boldsymbol{F}) = 0.5\text{kN} \cdot \text{m}$, $M_y(\boldsymbol{F}) = 0$, $M_z(\boldsymbol{F}) = -0.5\text{kN} \cdot \text{m}$

1.9 合力 $F_R = pd$, 过圆心, 铅直向上

1.10 $F_A = 30\text{N}$ (上), $F_B = 30\text{N}$ (下)

1.12 (a) $F_{Ax} = \dfrac{\sqrt{3}}{2}F$(右), $F_{Ay} = \dfrac{5}{6}F$(上), $F_B = \dfrac{2}{3}F$(上)

(b) $F_A = \dfrac{3}{4}qa$(上), $F_B = \dfrac{5}{4}qa$(上)

(c) $F_A = F$(上), $M_A = 3Fa$(逆)

(d) $F_A = F + ql$(上), $M_A = Fl + \dfrac{ql^2}{2}$(逆)

(e) $F_A = 2qa$(上), $F_B = qa$(上)

(f) $F_A = \dfrac{3}{4}qa$(上), $F_B = \dfrac{qa}{4}$(上)

1.13 (a) $F_{Ax} = \dfrac{3}{2}F$, $F_{Ay} = \dfrac{2\sqrt{3}}{3}F = 1.155F$, $F_B = \dfrac{5\sqrt{3}}{6}F = 1.443F$

(b) $F_A = \dfrac{F}{2}$(上), $F_B = \dfrac{F}{2}$(上)

1.14 (a) $F_{Ax} = F$(左), $F_{Ay} = \dfrac{1}{6}F$(下), $F_B = \dfrac{7}{6}F$(上)

(b) $F_{Ax} = \dfrac{qa}{2}$(左), $F_{Ay} = \dfrac{1}{6}qa$(上), $F_B = \dfrac{5}{6}qa$(上)

(c) $F_{Ax} = 0$, $F_{Ay} = \dfrac{M_e}{a}$ ($\downarrow$), $F_{By} = \dfrac{M_e}{a}$ ($\uparrow$)

1.15 (a) $F_C = 0$, $F_{Ay} = 2qa$(上), $M_A = 2qa^2$(逆)

(b) $F_C = qa$(上), $F_{Ay} = qa$(上), $M_A = 2qa^2$(逆)

(c) $F_C = 0$, $F_{Ay} = 0$, $M_A = M_e$(顺)

(d) $F_C = \dfrac{M_e}{2a}$(下), $F_{Ay} = \dfrac{M_e}{2a}$(上), $M_A = M_e$(逆)

1.16 $F_{Ax}=\left(2+\dfrac{r}{l}\right)P$（左），$F_{Ay}=2P$（上），$F_{Bx}=\left(1+\dfrac{r}{l}\right)P$（右），$F_{By}=2P$，

$F_{Cx}=\left(2+\dfrac{r}{l}\right)P$（右），$F_{Cy}=P$（下），$F_{Dx}=P$，$F_{Dy}=P$

1.17 $F_{Bx}=F$（左），$F_{By}=0$，$F_{Cx}=F$（右），$F_{Cy}=F$（上）；

AB 杆上的力：$F_{Ax}=F$（左），$F_{Ay}=F$（下），$F_{Dx}=2F$（右），$F_{Dy}=F$（上）

1.18 $F_{Ax}=667\text{N}$（右），$F_{Ay}=500\text{N}$，$F_{NE}=943\text{N}$（压），$F_{NC}=167\text{N}$（拉）

1.19 (a) $F_{N1}=F$（拉），$F_{N2}=0$，$F_{N3}=F$（拉），$F_{N4}=F$（拉），$F_{N5}=-\sqrt{2}F$（压）

(b) $F_{N1}=F_{N2}=F_{N3}=F_{N4}=\dfrac{\sqrt{2}F}{2}$（拉），$F_{N5}=-F$（压）

1.20 $F_{N1}=\dfrac{F}{2}$，$F_{N2}=0$，$F_{N3}=\dfrac{F}{2}$

1.21 夹持力 $F=110\text{N}$，$F_C=165\text{N}$

1.22 $M_e=285\text{N}\cdot\text{m}$

1.23 $F_{NOA}=\dfrac{P}{3}$（拉），$F_{NOB}=\dfrac{P}{3}$（拉），$F_{NOC}=-\dfrac{2\sqrt{3}}{3}P$（压）

1.24 $F_{Ax}=0$，$F_{Ay}=F_1+F_3$（上），$F_{Az}=F_2$（前），$M_{Ax}=F_2h$，$M_{Ay}=-F_2a$，$M_{Az}=F_1a$

1.25 (a) $F_{Dx}=F_{Dy}=0$，$F_{Dz}=F$（前），$M_{Dx}=-\dfrac{Fa}{2}$，$M_{Dy}=2Fa$，$M_{Dz}=0$

(b) $F_{Ax}=0$，$F_{Ay}=qa$（上），$F_{Az}=0$，$M_{Ax}=-\dfrac{qa^2}{2}$，$M_{Ay}=0$，$M_{Az}=qa^2$

(c) $F_{Ax}=-F$（左），$F_{Ay}=0$，$F_{Ax}=F$（前），$M_{Ax}=-2Fa$，$M_{Ay}=0$，$M_{Az}=-2Fa$

1.26 $F_1=10\text{kN}$，$F_2=5\text{kN}$；$F_{Ax}=-5.2\text{kN}$（后），

$F_{Ay}=8\text{kN}$（上），$F_{Bz}=-7.8\text{kN}$（后），$F_{By}=4.5\text{kN}$（上）

1.27 $F_3=4\text{kN}$，$F_4=2\text{kN}$，$F_{Ay}=6.375\text{kN}$（后）

$F_{Az}=1.30\text{kN}$（上），$F_{By}=4.125\text{kN}$（后），$F_{Bz}=3.90\text{kN}$（上）

第 二 章

2.1 $\Delta l=-0.48\text{mm}$

2.2 0.002

2.3 $\gamma_A=0$，$\gamma_B=\alpha$（rad），$\gamma_C=2\alpha$（rad）

2.4* 否

第 三 章

3.1 (a) $F_{N1}=F$，$F_{N2}=-2F$，$F_{N3}=5F$

(b) $F_{N1}=55\text{kN}$，$F_{N2}=15\text{kN}$，$F_{N3}=-15\text{kN}$

(c) $F_{N1}=-F$，$F_{N2}=3F$，$F_{N3}=0$

3.2 $F_{N1}=-3.84\text{kN}$，$F_{N2}=-35.36\text{kN}$

3.3 $F_{Nmax}=F_{N1}=35\text{kN}$，$\sigma_{max}=87.5\text{MPa}$

3.4 $\sigma_{max}=200\text{MPa}$

3.5 $\sigma_{AB}=-47.4\text{MPa}$，$\sigma_{BC}=103.5\text{MPa}$

3.6 $\alpha=54.7°$

3.7 $\alpha=47.6°$，$D/d=6.09$

3.8 $E=203.5\text{GPa}$

3.9 $E=200\text{GPa}$，$\nu=0.25$

3.10 $u_A = 0.13\text{mm} (\leftarrow)$, $u_B = 0.38\text{mm} (\leftarrow)$, $\Delta l = 0.13\text{mm} (-)$

3.11 $F = 25.1\text{kN}$, $\sigma_{max} = 120\text{MPa}$

3.12 $\sigma_\theta = 75\text{MPa}$, $\Delta d = 0.057\text{mm}$

3.13 $F = \dfrac{4\rho l}{\pi E d_1 d_2}$

3.14 $\Delta l = -1.5\text{mm}$

3.15 $F = 20\text{kN}$

3.16 $F = 15.7\text{kN}$

3.17 $F = 21.2\text{kN}$, $\theta = 10.9°$

3.18 $x = 1\text{m}$

3.19 $\theta = 60°$

3.20 $\sigma = 5.63\text{MPa} < [\sigma]$

3.21 $\sigma = 59.7\text{MPa} < [\sigma]$

3.22 $\sigma = 32.7\text{MPa} < [\sigma]$

3.23 $[F] = 16.4\text{kN}$

3.24 $\alpha < 36.9°$

3.25 $n = 8.82$, $N = 8$ 个

3.26 $d = 21.9\text{mm}$, $b = 146.0\text{mm}$

3.27 $F_{N1} = \dfrac{F}{1 + \dfrac{E_2 A_2 l_1}{E_1 A_1 l_2}}$, $F_{N2} = \dfrac{-F}{1 + \dfrac{E_1 A_1 l_2}{E_2 A_2 l_1}}$

3.28 $\sigma = 165.7\text{MPa}$, 超过 $[\sigma]$ 3.6%, 可认为满足强度要求

3.29 $F_{N1} = -F_{N2} = \dfrac{E_1 E_2 A_1 A_2 h}{4 (E_1 A_1 + E_2 A_2) l}$

3.30 $F_{N1} = -\dfrac{F}{6}$, $F_{N2} = \dfrac{F}{3}$, $F_{N3} = \dfrac{5}{6} F$

3.31 $F_{N1} = F_{N2} = F_{N3} = 0.41F$

3.32 $\sigma = -100.7\text{MPa}$

3.33 $\sigma = -45\text{MPa}$

3.34 $F_{Ntmax} = 85\text{kN}$, $F_{Ncmax} = -15\text{kN}$

3.35 $\sigma_1 = \sigma_2 = -35\text{MPa}$, $\sigma_3 = 70\text{MPa}$; 2, 3 杆互换后 $\sigma_1 = \sigma_3 = 17.5\text{MPa}$, $\sigma_2 = -35\text{MPa}$

3.36 $d/h = 2.8$

3.37 $M_e = 1.4\text{kN} \cdot \text{m}$

3.38 $d_{min} = 30.9\text{mm}$, $t_{max} = 8.8\text{mm}$

3.39 $d = 22\text{mm}$

3.40 $\tau = 146.6\text{MPa} > [\tau]$ 铆钉剪切强度不够

$\sigma = 204\text{MPa} > [\sigma]$ 板拉伸强度不够

3.42* 不正确

第 四 章

4.1 (a) $T_1 = -2\text{kN} \cdot \text{m}$, $T_2 = 4\text{kN} \cdot \text{m}$

(b) $T_1 = 8\text{kN} \cdot \text{m}$, $T_2 = 2\text{kN} \cdot \text{m}$, $T_3 = -3\text{kN} \cdot \text{m}$

4.2 (a) $T_{max} = 15\text{kN} \cdot \text{m}$, (b) $T_{max} = 3\text{kN} \cdot \text{m}$

(c) $T_{max} = 16\text{kN} \cdot \text{m}$, (d) $T_{max} = ml \text{ N} \cdot \text{m}$

4.3 $T_{max}=1.82kN\cdot m$

4.4 $m=13.3\ N\cdot m/m$

4.6 $\tau_{max}=81.5MPa$

4.7 $\tau_{空max}:\tau_{实max}=0.8485:1$

4.8 $\tau_{max}=19.2\ MPa<[\tau]$

4.9 $\tau_{max}=49.4\ MPa<[\tau]$

4.10 $D=180mm,\ d=150mm$

4.11 $d=32.2mm$

4.12 $P=18.5\ kW$

4.13 $\varphi_{AC}=4.33°$

4.14 $\tau_{max}=39.8MPa<[\tau],\ w_C=12.4mm\ (\downarrow)$

4.15 $\tau_{max}=48.9\ MPa<[\tau],\ \theta_{max}=1.4°/m<[\theta]$

4.16 $[M_e]=1.14kN\cdot m;\ a=297.5mm,\ b=212.5mm$

4.17 $T_{max}=9.9kN,\ \tau_{max}=54MPa$

4.18 $d=45.2mm$

4.19 $d=165.9mm$

4.20 $\varphi_{AB}=\dfrac{32M_el}{3\pi G}\cdot\dfrac{d_1^2+d_1d_2+d_2^2}{d_1^3d_2^3}$

4.21 $T_{max}=6.67\ kN\cdot m$

4.22 $T_1=\dfrac{M_e}{1+\dfrac{G_2}{G_1}\dfrac{D^4[1-(\frac{d}{D})^4]}{d_1^4}},\ T_2=\dfrac{M_e}{1+\dfrac{G_1}{G_2}\dfrac{d_1^4}{D^4[1-(\frac{d}{D})^4]}}$

第 五 章

5.1 (a) $F_{S1}=0,\ M_1=2kN\cdot m;\ F_{S2}=-3kN,\ M_2=-1kN\cdot m;\ F_{S3}=-3kN,\ M_3=-4kN\cdot m$

(b) $F_{S1}=2qa,\ M_1=-\dfrac{3}{2}qa^2;\ F_{S2}=2qa,\ M_2=-\dfrac{1}{2}qa^2;\ F_{S3}=3qa,\ M_3=-3qa^2$

(c) $F_{S1}=-\dfrac{2}{3}F,\ M_1=\dfrac{1}{3}Fa;\ F_{S2}=-\dfrac{2}{3}F,\ M_2=-\dfrac{1}{3}Fa;\ F_{S3}=-\dfrac{2}{3}F,\ M_3=\dfrac{2}{3}Fa$

(d) $F_{S1}=qa,\ M_1=\dfrac{1}{2}qa^2;\ F_{S2}=0,\ M_2=qa^2;\ F_{S3}=-qa,\ M_3=qa^2$

(e) $F_{S1}=6.67kN,\ M_1=0;\ F_{S2}=1.67kN,\ M_2=5kN\cdot m;\ F_{S3}=13.3kN,\ M_3=0$

(f) $F_{S1}=-qa,\ M_1=-\dfrac{1}{2}qa^2;\ F_{S2}=\dfrac{5}{4}qa,\ M_2=-\dfrac{3}{2}qa^2;\ F_{S3}=\dfrac{5}{4}qa,\ M_3=-\dfrac{1}{4}qa^2$

5.2 (a) $|F_S|_{max}=ql,\ |M|_{max}=\dfrac{1}{2}ql^2$

(b) $|F_S|_{max}=qa,\ |M|_{max}=\dfrac{1}{2}qa^2$

(c) $|F_S|_{max}=3kN,\ |M|_{max}=6kN\cdot m$

(d) $|F_S|_{max}=5kN,\ |M|_{max}=4kN\cdot m$

(e) $|F_S|_{max}=qa,\ |M|_{max}=\dfrac{1}{2}qa^2$

(f) $|F_S|_{max}=\dfrac{17}{8}qa,\ |M|_{max}=\dfrac{225}{128}qa^2$

5.3 (a) $|F_S|_{max}=\dfrac{5}{8}ql,\ |M|_{max}=\dfrac{1}{8}ql^2$

(b) $|F_S|_{max}=\dfrac{2}{3}F$, $|M|_{max}=\dfrac{1}{3}Fa$

(c) $|F_S|_{max}=\dfrac{3}{2}qa$, $|M|_{max}=\dfrac{13}{8}qa^2=1.625qa^2$

(d) $|F_S|_{max}=\dfrac{3}{4}F$, $|M|_{max}=\dfrac{1}{2}Fa$

(e) $|F_S|_{max}=2kN$, $|M|_{max}=1.5kN \cdot m$

(f) $|F_S|_{max}=\dfrac{3}{2}qa$, $|M|_{max}=\dfrac{3}{2}qa^2$

(g) $|F_S|_{max}=15kN$, $|M|_{max}=15kN \cdot m$

(h) $|F_S|_{max}=15kN$, $|M|_{max}=7.5kN \cdot m$

5.6 $x=0.207l$

5.7 (1) $x=\dfrac{l}{2}-\dfrac{d}{4}$ 时, $M_{max}=\dfrac{F}{2l}(l-\dfrac{d}{2})^2$

(2) $x=0$ 时, $F_{Smax}=2F-\dfrac{Fd}{l}$

第 六 章

6.1 $\sigma_{max}=105MPa$

6.2 (a) $\sigma_a=-74.6MPa$, $\sigma_{max}=99.5MPa$; (b) $\sigma_a=52MPa$, $\sigma_{max}=104MPa$; (c) $\sigma_a=-14.6MPa$, $\sigma_{max}=77.3MPa$

6.3 $\sigma_{max}=70.6MPa$

6.4 41.1%

6.5 $\sigma_{max}=141.8MPa<[\sigma]$, 安全

6.6 (1) $h=180mm$, $b=120mm$; (2) $d=119mm$

6.7 $h/b=\sqrt{2}$, $d_{min}=227mm$

6.8 $\sigma_{tmax}=26.2MPa<[\sigma_t]$, $\sigma_{cmax}=53MPa<[\sigma_c]$ 安全

6.9 $\delta\geqslant27mm$

6.10 右轮距右支座 $4.83m$ 处, N_O28a

6.11 $a=1.385m$

6.12 $l=31.4m$

6.13 $n=3.71$

6.14 $[F]=27.1kN$

6.15 $a=2.12m$, $q=25kN/m$

6.16 $[F]\leqslant3.94kN$, $\sigma_{max}=9.47MPa$

6.17 N_O16

6.18 $h\geqslant208mm$, $b\geqslant138.7mm$

6.19 (1) $\tau'=1.04MPa$, $F_S=250kN$; (2) $d=59mm$

6.20 $h(x)=\sqrt{\dfrac{3q}{b[\sigma]}} \cdot x$

6.21 $b(x)=\dfrac{3qx}{h^2[\sigma]}(l-x)$

6.22* 不正确

第 七 章

7.1 (a) $x=a$, $w_1'=w_2'$, $w_1=w_2=0$; $x=a+l$, $w_2=0$

(b) $x=a$，$w_1'=w_2'$，$w_1=w_2=0$；$x=3a$，$w_2'=w_3'$，$w_2=w_3=0$

(c) $x=0$，$w_1=0$；$x=l/2$，$w_1'=w_2'$，$w_1=w_2$；$x=l$，$w_2=-F/2k$

(d) $x=0$，$w_1=0$；$x=l$，$w_1=w_2$；$x=l+a$，$w_2'=0$，$w_2=0$

7.3 (a) AC 段：$w_1=-\dfrac{F}{6EI}\ (x^3-15a^2x+21a^3)$

$\qquad$ CB 段：$w_2=-\dfrac{F}{6EI}\left[x^3-(x-a)^3+15a^2x-21a^3\right]$

$\qquad$ $\theta_A=\dfrac{5Fa^2}{2EI}\ (\curvearrowright)$，$w_A=-\dfrac{7Fa^3}{2EI}\ (\downarrow)$

$\qquad$ (b) $\theta_A=-\dfrac{M_e l}{24EI}\ (\curvearrowleft)$，$w_C=0$

$\qquad$ (c) $\theta_A=\dfrac{ql^3}{24EI}\ (\curvearrowright)$，$\theta_C=\dfrac{5ql^3}{48EI}\ (\curvearrowright)$

$\qquad$ $w_C=-\dfrac{ql^4}{24EI}\ (\downarrow)$，$w_D=\dfrac{ql^4}{384EI}\ (\uparrow)$

$\qquad$ (d) $\theta_A=-\dfrac{3ql^3}{128EI}\ (\curvearrowleft)$，$\theta_B=\dfrac{7ql^3}{384EI}\ (\curvearrowright)$

$\qquad$ $w_C=-\dfrac{5ql^4}{768EI}\ (\downarrow)$，$w_{max}=\dfrac{5.04ql^4}{768EI}\ (\downarrow)$

7.4 (a) $\theta_A=\dfrac{qa^3}{3EI}\ (\curvearrowright)$，$w_C=\dfrac{qa^4}{6EI}\ (\uparrow)$，$w_D=-\dfrac{11qa^4}{24EI}\ (\downarrow)$

$\qquad$ (b) $w_A=-\dfrac{Fl^3}{6EI}\ (\downarrow)$，$w_B=-\dfrac{29Fl^3}{48EI}\ (\downarrow)$，$\theta_B=-\dfrac{9Fl^2}{8EI}\ (\curvearrowright)$

$\qquad$ (c) $\theta_A=\dfrac{Fa^2}{12EI}\ (\curvearrowright)$，$w_C=-\dfrac{3Fa^3}{4EI}\ (\downarrow)$

$\qquad$ (d) $\theta_C=-\dfrac{19ql^3}{24EI}\ (\curvearrowright)$，$w_C=\dfrac{5ql^4}{-8EI}\ (\downarrow)$

$\qquad$ (e) $\theta_A=-\dfrac{qa^3}{24EI}\ (\curvearrowright)$，$w_C=0$

$\qquad$ (f) $w_C=-\dfrac{11Fa^3}{6EI}\ (\downarrow)$，$\theta_B=\dfrac{3Fa^2}{2EI}\ (\curvearrowleft)$

$\qquad$ (g) $\theta_B=\dfrac{ql^3}{48EI}\ (\curvearrowright)$，$w_B=\dfrac{3ql^4}{128EI}\ (\uparrow)$

$\qquad$ (h) $w_C=-\dfrac{qa^4}{24EI}\ (\downarrow)$，$w_D=-\dfrac{5qa^4}{24EI}\ (\downarrow)$，$\theta_D=\dfrac{qa^3}{4EI}\ (\curvearrowleft)$

7.5 (a) $u_C=-\dfrac{9ql^4}{8EI}\ (\leftarrow)$，$v_C=-\dfrac{ql^4}{EI}\ (\downarrow)$

$\qquad$ (b) $v_C=-\dfrac{3Fl^3}{EI}-\dfrac{2Fl^3}{GI_p}\ (\downarrow)$

7.6 $\Delta l=3.14\text{mm}$，$w_C=5.95\text{mm}\ (\downarrow)$

7.7 当 B 未与刚性面接触时，$w_B=-\dfrac{l^2}{2R}+\dfrac{(EI)^2}{6F^2R^3}$，$\sigma_{max}=\dfrac{Et}{2R}$；当 B 与刚性面接触时 $w_B=-\dfrac{l^2}{2R}$

7.8 $b=106\text{mm}$，$h=212\text{mm}$

7.9 $\text{N}_O 32\text{a}$

7.10 $d=34\text{mm}$

7.11 (a) $F_A=\dfrac{13}{27}F\ (\uparrow)$，$M_A=\dfrac{4}{9}Fa\ (\curvearrowright)$，$F_B=\dfrac{14}{27}F\ (\uparrow)$

$\qquad$ (b) $F_A=\dfrac{5}{16}F\ (\uparrow)$，$R_B=\dfrac{11}{8}F\ (\uparrow)$，$F_C=\dfrac{5}{16}F\ (\uparrow)$

$\qquad$ (c) $F_A=\dfrac{3M_e}{2l}\ (\uparrow)$，$M_A=\dfrac{M_e}{4}\ (\curvearrowright)$，$F_B=\dfrac{3M_e}{2l}\ (\downarrow)$，$M_B=\dfrac{M_e}{4}\ (\curvearrowright)$

(d) $F_A = \dfrac{ql}{2}$ （↑）, $M_A = \dfrac{ql^2}{12}$ （↺）, $F_B = \dfrac{ql}{2}$ （↑）, $M_B = \dfrac{ql^2}{12}$ （↻）

7.12 （1） $F_D = \dfrac{5}{4}P$, （2） M_{max} 减少 50%, w_B 减少 39.1%

7.13 $F_A = F_B = 8\text{kN}$ （↑）, $F_C = 24\text{kN}$ （↑）

7.14 $w_B = -0.135\text{mm}$

7.15 $F_{NCD} = \dfrac{17qa^3 A}{8a^2 A + 3I}$

7.16 * B 端 $F = 6AEI$ （↑） $M = 6AlEI$ （顺时针）

第 八 章

8.2 ①点： $\sigma_1 = \sigma_2 = 0$, $\sigma_3 = -8.43\text{MPa}$, $\alpha_0 = 90°$

②点： $\sigma_1 = 8.43\text{MPa}$, $\sigma_2 = \sigma_3 = 0$, $\alpha_0 = 0°$

③点： $\sigma_1 = 2.43\text{MPa}$, $\sigma_2 = 0$, $\sigma_3 = -2.43\text{MPa}$, $\alpha_0 = 45°$

④点： $\sigma_1 = 0.33\text{MPa}$, $\sigma_2 = 0$, $\sigma_3 = -7.95\text{MPa}$, $\alpha_0 = 78.5°$

⑤点： $\sigma_1 = 7.95\text{MPa}$, $\sigma_2 = 0$, $\sigma_3 = -0.33\text{MPa}$, $\alpha_0 = 11.5°$

8.3

MPa

单元体	σ_α	τ_α	σ_1	σ_2	σ_3	τ_{max}	α_0
(a)	5.0	25.0	57.0	0	−7.0	32.0	−19.3°
(b)	16.3	3.66	44.1	15.9	0	14.1	−22.5°
(c)	−27.3	−27.3	8.28	0	−48.28	28.28	−67.5°
(d)	−3.84	0.67	0	−3.82	−26.2	11.2	−31.7°
(e)	52.3	−18.7	62.4	17.6	0	22.4	58.3°
(f)	34.8	11.7	37.0	0	−27.0	32.0	−70.7°

8.4 $\sigma_\alpha = -50\text{MPa}$, $\tau_\alpha = 10.6\text{MPa}$

8.5 $\sigma_x = 0.08\sigma$, $\sigma_y = -2.08\sigma$, $\tau_{xy} = 0.625\sigma$

8.8 $\sigma_1 = \left(1 + \dfrac{\sqrt{3}}{3}\right)\sigma$, $\sigma_2 = 0$, $\sigma_3 = (1 - \sqrt{3})\sigma$, $\tau_{max} = \dfrac{2\sqrt{3}}{3}\sigma$

8.9 $\tau = 10\text{MPa}$, $\sigma_1 = \sigma_2 = 0$, $\sigma_3 = -20\text{MPa}$, $\alpha_0 = -45°$

8.10

MPa

单元体	σ_1	σ_2	σ_3	τ_{max}
(a)	30	30	0	15
(b)	60	30	0	30
(c)	−50	−50	−50	0
(d)	30	15	−45	37.5
(e)	52.2	−42.2	−50	51.1
(f)	130	30	−40	85

8.11 $\sigma_1 = \sigma_2 = -\dfrac{70\nu}{1-\nu}\text{MPa}$, $\sigma_3 = -70\text{MPa}$

8.12 $\sigma_1 = 0$, $\sigma_2 = -\dfrac{F\nu}{2a^2}$, $\sigma_3 = -\dfrac{F}{a^2}$

8. 13 （1）$\sigma_{r3}=161.2\text{MPa}$，$\sigma_{r4}=141.0\text{MPa}$

（2）$\sigma_{r3}=167.6\text{MPa}$，$\sigma_{r4}=147.3\text{MPa}$

（3）$\sigma_{r3}=90\text{MPa}$，$\sigma_{r4}=77.9\text{MPa}$

8. 14 安全

8. 15 $\sigma_x=42\text{MPa}$，$\sigma_\theta=84\text{MPa}$，$p=3.2\text{MPa}$；$\sigma_{r4}=72.1\text{MPa}<[\sigma]$

8. 16 $\sigma_{r3}=600\text{MPa}=[\sigma]$，$\sigma_{r4}=540.8\text{MPa}<[\sigma]$，安全

8. 17 安全

第 九 章

9. 1 （a）A 截面，$F_{Sz}=F$，$M_y=2Fl$，$T=Fl$

（b）A 截面，$F_{Sz}=-F$，$T=Fl$，$M_x=\dfrac{1}{2}Fl$

B 截面，$F_{Sz}=F$，$M_x=\dfrac{1}{2}Fl$，$M_y=2Fl$

（c）A 截面，$F_{Sy}=-ql$，$T=-\dfrac{1}{2}ql^2$，$M_z=ql^2$

B 截面，$F_N=-ql$，$M_x=\dfrac{1}{2}ql^2$，$M_z=ql^2$

（d）A 截面，$F_{Sy}=-\dfrac{F_1}{2}$，$F_{Sz}=-\dfrac{F_2}{2}$，$T=-\dfrac{1}{2}F_1a$，$M_y=F_2a$，$M_z=F_1a$

B 截面，$F_N=-\dfrac{F_2}{2}$，$F_{Sy}=-\dfrac{F_1}{2}$，$T=-\dfrac{1}{2}F_1a$，$M_x=\dfrac{3}{4}F_1a$，$M_y=\dfrac{1}{2}F_2a$

9. 2 N_O16 工字钢

9. 4 $\sigma_{tmax}=6.75\text{MPa}$，$\sigma_{cmax}=6.99\text{MPa}$

9. 5 $\sigma_{cmax}=153.4\text{MPa}$

9. 6 $\sigma_{tmax}=26.9\text{MPa}<[\sigma_t]$，$\sigma_{cmax}=32.4\text{MPa}<[\sigma_c]$

9. 7 $\sigma_{max}=140\text{MPa}$

9. 8 $F=255\text{kN}$，$e=17\text{mm}$

9. 9 $F=374\text{kN}$

9. 10 $\sigma_{r3}=58.3\text{MPa}<[\sigma]$，该轴安全。

9. 11 $P=788\text{N}$

9. 12 $\delta=2.7\text{mm}$

9. 13 忽略皮带轮重量时，$d\geqslant48\text{mm}$，考虑皮带轮重量时，$d\geqslant49.3\text{mm}$。

9. 14 $\sigma_{r4}=249\text{MPa}<[\sigma]$，此轴安全。

9. 15 $\sigma_{r3}=144\text{MPa}>[\sigma]$，但不超过 5%，安全。

9. 16* D

第 十 章

10. 1 $V_{\varepsilon a}=\dfrac{2F^2l}{E\pi d^2}$，$V_{\varepsilon b}=\dfrac{61F^2l}{54E\pi d^2}$；$\Delta_a=\dfrac{4Fl}{E\pi d^2}$，$\Delta_b=\dfrac{61Fl}{27E\pi d^2}$

10. 2 $V_\varepsilon=\dfrac{(3+2\sqrt{2})F^2a}{2EA}$，$u_D=\dfrac{(3+2\sqrt{2})Fa}{EA}$ （→）

10. 3 $V_\varepsilon=\dfrac{20M_e^2l}{G\pi d^4}$

10. 4 $V_\varepsilon=\dfrac{3F^2a^3}{4EI}$，$w_B=\dfrac{3Fa^3}{2EI}$ （↓）

10.5 $w_B = \dfrac{3Fa^3}{2EI}$ （↓）

10.6 $u_A = 0.692\text{mm}$ （右），$w_A = 1.38\text{mm}$ （下），$\Delta_A = 1.54\text{mm}$，$\theta = 43°$

10.7 $\Delta_{AC} = \dfrac{(2+\sqrt{2})Fa}{EA}$（分开），$\Delta_{BD} = \dfrac{\sqrt{2}Fa}{EA}$（靠拢）

10.8 (a) $w_A = \dfrac{5Fl^3}{48EI}$ （↓），$\theta_B = \dfrac{Fl^2}{2EI}$ （↻）

(b) $w_A = \dfrac{ql^4}{8EI}$ （↓），$\theta_B = \dfrac{ql^3}{6EI}$ （↻）

(c) $w_A = \dfrac{5Fa^3}{12EI}$ （↓），$\theta_B = \dfrac{7Fa^2}{12EI}$ （↻）

(d) $w_A = \dfrac{41qa^4}{24EI}$ （↓），$\theta_B = \dfrac{7qa^3}{6EI}$ （↻）

(e) $w_A = \dfrac{qa^4}{3EI}$ （↑），$\theta_B = \dfrac{qa^3}{3EI}$ （↺）

(f) $w_A = \dfrac{5qa^4}{48EI}$ （↓），$\theta_B = \dfrac{7qa^3}{48EI}$ （↺）

10.9 (a) $w_A = 13.6\text{mm}$ （↑）　　(b) $w_A = 83.3\text{mm}$ （↓）

(c) $w_A = 2\text{mm}$ （↓）　　(d) $w_A = 26.3\text{mm}$ （↑）

10.10 $\bar{\theta}_B = \dfrac{7Fa^2}{12EI}$ （↺）

10.11 (a) $u_A = \dfrac{2Fa^3}{3EI}$ （→），$\theta_B = \dfrac{5Fa^2}{6EI}$ （↺）

(b) $w_A = \dfrac{7Fa^3}{3EI}$ （↓），$w_B = \dfrac{2Fa^3}{EI}$ （↑），$\theta_B = \dfrac{2Fa^2}{EI}$ （↺）

(c) $u_A = \dfrac{3Fa^3}{8EI}$ （→），$w_C = \dfrac{Fa^3}{24EI}$ （↑），$\theta_B = \dfrac{5Fa^2}{48EI}$ （↺）

(d) $w_A = \dfrac{5qa^4}{384EI}$ （↓），$u_B = \dfrac{qa^4}{12EI}$ （→），$\theta_A = 0$

10.12 沿 AB 连线加一对指向向外的力，$F = \dfrac{qa}{4}$

10.13 (a) $u_B = \dfrac{FR^3\pi}{2EI}$ （→），$w_B = \dfrac{2FR^3}{EI}$ （↑），$\theta_B = \dfrac{2FR^2}{EI}$ （↺）

(b) $u_B = \dfrac{FR^3}{2EI}$ （→），$w_B = \dfrac{FR^3\pi}{4EI}$ （↓），$\theta_B = \dfrac{FR^2}{EI}$ （↺）

(c) $u_B = \dfrac{FR^3}{EI}\left(\dfrac{3\pi}{4}-2\right)$（→），$w_B = \dfrac{FR^3}{2EI}$ （↓），$\theta_B = \dfrac{FR^2}{EI}\left(\dfrac{\pi}{2}-1\right)$（↺）

10.14 加一对转向相反的力偶，$M_e = \dfrac{EI\theta}{2\pi R}$

10.15 $u_C = 0$，$w_C = 36.25\dfrac{Pl^3}{Ed^4}$

10.16 $\Delta = \dfrac{5Fa^3}{6EI} + \dfrac{3Fa^3}{2GI_p}$

10.17 $w_C = \dfrac{2a^2(T_2-T_1)}{h}$（↑）

第 十 一 章

11.1 $F_{cr} = 178\text{kN}$

11.2 $F_{cr}^b < F_{cr}^c < F_{cr}^d < F_{cr}^a$

11.3 $\theta = \arctan(\cot^2\alpha)$

11.4 $F_{cr}=88.6kN$

11.5 $\Delta T=39.1℃$

11.6 $F_{cr}=784kN$

11.7 $F_{cr}=329kN$

11.8 $F_{cr}=400kN$

11.9 $n=1.86>n_{st}$, $a=84mm$

11.10 $n=5.68$

11.11 $n=3.58>n_{st}$

11.12 $[F]=726kN$

11.13 $[F]=33.4kN$

11.14 $n=1.9>n_{st}$

11.15 $q=50kN/m$

11.16 $[F]=2031kN$

11.17 $[F]=111kN$

11.18 $n=1.64>n_{st}$

11.19* $[F]=\dfrac{\pi^2EI}{l^2}$

第 十 二 章

12.1 $A=1092mm^2$

12.2 $F_N=75.3kN$, $\sigma_{max}=82MPa$ （不计自重），$\sigma_{max}=83.2MPa$ （考虑自重）

12.3 $\Delta l=\dfrac{\omega^2 l^2}{gEA}\left(P+\dfrac{P_1}{3}\right)$

12.4 $\sigma=4.66MPa$

12.5 $\Delta\sigma_{max}=5.65MPa$ （梁）

$\Delta\sigma_{max}=2.55MPa$ （吊索）

12.6 否

12.7 $\sigma_{dmax}=\dfrac{v}{W}\sqrt{\dfrac{3EIP}{gl}}$

$\Delta_{dmax}=\dfrac{vl}{4}\sqrt{\dfrac{Pl}{3gEl}}\ (\rightarrow)$

12.8 $\sigma_{dmax}=\dfrac{2Pl}{9W}\left[1+\sqrt{1+\dfrac{243EIH}{2Pl^3}}\right]$

$\Delta_{l/2}=\dfrac{23Pl^3}{1296EI}\left[1+\sqrt{1+\dfrac{243EIH}{2Pl^3}}\right]$

12.9 $\sigma_d=80.2MPa$

12.10 $\sigma_d=22.3MPa$

12.11 $(\sigma_{dmax})_a=15MPa$, $(\sigma_{dmax})_b=17.1MPa$

12.12 $\sigma_{max}=\dfrac{Pa}{W}\left[1+\sqrt{1+\dfrac{3EIH}{2Pa^3}}\right]$

12.13 $\sigma_{r3}=\dfrac{32P}{\pi d^3}\sqrt{a^2+l^2}\left[1+\sqrt{1+\dfrac{H}{2P\left(\dfrac{16l^3}{3\pi Ed^4}+\dfrac{a^3}{Ebh^3}+\dfrac{8a^2l}{\pi Gd^4}\right)}}\right]$

12.14 $\sigma_{dmax}=\dfrac{Pl}{4W}\left[1+\sqrt{1+\dfrac{48EI}{Pl^2}}\right]$

12. 15 $K_d = 5.29$

第 十 三 章

13. 1 (a) $\sigma_m = 15\text{MPa}$, $\sigma_a = 45\text{MPa}$, $r = -0.5$

    (b) $\sigma_m = -15\text{MPa}$, $\sigma_a = 45\text{MPa}$, $r = -2$

    (c) $\sigma_m = -75\text{MPa}$, $\sigma_a = 45\text{MPa}$, $r = 4$

    (d) $\sigma_m = -45\text{MPa}$, $\sigma_a = 45\text{MPa}$, $r = -\infty$

13. 2 $\sigma_{max} = 103\text{MPa}$, $\sigma_{min} = -95.5\text{MPa}$, $\sigma_a = 99.5\text{MPa}$, $\sigma_m = 3.97\text{MPa}$, $r = -0.923$

13. 3 $\sigma_{max} = 60.3\text{MPa}$, $\sigma_{min} = -40.0\text{MPa}$, $\sigma_m = 10.2\text{MPa}$, $\sigma_a = 50.0\text{MPa}$, $r = -0.66$

附 录 Ⅰ

Ⅰ.1 $S_y = \dfrac{R^3}{3}$, $\overline{y} = \overline{z} = \dfrac{4R}{3\pi}$

Ⅰ.2 (a) $\overline{y} = 0$, $\overline{z} = 261\text{mm}$

    (b) $\overline{z} = 0$, $\overline{y} = \dfrac{R}{30} = 3.33\text{mm}$

    (c) $\overline{y} = -0.89\text{mm}$, $\overline{z} = 115.7\text{mm}$

    (d) $\overline{y} = 0$, $\overline{z} = 171.7\text{mm}$

Ⅰ.3 (a) $I_y = \dfrac{bh^3}{4}$

    (b) $I_y = \dfrac{2}{15}ah^3$

Ⅰ.4 $S_{y_1} = -\dfrac{bh^2}{4}$, $S_{z_1} = \dfrac{hb^2}{4}$, $I_{y_1} = \dfrac{7}{48}bh^3$, $I_{z_1} = \dfrac{7}{48}hb^3$, $I_{y_1 z_1} = -\dfrac{b^2 h^2}{16}$

Ⅰ.5 (a) $I_y = 584.3\text{cm}^4$, $I_z = 179.1\text{cm}^4$

    (b) $I_y = \dfrac{\pi D^4}{64} - \left[\dfrac{bh^3}{12} + \left(\dfrac{D}{2} - \dfrac{h}{2}\right)^2 \cdot bh\right]$, $I_z = \dfrac{\pi D^4}{64} - \dfrac{hb^3}{12}$

Ⅰ.6 (1) $I_y = 9520\text{cm}^4$, $I_z = 10301\text{cm}^4$, (2) $a = 17.14\text{cm}$

Ⅰ.7 $I_y = I_z = 27.5 \times 10^4\text{cm}^4$

Ⅰ.8 (a) $I_{y_C} = 10.38r^4$, $I_{z_C} = 2.06r^4$

    (b) $I_y = 5835.2\text{cm}^4$, $I_z = 1091.2\text{cm}^4$

Ⅰ.9 $\alpha_0 = 34°23'$ $I_{max} = 88.6 \times 10^4\text{cm}^4$, $I_{min} = 11.4 \times 10^4\text{cm}^4$

Ⅰ.10 (a) $\alpha_0 = -22°33'$ $I_{y_0} = 1500\text{cm}^4$, $I_{z_0} = 400\text{cm}^4$

    (b) $\alpha_0 = 4°24'$ $I_{y_0} = 2308\text{cm}^4$, $I_{z_0} = 237\text{cm}^4$

Ⅰ.11 $\dfrac{h}{b} = 2$

参 考 文 献

[1] 王守新，关东媛，李锋，马红艳. 材料力学（第三版）. 大连：大连理工大学出版社，2005.
[2] 刘鸿文. 材料力学（第五版）. 北京：高等教育出版社，2011.
[3] 孙训方，方孝淑，关来泰. 材料力学（第五版）. 北京：高等教育出版社，2010.
[4] 单辉祖. 材料力学（第三版）. 北京：高等教育出版社，2010.
[5] 哈尔滨工业大学理论力学教研室. 理论力学（第七版）. 北京：高等教育出版社，2009.
[6] 王守新，关东媛，李锋，马红艳. 材料力学学习指导. 大连：大连理工大学出版社，2004.
[7] Gere J M，Timoshenko S P. Mechanics of Materials. SI Edition. New York，Van Norstrand Reinhold，1984.

参 考 文 献

[1] 北京科技大学，东北大学. 金属学. 材料力学（第三版）. 大连：大连理工大学出版社，2006.

[2] 刘鸿文. 材料力学（第五版）. 北京：高等教育出版社，2011.

[3] 孙训方，方孝淑，关来泰. 材料力学（第五版）. 北京：高等教育出版社，2010.

[4] 范钦珊. 材料力学（第二版）. 北京：高等教育出版社，2010.

[5] 哈尔滨工业大学理论力学研究室. 理论力学（第七版）. 北京：高等教育出版社，2009.

[6] 王培荣，关英俊，李仁. 工程力学、材料力学学习指导. 大连：大连理工大学出版社，2004.

[7] Gere J M, Timoshenko S P. Mechanics of Materials, SI Edition. New York: Van Norstrand Reinhold, 1984.

工程力学

第二版

ISBN 978-7-122-11968-1

9 787122 119681

定价: 45.00元